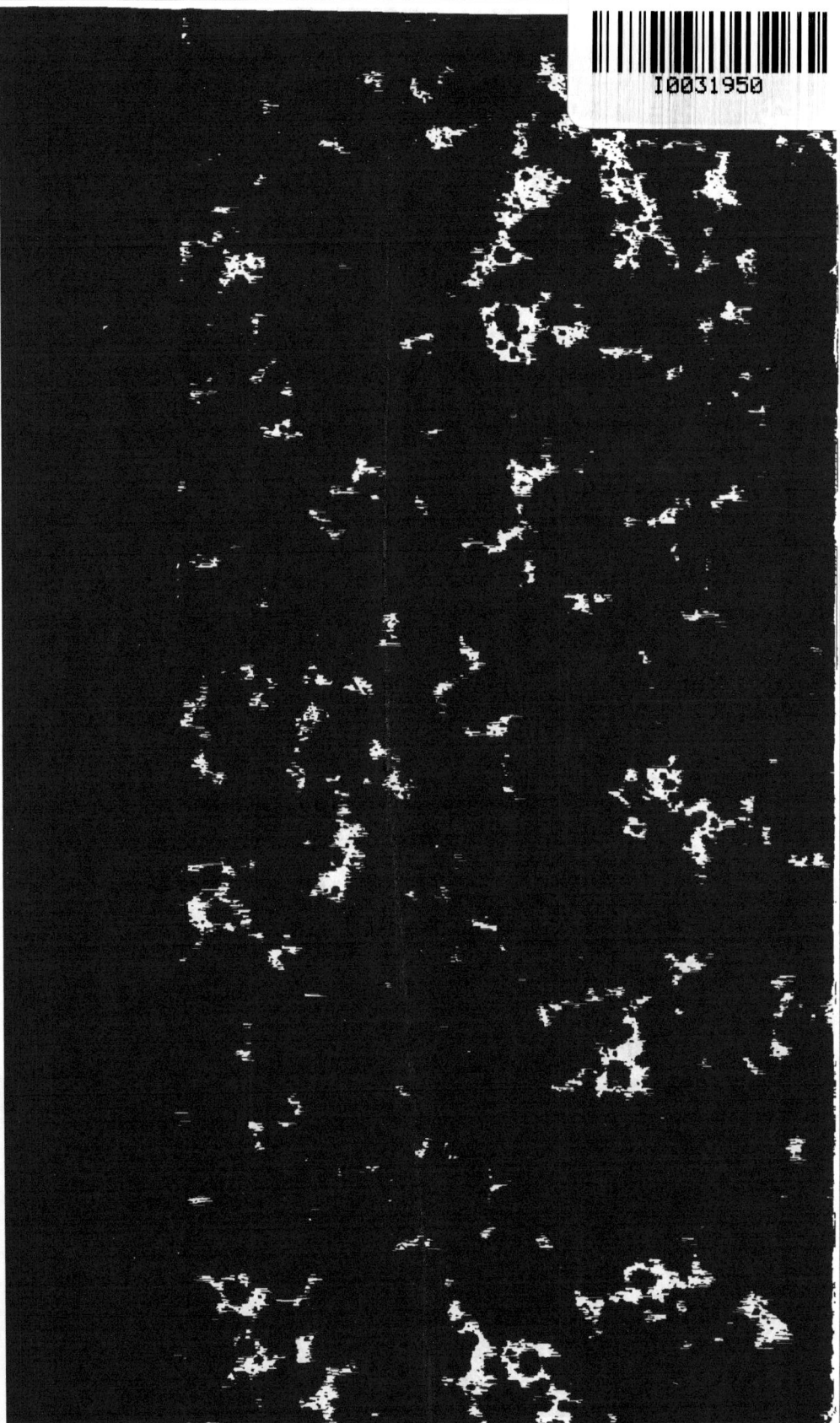

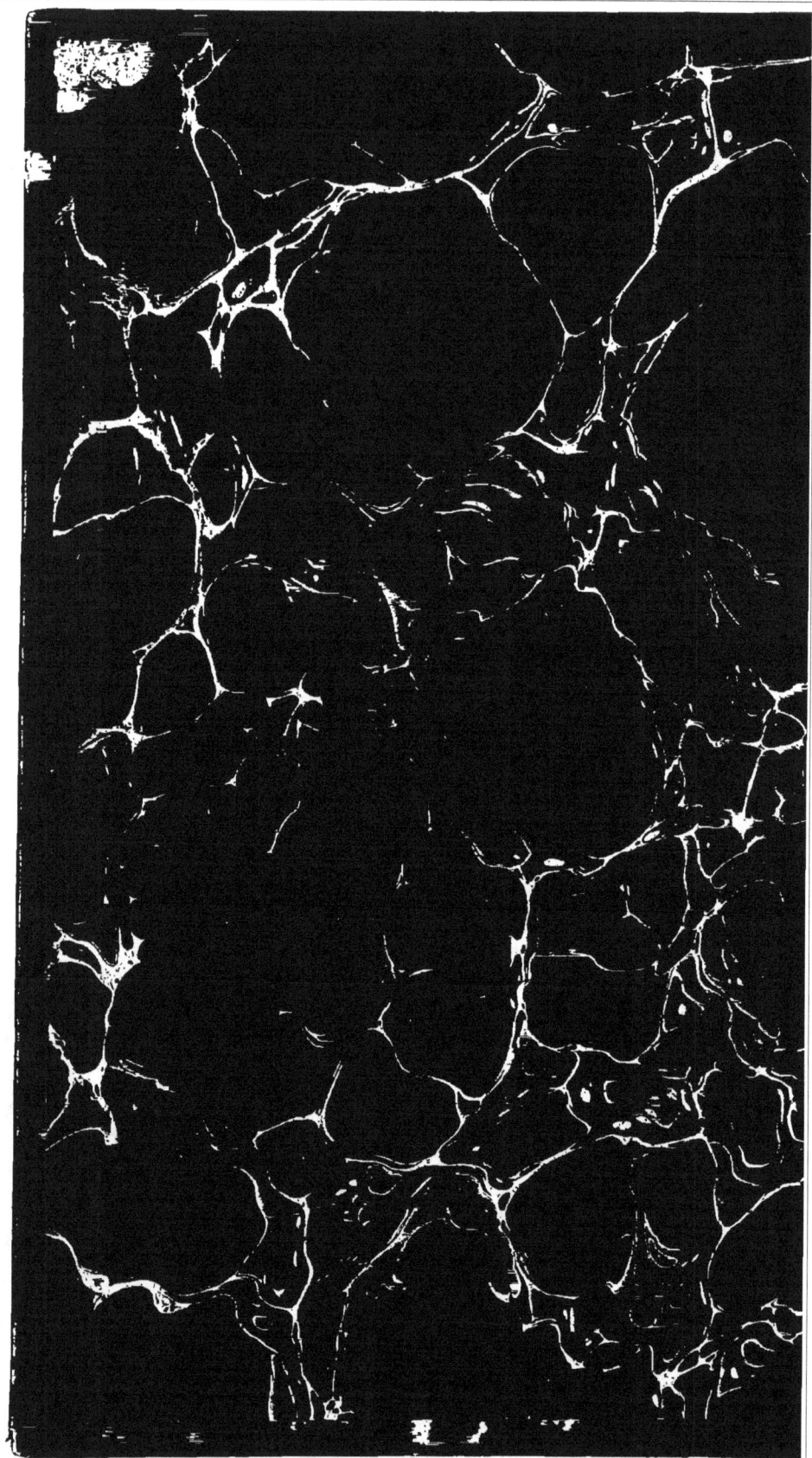

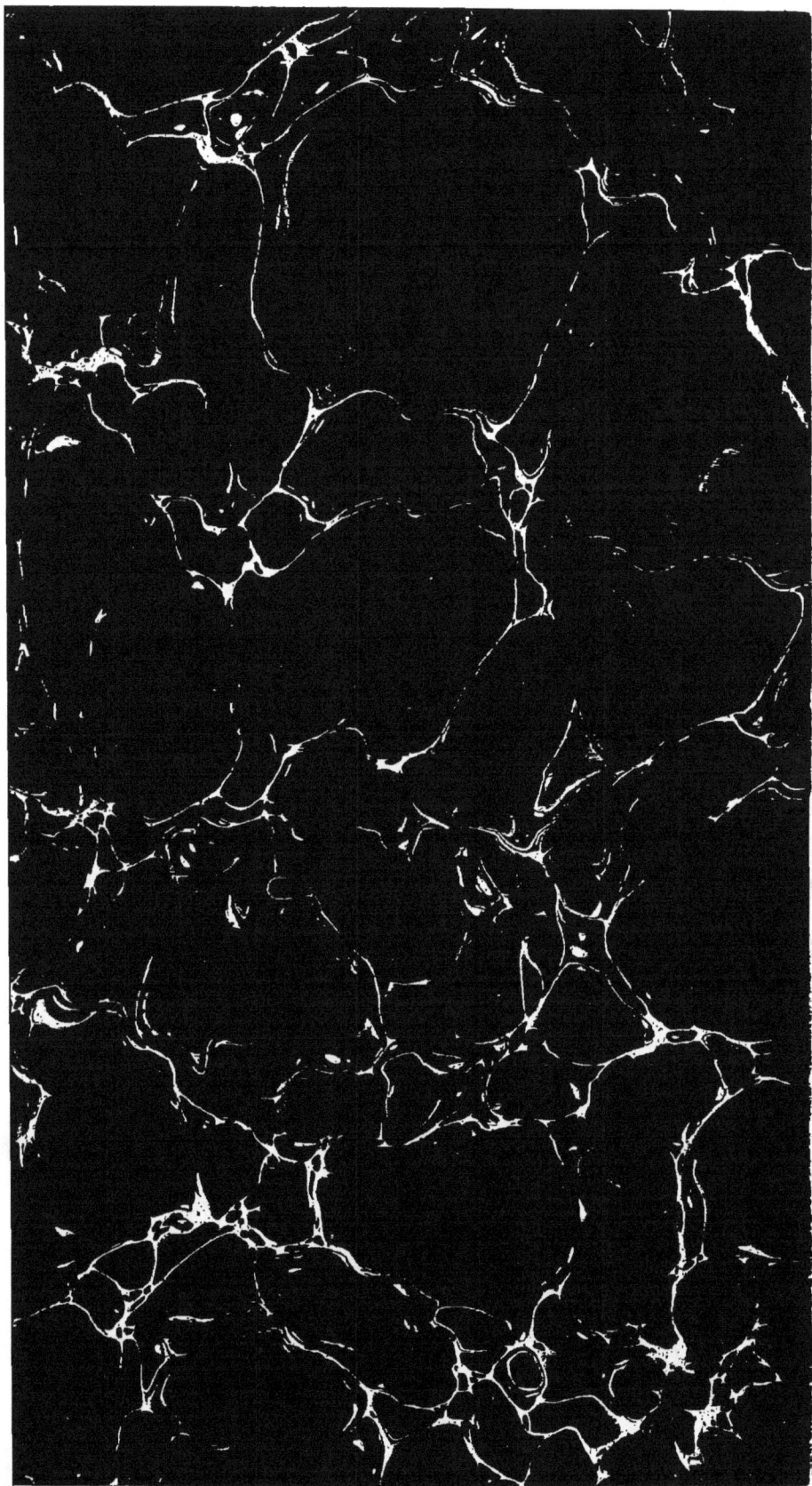

27/202

VOYAGE AGRICOLE

EN RUSSIE

Orléans, imp. de G. JACOB, cloître Saint-Etienne, 4.

VOYAGE AGRICOLE

EN RUSSIE

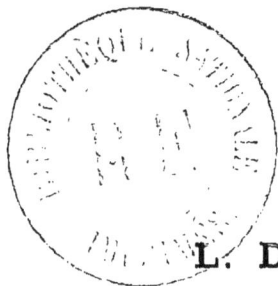

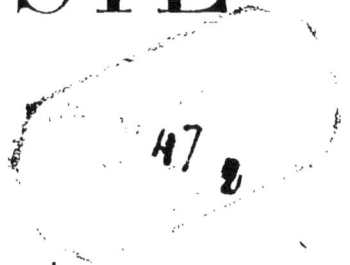

PAR

L. DE FONTENAY

PARIS

LIBRAIRIE CENTRALE D'AGRICULTURE ET DE JARDINAGE

Rue des Écoles, 62, près le musée de Cluny

— **Auguste GOIN, Éditeur** —

A M. L'ABBÉ LOUVEL

ANCIEN SUPÉRIEUR DU SÉMINAIRE

CHANOINE DE LA CATHÉDRALE DE SÉEZ.

Monsieur et excellent ami,

Comme je voudrais que ces pages vous fussent agréables, à vous auquel les miens et moi avons tant d'obligations; à vous qu'on trouve toujours si sûrement dans les moments de la vie les plus durs à traverser, et qui dans le cours de la vôtre avez su ramener tant d'âmes à Dieu et faire sentir qu'il est notre seul espoir!

Que de fois avez-vous montré combien le dévoûment d'un prêtre est admirable, renferme d'abnégation; on lui découvre ses plaies, on lui demande, aide et secours; qu'offre-t-on en échange? Trop souvent l'oubli quand la crise est passée, et on le retrouve encore charitable et indulgent, vous prodiguant les consolations qui vont au cœur lorsque le chagrin accable de nouveau.

Puisse, Monsieur et excellent ami, la dédicace de ces études et de ces souvenirs vous témoigner que je veux être par exception de ceux qui n'oublient pas le bien que vous avez fait, et vous porter une nouvelle assurance de l'affection si profonde et si respectueuse que je vous ai vouée.

L. DE FONTENAY.

Bellême, le 20 mars 1872.

INTRODUCTION

Ayant déjà visité au point de vue agricole l'Angleterre, l'Écosse, le Danemark, la Suède et la Norwége, j'ai désiré compléter cette étude sur le Nord par une excursion en Russie.

En entreprenant ce voyage, mon but a été d'être utile à mon pays dans la mesure de mes forces; de voir, d'étudier les choses dont la France pourrait tirer parti, et de signaler ce qui pourrait lui être nuisible.

Mon voyage est divisé par lettres : celles adressées à M. Lefebvre de Sainte-Marie, directeur général de l'agriculture, et à M. Pépion, répétiteur à l'école de Grand-Jouan, comprennent la partie spéciale de mon travail ; toutes les autres ne renferment que des détails de mœurs, des remarques, des descriptions et des incidents inévitables dans un tel voyage.

Mon travail pourra offrir un mérite, à défaut d'autre attrait, celui de ne rien exagérer. Je ne décris que ce que j'ai vu ou ce que des personnes dignes de foi m'ont transmis.

En tout j'ai cherché à prendre la nature sur le fait.

On trouvera des répétitions dans les lettres agricoles adressées à M. Pépion : c'est une faute, mais je n'ai pas cherché à l'éviter. J'ai voulu avant tout que les personnes qui s'intéressent à l'agriculture voient bien que les descriptions de culture que je donne ne sont pas des exceptions.

J'ai reçu le plus excellent accueil des propriétaires russes dans les quarante exploitations que j'ai visitées ; je n'ai pas rapporté un seul mauvais souvenir.

Je garde une gratitude particulière à M. de Wesniakoff, directeur de l'agriculture ; de Krukoff, général de Lodé, comte Bobrinski, Guersfelt,

Kruwino, Molostoff, Poustoskine, Sabouroff, Bar-
tineff, etc. Je leur dois d'avoir connu beaucoup
de choses curieuses et intéressantes, et certes
ils se sont efforcés de me faire voir la Russie
sous son plus beau jour.

Si, pour me former une idée du caractère
russe, je m'en étais tenu à ce que j'ai vu chez
ces propriétaires, elle eût été parfaite.

Hélas! mes autres impressions n'ont pas, je le
regrette, été aussi heureuses.

Puisse l'accueil de mes lecteurs me dédommager des moments vraiment pénibles que les
lettres suivantes relateront, et leur faire comprendre mes impressions parfois empreintes
d'amertume.

L. DE FONTENAY.

Le Vauhernu, près Bellême, 10 juillet 1870.

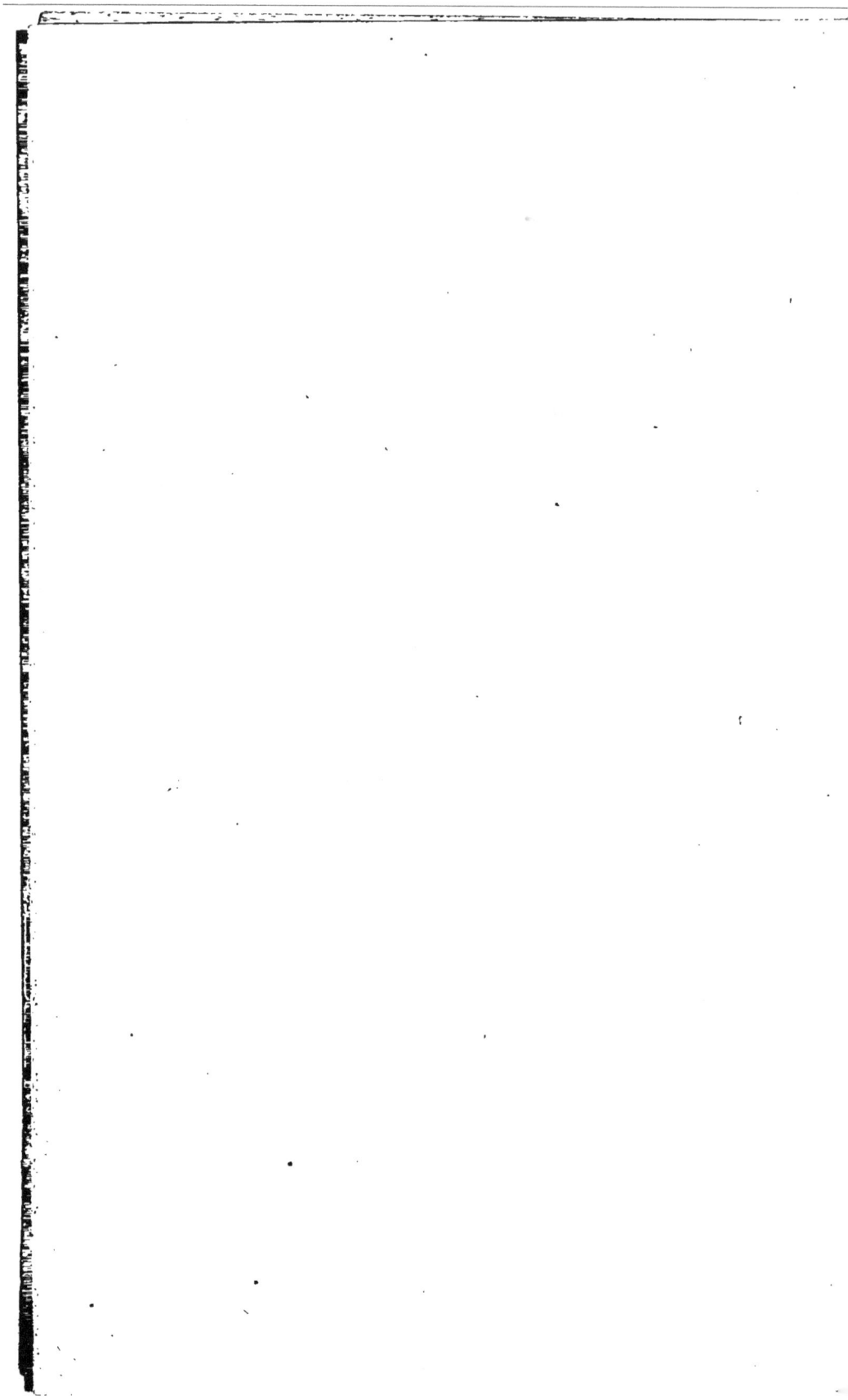

VOYAGE AGRICOLE
EN RUSSIE

LETTRE PREMIÈRE

A M. R. DE FONTENAY, LIEUTENANT AU 6e DRAGONS.

Les cuirassiers prussiens. — Une caserne à Cologne. — Le triomphe aux flambeaux des francs-tireurs allemands.

Bromberg, 17 juillet 1869.

MON CHER ROBERT,

Ma lettre te fera plaisir ; elle te dira que nous allons bien, et j'y joins quelques détails sur la cavalerie prussienne. Sois indulgent : à chacun sa spécialité. D'ailleurs, tu verras que je n'ai pas oublié ta recommandation. Dès le matin, je me fis conduire au champ de manœuvre ; on a bien fait les choses : il est immense et situé près de la ville. J'y fis arrêter ma voiture à une distance respectueuse; les cuirassiers manœuvraient. Je mis pied à terre et, profitant d'un moment de repos où tous les officiers étaient partis au galop pour recevoir, au centre de la plaine, les ordres de leur chef, je m'approchai des escadrons et commençai ma revue. Si tes brigadiers avaient vu un simple civil examiner avec autant de soin ton escadron, toi absent, ils lui auraient certainement enjoint de prendre le large; tu les as si bien formés! Là, on fut plus tolérant : on vit bien, sans doute, que je n'étais pas du métier ; on se contenta de me regarder, de gloser dans les rangs, ce qui m'influençait d'autant moins que je ne comprenais rien du tout, et vite je mis le temps à profit.

Les hommes sont beaux, mais m'ont paru tous jeunes; ils n'avaient nullement l'air martial. Ils portent la redingote blanche et le pantalon bordé de cuir; le casque est à pointe et à rebords ; leur sabre m'a paru moins long que celui des cavaliers français. Les chevaux étaient bais, très-grands, en très-bon état, plus en chair que ceux de nos régiments. On les manœuvre avec un mors très-puissant; je ne crois pas, cependant, qu'ils puissent résister beaucoup à la fatigue, car ils ont le flanc large et plat; le nombre des cavaliers par peloton est de vingt-quatre.

Cependant, les officiers revenant au galop, je jugeai à propos de terminer mon inspection; je saluai le lieutenant, qui me rendit mon salut. Il était mal tenu, ainsi que tous ses confrères; son uniforme était cou-

vert de taches : il faut croire que les brosseurs sont
inconnus dans ce pays-là, ou qu'ils ne se servent pas
de la benzine Colas. La tenue des hommes laissait
également beaucoup à désirer.

Les évolutions commencèrent ; on se donna beaucoup de mouvement ; mais, malgré mon incompétence
en pareille matière, l'ensemble des manœuvres me
parut peu satisfaisant.

Ces notes prises, je jugeai à propos de me retirer
pour éviter la poussière qui m'aveuglait.

Je visitai le jardin zoologique, qui jouit d'une
grande réputation. Un oiseau y attira mon attention :
cet animal se dresse sur ses ergots et plonge le nez
jusqu'à terre en saluant à la façon de Polichinelle,
et cela constamment. C'est le Fertu, je crois. J'allai
ensuite à la caserne, où j'assistai à la rentrée du régiment. Tu vois que j'ai fait les choses à ton intention. J'ai même attendu une heure (et c'est de cette
heure surtout que tu dois me savoir gré) pour que le
grand brouhaha soit passé, puis je demandai à entrer.

Il y a un portier ou gardien, comme en France
dans les musées. Que fait-il ? à quoi sert-il ? Je n'en
sais absolument rien ; ce gros personnage prenait son
café quand je suis entré ; il fut assez maussade ;
enfin, il finit par me laisser visiter.

Je vis à l'intérieur de la caserne une énorme quantité de femmes ; on y mène la vie de famille. La tenue
générale est assez médiocre ; les sentinelles causent et
rient avec les femmes et les enfants. Je remarquai

encore que les pantalons des hommes de garde faisaient pitié de reprises et de malpropreté. Je n'ai
pas vu les dortoirs; mais tout m'a paru assez mal
tenu, surtout les cours.

Les écuries étaient simples : on donne au chevaux
de la litière de paille de seigle à profusion; on leur
en fait également manger, et je ne crois pas qu'on
leur donne de foin. Les harnachements sont peu soignés; ils sont pendus derrière les chevaux. En somme,
comme organisation et tenue de l'armée, tout m'a
paru de beaucoup à l'avantage de la France.

Je dois dire pourtant qu'à Hanovre les hulans
m'ont semblé beaucoup moins négligés, et qu'à Berlin, l'an dernier, les officiers que je rencontrai semblaient sortir de chez leur tailleur; ils paraissaient
avoir une haute considération pour eux-mêmes, et
n'avaient un peu de condescendance que pour les
promeneuses libres.

Je vis Cologne dans tous les sens, et rentrai dîner;
la table était longue et couverte de petites fioles de
vin, avec les plus belles étiquettes possibles. Mais ce
vin était fort cher; voulant aller à l'économie, je demandai de la bière : on m'en refusa. — Voilà où la
liberté aurait à redire! — Je crus d'abord que mon
hôtel faisait exception sous ce rapport, mais point!
Tous les hôtels de première classe, et c'est en cela
surtout qu'ils se distinguent, vous refusent de la
bière. Puisqu'on vous offre du vin, qu'est-ce que
vous voulez de mieux? Il en résulte que lorsqu'on est

entêté comme moi, on boit de l'eau. Cependant, ce jour-là, séduit par le nom du vin le meilleur marché (pisporter à deux francs la demi-bouteille), je fus gourmand; mais je prie le ciel de me pardonner en faveur de mes regrets : elle valait bien dix centimes. Le contenu de la fiole m'ayant sans doute rendu expansif, je me mis en bons termes avec un Hollandais, et il m'emmena de l'autre côté du Rhin, en traversant un vieux pont de bateaux. Là, nous prîmes place sur une terrasse où l'on faisait de la musique et d'où la vue était ravissante; on soupait, on fumait, on buvait de la bière tout autour de nous, car les Allemands mangent, boivent et fument toujours.

Bientôt le public se leva en masse, et nous suivîmes le torrent. On arriva sur une place où nous vîmes arriver, au milieu des applaudissements, deux chars traînés par quatre chevaux. Des gens portant des torches les entouraient; un des chars était occupé par des reines, grandes femmes fort laides, et, dans l'autre, se trouvaient des hommes décorés de toutes sortes de plaques brillantes. Un peu en arrière suivaient d'autres carrosses plus modestes; puis la foule des simples initiés, le fusil sur l'épaule, et tous criant, chantant ; joins à cela l'obscurité, la musique guerrière, les refrains, les marques de sympathie de la foule, les torches, le feu d'artifice rougissant le ciel, les coups de fusil partant de tous côtés, et tu auras un spectacle sinon effrayant, du moins fort curieux.

Quelques instants après, tout était calme : les fleg-matiques Allemands avaient rallumé leurs pipes et rentraient paisiblement chez eux ; mais ils s'étaient d'autant plus amusés, que cela contrastait avec leur tranquillité habituelle.

Qu'est-ce que c'était que tout ce tapage ? C'était le club des francs-tireurs qui fêtait ses lauréats.

Je t'assure, mon cher Robert, que nous t'avons vivement regretté ; la fête était digne d'un dragon. Enfin, tu peux être sûr que l'affection que nous avons pour toi nous donnera souvent des regrets pareils dans tous nos bons moments. Adieu ; je t'embrasse de tout mon cœur.

LOUIS.

P. S. — Fais comprendre à Soubrette qu'à mon avis elle est supérieure de cent coudées à tous les chevaux allemands possibles ; elle en sera très-flattée.

LETTRE II

A Mme LA COMTESSE DE L***.

Le chocolat à Hanovre. — Le pain d'épice prussien. — Berlin.

Berlin, 16 juillet 1869.

CHÈRE MADAME ET BIEN EXCELLENTE AMIE,

Nous voilà dans la grande ville aux monuments en brique rouge; ce n'est pas beau. Ceci est mon impression. Notre voyage s'est bien passé. A Hanovre seulement, vers une heure du matin, on annonce vingt minutes d'arrêt; mon cousin, le vicomte de l'Estoile, qui m'accompagne, veut réveillonner. On descend. La salle était parfaitement illuminée et remplie d'Allemands qui restent ébahis devant les belles pantoufles en peau de veau rouges et blanches de mon compagnon. — Les garçons s'empressent; ils parlaient français. — Servez deux chocolats! — Bien, monsieur, très-bien. — Nous attendons patiemment, puis nous pressons; on promet encore, et, montrant le

cadran, on fait voir qu'il y a une demi-heure. —
Nous rions des figures allemandes ; nous nous amu-
sons, nous interrompant seulement pour crier : —
Garçon ! et le chocolat? — Voilà, monsieur, voilà !

Quand tout à coup on entend un coup de cloche
et un sifflet. — Le garçon se précipite alors vers
nous, nous pousse en criant ; je comprends et ne fais
qu'un bond sur le quai. — Nouveaux cris : le train
était en marche ; un obligeant voyageur tenait notre
portière ouverte, et le conducteur la voulait fermer.
Je bondis, on pousse mon pauvre Olivier ; enfin, nous
y sommes, mais il était temps ; et les feuillets de
notre livre qui avaient été arrachés jusqu'à Berlin !
Je vous laisse à juger si les garçons riaient ; mais
nous n'avions guère le temps de les regarder et de
les voir jouir de leur plaisanterie. Il n'y avait que
dix minutes d'arrêt : nous avions mal compris. Deux
heures après, mon cousin, talonné par la faim, se
laissa prendre aux dehors séduisants d'un pain d'épice
glacé qu'on lui offrait à la portière. Il paya, mordit
vigoureusement et poussa un cri : c'était affreusement
mauvais, paraît-il. Pour moi, me sachant en Prusse,
je m'étais tenu sur la réserve.

En arrivant à Berlin, nous eûmes de la peine à
nous procurer un fiacre. Les voitures se tiennent devant la gare, comme en France ; mais les conducteurs
donnent leurs numéros à un employé qui les distribue aux arrivants ; quand on ne le sait pas et qu'on
ne parle pas, tout est difficile. Les fiacres sont de

petites calèches très-bien tenues, que l'on peut découvrir au premier rayon de soleil.

J'ai trouvé le jardin public en très-bon état. Il y
a des fuschias magnifiques tenus à hauteur de grands
rosiers, avec une tête formée pareillement ; des parterres en miniature sans allées, avec corbeilles de
fleurs de nuance uniforme dessinées dans la pelouse.
J'en remarquai surtout quelques-unes composées
uniquement de rosiers multipliés par des couchages
successifs. Ces buissons de nuances variées étaient
ravissants : on ne voyait qu'une masse de roses.

Deux larges champignons en fer, formant deux
parasols, couverts de lierre et de vignes sauvages,
m'ont semblé produire un très-bon effet. Je crois
qu'à peu de distance d'une petite villa, cela serait
très-bien placé. Enfin, je vais dire adieu à Berlin !...
A voir cette capitale, on devine que les Prussiens es-
saient de se faire grands ; mais quand on s'y promène et que l'on examine, on n'a qu'une seule pensée : que tout cela est bien triste, bien froid, bien
vide, et que l'on a beaucoup à faire pour transfor-
mer Berlin en un petit Paris, si petit qu'il soit. Par
exemple, ce n'est pas la largeur des rues qui manque,
ni la grandeur des locaux destinés à l'administration
des postes; dans ceux-ci, il y a de quoi se perdre :
cour à droite, cour à gauche, couloir en face, et
partout des postillons avec leur trompette en sautoir,
la veste courte à basques, le grand chapeau ciré, et
les bottes même pour ne pas monter à cheval; mais,

hélas! ce n'est pas Paris! Il est vrai qu'à Paris j'ai laissé de fort bons amis que je regrette tous les jours, et des personnes qui, comme vous, Madame, me témoignent une affectueuse bienveillance que rien ne saurait remplacer. Aussi veuillez, en ce qui vous concerne, agréer l'expression de ma reconnaissance et l'assurance de mes sentiments les plus profondément respectueux.

L. DE F.

LETTRE III

A M. LE Vte ANSELME DE FONTENAY.

Berlin. — Postdam. — Le dîner à l'hôtel.

Berlin, le 17 juillet 1869.

Mon cher Anselme,

Nous sommes prêts à quitter Berlin. Je suis allé, avec Olivier, voir Postdam. C'est vraiment très-beau. Mais il ne faut pas demander, à l'hôtel où l'on dîne, à se laver les mains ; sinon, il faut payer quatre-vingts centimes ; et ce n'est pas un tour de garçon : c'était porté sur la note.

Voici un point. — Sans-Souci m'a beaucoup inté-ressé par ses souvenirs et son ensemble. Je com-prends qu'un roi ait aimé à habiter là ; il y était chez lui, tranquille comme un de ses riches sujets. On montre encore le moulin. Le parc m'a beaucoup plu : il y a de beaux arbres et de beaux jets d'eau. J'y ai remarqué aussi des orangers énormes.

Le château est sur une hauteur, et il faut gravir une suite de terrasses pour y arriver. Il est peu imposant et ressemble à une riche résidence particulière, mais c'est ce qui en fait le charme.

On a utilisé tous les murs de soutènement pour activer la maturité du raisin, des fraises, des pêches, etc. Au fait, tu pourrais peut-être user de ce système à Puychenil; je vais te l'indiquer.

A 66 centimètres du pied du mur, on a établi une murette haute de 33 centimètres, et à 40 centimètres du chaperon, on a créé un point d'appui. Le cadre ainsi préparé a environ 3 mètres de hauteur sur 1m.20 de large. Il est en deux pièces qu'on recouvre d'un châssis; la première de ces pièces a 2 mètres et est placée à demeure; la deuxième peut s'ouvrir et sert à donner de l'air; elle a 1 mètre de dimension.

On pourrait, je crois, donner plus de largeur à cette sorte de bâche, de façon, au moins, à pouvoir y passer. Toutefois, je suis persuadé que ce système bourgeois est très-bon, peu coûteux, et que le roi de Prusse doit manger pêches et raisins de fort bonne heure.

Le lendemain, Olivier étant à Dresde, je voulus visiter une ferme, et je demandai le moyen d'y parvenir.

Les portiers sont toujours les mêmes : pour faire honneur à leur hôtel, ils font les honneurs de la bourse de leurs clients. J'avais quatre kilomètres de trajet, et un fiacre, voire même l'omnibus, eût fait à peu près l'affaire, surtout pour un agriculteur ; mais j'eus beau réclamer : on me prouva que la calèche à deux chevaux, avec superbe livrée et à vingt francs par jour, était la seule manière d'aller.

Il fallut bien me soumettre, ne sachant pas la direction que je devais prendre. Ma visite ne fut pas longue, et j'étais de retour pour le dîner, qui a lieu à deux heures ; c'est le moment le plus important de la journée. Dans un hôtel allemand, le dîner est coté tant ; mais si vous arrivez un quart d'heure en retard, et si vous forcez de déranger la symétrie, les prix ne sont plus les mêmes : il y a un fort supplément de service. J'entrai. La table était longue et étroite ; chacun y avait une place désignée. Devant chaque convive, quelques fleurs et des bouteilles illustrées de gravures représentant, pour la plupart, une vue de l'établissement vinicole. On me plaça au haut bout, à côté d'une miss portant une belle croix d'ébène ; elle seule représentait le beau sexe. Je me crus privilégié ; je me trompais : la belle fut presque maussade, et je n'en vis que l'épaule.

Lorsque nous fûmes tous assis (nous étions trente), le directeur général donna le signal, et la cérémonie commença avec une majestueuse lenteur. Assurément, nous sommes moins absurdes en France ; nous dînons mieux, et nous y mettons moins de pompe. — La circulation d'un plat est une grosse affaire. Après chaque plat, entr'acte ; pressé ou non, il faut rester et suivre l'ordre.

Pour trente convives, il y avait neuf Messieurs habillés de noir et gantés de blanc, se tenant respectueusement derrière des gens beaucoup moins bien vêtus. Ces neuf personnages étaient : 1º un directeur qui ne fait rien; un inspecteur qui fait peu de chose; des premiers maîtres; enfin, des aides de tout âge. C'est superbe! Ceux de la dernière hiérarchie ont seulement le droit d'ôter les assiettes et de passer la moutarde.

On n'est donc pas prêt d'en avoir fini, en Prusse, avec la hiérarchie et les dignités. Oh! l'humanité! Si je recommençais la vie et que je fusse plus hardi!! Jeter de la poudre aux yeux suffit à la réussite.

Je sortis de table, furieux d'avoir passé une heure et demie à apprécier tout cela, furieux d'avoir mal dîné et de n'avoir obtenu de la bière que par grâce; et mon équipage qui m'attendait!... Il est vrai que ma voisine peu aimable a bien un peu contribué à me faire voir les choses aussi en noir.

Nous quittons Berlin demain; mais je t'assure que c'est sans regret.

Je t'embrasse de tout cœur, ainsi que tes filles.

LOUIS.

LETTRE IV

A M. PÉPION, RÉPÉTITEUR D'AGRICULTURE A L'ÉCOLE
IMPÉRIALE DE GRAND-JOUAN.

Une ferme en Prusse. — Les lupins. — Conservation du lait. — Culture des
pommes de terre par la méthode Julin.

Berlin, 18 juillet 1869.

MON CHER PÉPION,

Je suis toujours zélé agriculteur, et en même temps
je veux faire acte de bon citoyen. J'ai désiré, ne
pouvant me rendre plus utile à mon pays, glaner
chez les autres peuples tout ce qui peut nous être
avantageux au point de vue agricole, et mettre un
jour mon petit butin au service de tous nos agriculteurs français qui ne peuvent aller s'instruire au
loin.

Ceci servira de prologue, et je commence.

J'ai visité trois grandes fermes autour de Berlin.
Je ne te ferai grâce de rien. Voici ce que je trouve

2

dans mes notes sur la première : M. Fleck. Quand
les jeunes filles s'en mêlent, tout va bien. J'étais parti
avec une recommandation, suivant mon habitude,
mais sans savoir un mot de la langue, également
selon mon habitude. Je traversai en chemin de fer
dix lieues de sable aride où je ne vis que du seigle et
des pommes de terre, le tout paraissant soigné. Arrivé à la station, je montrai ma lettre et demandai
ma route. J'étais en train de trouver le chemin un
peu long, et je m'étais mis à herboriser à travers
champs, quand un conducteur de charriot de ferme
me hêla. Je criai : Fleck. Un *ya* formidable me répondit. J'arrivai et me glissai comme je pus entre
des tonneaux vides. Au bout d'une heure, on me
déposa dans la cour d'une grande ferme, sans plus
s'occuper de moi. Il était neuf heures. J'allai vers la
maison. Je voulus baragouiner quelque chose à une
servante qui se sauva. Une plus hardie me fit voir
un escalier sans vouloir le monter ; j'avais peur d'arriver tout net dans la chambre de la maîtresse de
maison, qui, n'étant pas avertie, pouvait encore avoir
son bonnet de nuit, auquel cas j'aurais été perdu
pour toujours : pas de pardon pour ces choses-là !
Enfin, je me résignai : je montai et je frappai. Plein
succès ! Une jolie jeune personne, en toilette du matin, entr'ouvre la porte. En vain j'essaie de parler
allemand ! On vient à mon secours en me disant :
« Monsieur, je parle français. — Oh ! merci, Mademoiselle ! Voici une lettre ; je viens, etc... — Parfai-

tement; veuillez entrer; je vais faire appeler mon
père. » Ensuite, elle alla fouiller dans sa bibliothèque
et me rapporta, comme un morceau de littérature à
l'usage des jeunes personnes, le *Diable boiteux* ou
quelque chose qui me parut très-boiteux au point de
vue moral. C'est ainsi que la littérature française est
souvent représentée à l'étranger ; il y avait même des
gravures !

Le père arriva; l'accueil fut froid; il parlait peu
le français. Il se fâcha tout rouge dans le corridor,
parce que sa fille s'en était allée, le laissant seul avec
moi. La pauvre fillette avait été se faire plus belle :
c'était bien permis; sa mère arrangea tout, et elle
revint.

Muni de mon interprète d'un nouveau genre, nous
partîmes : cela m'a toujours paru difficile de parler
agriculture avec un interprète, surtout quand cet
interprète est une femme qui, n'étant point habituée
aux expressions techniques, traduit d'une façon
étrange. Pourtant, Mlle F. fit exception; elle me servit réellement et ne me quitta un instant que lorsque
son père, réunissant tout son français, m'entama
une histoire sur les *jeunes maris des vaches*. La ferme
était d'au moins mille hectares, et établie sur un sol
complètement sableux; une distillerie d'eau-de-vie de
pommes de terre était annexée à la ferme et permettait d'entretenir une vacherie hollandaise d'au moins
cent bêtes, auxquelles les résidus étaient donnés en
les mélangeant à de la paille hachée. Le lait est vendu

1 thaler les 24 quartz, soit 11 centimes le litre, je crois.

La meilleure vache a donné dans l'année 5,968 *quartz*.

Les vaches ne sortent pas de l'étable ; on enlève le fumier tous les jours.

Dix grosses vaches occupent 11 mètres de longueur sans stalle, soit 1^m.10 par tête. A une autre ferme, située non loin de là, je trouve 1^m.25.

L'espace suffisant pour l'emplacement d'un rang en largeur est de 3^m.90.

Les vaches se regardent ; il y a deux auges en béton, où arrivent directement les résidus de la distillerie, et où l'on tient toujours à boire. On en fait une condition spéciale de réussite.

Les auges sont séparées par un trottoir briqueté et élevé où l'on met le fourrage vert ou sec non coupé.

Dans une autre ferme, c'est la même chose, et 1^m.70 suffisent pour la largeur des deux auges et du passage.

Ce système m'a paru bon en ce sens qu'on gagne beaucoup de terrain, que le nettoyage des mangeoires-trottoirs se fait aisément, et que la facilité de la surveillance n'en est pas diminuée. Seulement, comme ce trottoir ne peut être établi au même niveau que le sol, cela présente quelques difficultés pour le service des fourrages. C'est la seule disposition employée dans les établissements que j'ai visités en

Prusse. Les vaches étaient en contre-bas de leurs auges de 1 mètre, et elles avaient 50 centimètres pour passer la tête. Les chaînes d'attache étaient ordinaires.

Des femmes, sous la surveillance d'un homme, sont chargées de la traite. Sitôt que le lait est trait, on en abaisse la température de 28 degrés à 10. J'appelle toute ton attention sur ce fait, car grâce à ce procédé, par les grandes chaleurs, ce lait arrivait à Berlin dans de bonnes conditions; on l'expédiait deux fois par jour, mais il ne pouvait être vendu qu'au bout de vingt-quatre heures; en hiver, on le conservait deux jours. Le procédé consiste à entourer d'eau très-froide le baquet où on met le lait, et à le faire, en outre, traverser par un serpentin où l'eau froide est constamment renouvelée; on agite le lait, et cela suffit.

Ce liquide est transporté dans de petits tonneaux et dans des charriots non suspendus.

Nous partîmes pour aller voir fonctionner la faucheuse Samuelson, avec laquelle on coupait du seigle; cette machine faisait assez bien la javelle, et son travail était pratique. Nous traversâmes une plaine immense toute en pommes de terre; je n'avais pas l'idée d'une culture aussi étendue. Il faut à M. F. cent vingt personnes à l'entreprise, pendant un mois, pour en faire la récolte. Aussitôt rentrés, les tubercules sont mis en silos, mais sans cheminées d'appel. On couvre bien de paille, de terre, et on laisse le som-

2.

met du silo sans le charger de terre pendant quelques jours.

Je me suis fait expliquer la méthode de cultiver les pommes de terre dite Julin.

Elle consiste, lorsque le terrain est bien plan et bien dressé, à le quadriller en lignes se coupant et distantes de 70 centimètres.

Un homme enlève une pellée de terre en A et la jette : une femme place une pomme de terre dans le trou ; l'ouvrier en fait un autre en B, mais, cette fois, il couvre avec sa terre la pomme de terre placée en A, et ainsi de suite. Plus tard, on écarte les fanes de la plante, on les couche et on les couvre de terre. On prétend qu'on obtient ainsi des produits énormes ; mais ce mode de culture est très-long, et je ne l'ai point vu appliquer en grand. Les pommes de terre, dans ce pays, ne sont jamais malades. La variété que l'on cultive est rouge et m'a paru se rapprocher de la variété dite Rohan.

Pour fourrages, M. F. sème de la vesce et de l'avoine, puis du maïs qu'on cultive en ligne et qu'on butte à la main ; il en paraît très-content. Il cultive la luzerne le plus qu'il peut.

Les prairies artificielles se composaient de trèfle, de lolium perenne, de dactyle et d'avoine élevée.

J'ai vu là une immense culture de lupins bleus et jaunes ; c'est véritablement la plante des terrains de sable, et il est merveilleux de voir une pareille force de végétation dans des terrains aussi arides. Les plantes avaient bien 66 centimètres de hauteur, et, malgré la sécheresse, elles étaient dans les meilleures conditions. Si on veut en obtenir de la graine, on sème de très-bonne heure au printemps. Souvent on le sème pour enfouir, et il constitue l'engrais vert par excellence ; on peut aussi récolter le lupin comme fourrage sec ; alors on peut reculer la semaille, et on le met en petites moyettes, comme le sarrazin, pour le dessécher.

Le lupin bleu donne plus de graines, mais le jaune est de beaucoup préférable comme fourrage pour les moutons.

Les hommes, en été, sont payés de 1 à 2 fr., et, en hiver, 75 c. Les femmes gagnent, à l'année, 40, 50 et 60 c. par jour, suivant l'époque. Les domestiques reçoivent, le matin, de la soupe au lait écrémé et de la farine de seigle ; deux fois par jour, des pommes de terre ; une fois ou deux par semaine, des harengs, et deux fois de la viande.

Tous les labours sont faits par des bœufs, mais la terre est si légère que, sitôt le labour fait, on herse, puis on passe un rouleau compresseur pour la tasser et empêcher le vent de l'enlever. Les purins sont utilisés avec grand soin et conduits sur les prairies ou sur les guérets avec de grands tonneaux en tôle. On va me conduire dans une autre ferme.

A demain, et, jusque-là, au moins, crois à ma sincère affection.

L. F.

LETTRE V

A M. PÉPION.

Une autre ferme en Prusse. — L'effet de l'argile melangé aux sols siliceux.
— Les charrues qui marchent seules. — Un inspecteur agricole.

20 juillet 1869.

MON, CHER PÉPION,

Lorsque j'arrivai à l'autre ferme, on était à prendre des rafraîchissements sur la terrasse. La présentation fut aisée : encore une belle personne de seize ans qui ne demandait qu'à rire et à causer. Celle-là était brune; mais je suis désespérant! je ne puis faire qu'une chose à la fois. Si j'essaie d'amuser et d'être gai, je laisse échapper l'occasion d'avoir de bons renseignements. La plupart du temps, je suis grave, et il faut que ces pauvres miss se résignent à entendre traiter une fois de plus un sujet agricole. Pourtant, comme la question se traite en français, ces demoiselles y prennent encore quelque intérêt, et elles restent à écouter.

Si j'aime à rencontrer les filles de fermier, je ne tiens pas aux fils; ils sont presque tous suffisants et ne m'apprennent rien. Je me rappelle qu'étant lancé au milieu d'une grande dissertation sur l'effet produit dans les terrains siliceux par les argiles, et étant aidé par deux interprètes (la jolie brune sus-mentionnée et une dame de quarante ans, fort aimable, que je prenais pour la tante de la jeune fille), un grand dadais de fils, à l'air important, qui était là sans bouger, me coupe tout à coup la parole pour me faire observer que « cette dame n'est pas madame, mais mademoiselle, » et il referma la bouche pour toute la soirée. Qu'est-ce que cela lui faisait? et qu'en savait-il, l'imbécile? La dame rougit, et la conversation tombat net. Ce n'était certes pas lui qui la pouvait relever. Vite, je secouai comme je pus le grelot des bébés pour détourner l'attention, et, reprenant bientôt mon sujet, j'appris que M. S., quand il possédait une pièce sablonneuse, avec un banc d'argile, à peu de distance ou dans le champ même, en faisait extraire pour la répandre sur le sol à la dose d'au moins 100 mètres cubes, et que cet amendement faisait merveille. En deux ans, toutes les dépenses en étaient compensées, et l'on pouvait obtenir aussitôt de la luzerne dans ces sables presque purs. Avis donc aux propriétaires de terrains sablonneux les plus arides! Mais il est bien entendu qu'il ne faut point que les gisements d'argile soient trop éloignés, et qu'on ne doit faire ce travail en grand que lors-

qu'on est bien sûr du résultat et des qualités effi-
caces de l'argile.

On cultivait les terres à l'aide d'une petite charrue
pourvue d'un avant-train avec un versoir très-court.
L'aplomb de cette charrue est tel que j'ai vu là, en
travail normal, ce que je n'avais jamais observé
ailleurs : quatre charrues se suivant et marchant littéralement seules ! Les conducteurs, un homme et
trois enfants de dix à douze ans, suivaient à côté. On
m'a même assuré qu'habituellement les quatre charrues venaient au champ avec un seul homme, et qu'on
avait amené les enfants cette fois-là seulement, à
cause de la dureté du terrain et des cailloux. Cependant, le labourage sans conducteur ne doit pas être
très-fréquent ; je n'en ai jamais vu d'exemple. Les
charrues étaient attelées de deux bœufs tirant avec
des jougs simples.

Cette grande ferme a deux autres éléments de
prospérité : une brasserie et une distillerie.

On faisait la récolte du seigle avec les machines
Samuelson et Mac Cormick ; c'est la première qui
m'a paru supérieure.

Dans ces terres si siliceuses, le froment n'est cultivé
que par exception. — La pomme de terre, l'orge et
le seigle sont les seules plantes cultivées sur une
grande échelle, avec le lupin dont M. S. fait beaucoup de cas pour ses moutons, en le leur donnant
comme foin et surtout en grain.

On voyait dans cette ferme un fort beau troupeau

de moutons mérinos. La bergerie était très-vaste, très-aérée. Les rateliers étaient mobiles et faits avec des barreaux plats, simplement cloués sur les barres transversales, c'est-à-dire que lorsqu'on voulait donner des racines dans l'augette, on suspendait les deux côtés du ratelier qui tombaient perpendiculairement et laissaient l'auge libre. Celle-ci avait 70 centimètres de profondeur et 30 centimètres de largeur. La hauteur de la suspension est de 1ᵐ.22; celle des échelles est de 62 centimètres.

Lorsqu'on veut faire manger des racines ou des graines, on met les rateliers en S. Du reste, ce ratelier, très-bon et très-simple, est, je crois, usité en France. La serradelle était également cultivée dans cette ferme. On la sème dans l'avoine, et on la fait pacager en octobre aux moutons; au printemps, on la fauche ensuite pour les vaches; c'est, du moins, ce que j'ai compris. On enfouit le fumier sitôt qu'on le peut, et on roule fortement aussitôt. Pour la culture préparatoire du seigle, on donne deux et trois labours. Sur les défrichements de prairies artificielles, on met seigle ou pomme de terre.

Les deux grandes fermes dont je viens de te parler étaient régies par deux hommes capables, assurément, mais dont la besogne fatigante était bien diminuée par leur inspecteur. Oh! l'inspecteur allemand, quelle ressource! quelle perfection!... On appelle ainsi un jeune homme que tout fermier s'adjoint et qu'il charge de faire exécuter ses ordres et de la surveillance. C'est son *alter ego,* et tous ceux que j'ai vus ont toujours fait mon admiration. Avec leur aide, la vie d'agriculteur est possible : on n'est pas enchaîné à toute heure du jour, sous peine de voir tous les travaux arrêtés ou manqués. Ceux qui remplissent ce rôle sont des jeunes gens qui, pour la plupart, songent eux-mêmes à devenir fermiers. Ils sont habituellement peu rétribués, mais ils vivent avec le maître. Ils mangent vite, vite et repartent; il faut insister pour leur faire prendre le café. C'est un zèle à n'y rien comprendre; j'avais déjà fait les mêmes remarques dans les fermes que j'ai visitées l'an passé. Excellent métier pour les personnes auxquelles on recommande l'exercice! Ces jeunes gens, vivant dans la famille, sont d'autant plus disposés à considérer les intérêts du maître comme les leurs et à se mettre en son lieu et place. De plus, n'étant pas obligés de vivre de pair à compagnon avec les gens de la ferme, ils y gardent plus d'autorité et de dignité.

Je suis sûr que les cultivateurs, habitués à être secondés de la sorte, trouveraient toute exploitation impossible sans cet être intelligent. Il faut considérer toutefois que les inspecteurs, dont les meilleurs, sans doute, sont ceux qui viennent apprendre pour leur compte, veulent être sous la direction d'un homme capable, instruit, dont l'intérieur soit supportable, toutes choses fort rares dans notre patrie. Le gouvernement français l'a senti et a cherché à favoriser cette institution en créant des stagiaires ; mais je n'ai pas eu l'occasion d'apprécier leurs services ; je n'ai pu juger comment élèves et propriétaires com_ prenaient leurs rôles.

Les vaches, dans cette ferme, étaient également hollandaises et fort belles ; mais, partout où il y a des distilleries ou des brasseries, c'est la même chose. Là encore, on insiste pour que les vaches à lait aient toujours à boire, mais jamais d'eau pure.

Les vaches sont pendant trois mois nourries au vert, avec 40 kilos de vesce et d'avoine, de seigle vert, de luzerne mélangés, et 3 kilos de foin au premier repas du matin. Lorsqu'il n'y a pas de drèche, chaque vache reçoit 6 litres de son de seigle, divisés en trois fois et mélangés avec beaucoup d'eau. En hiver, on donne de la paille de seigle entière.

Dans une autre vacherie, on donnait pour cent vaches les résidus de quatre vespels de pommes de terre, 125 kilos de son, et de la paille hachée à discrétion. On employait aussi des farines de maïs, coûtant 14 fr. les 100 kilos.

Les vaches à lait coûtaient 70 thalers, soit 262 fr.

Les bœufs de travail, pouvant valoir, dans le centre de la France, 400 fr., avaient été payées 402 fr. (110 thalers).

Les chevaux de trait étaient en bon état : ils recevaient 5 kilos de seigle aplati, 1k.500 de foin et de la paille de seigle hachée, humectée et mélangée avec le tout.

Pour cultiver 600 hectares de terres légères, on employait vingt-quatre chevaux et douze bœufs, soit un attelage pour une moyenne de 33 hectares. On m'accusait un rendement de 28 hectolitres de seigle par hectare; mais là, les sables étaient riches et fortement amendés.

En revenant, je ne pus me rendre un compte exact de l'assolement du pays. Ce qui domine dans la culture ordinaire, ce sont des seigles, des avoines blanches, des pommes de terre. On voit encore de mauvaises prairies artificielles de trèfle et ray-grass de un à deux ans, et un peu d'orge.

Les arbres verts (pins sylvestres) viennent à peine dans ces sables, et ce n'est guère que dans les fermes exceptionnelles, comme celles que j'ai visitées, et encore dans des fonds beaucoup supérieurs, qu'on trouve vesces, maïs verts et lupins.

Adieu, mon cher ami; je t'écrirai ce que j'aurai vu sur la route sitôt que je serai en Russie.

Je t'aime toujours bien.

L. F.

LETTRE VI

A M. LEFÈVRE DE SAINTE-MARIE.

Les plantes dominantes en Prusse. — Situation de ce pays comparé à la France. — Les engrais chimiques en pratique. — Les eaux d'égoûts précipitées.

Bromberg.

MONSIEUR LE DIRECTEUR,

Me voici sur le point de quitter la Prusse, et je ne veux pas le faire sans vous adresser, en échange de l'intérêt que vous n'avez cessé de me témoigner, les quelques renseignements qui peuvent aider à remplir le cadre de la mission agricole qui m'a été confiée, grâce à vous.

J'ai bien examiné : j'ai traversé la Prusse dans différentes directions, et je crois pouvoir affirmer que la France n'a rien à redouter de l'importation des produits agricoles de ce pays; tout au moins, peut-elle soutenir la lutte avec avantage.

La Prusse, à quelques exceptions près, est certainement une contrée pauvre; on n'y voit que sable, et le plus souvent sable complètement aride.

Le seigle est la plante dominante; il sert à alimenter presque exclusivement la population. Puis viennent les pommes de terre, qu'on cultive en petits sillons, et que le plus souvent on travaille à la main.

Les instruments perfectionnés ne m'ont point encore paru d'un usage général. J'ai trouvé, dans les terrains siliceux les plus arides, des lupins jaunes et d'immenses pièces de serradelle. On a beaucoup parlé du lupin jaune en France; mais l'a-t-on essayé dans les endroits où il doit être appelé à rendre les plus grands services, c'est-à-dire dans les sables les plus pauvres? Il peut servir à les améliorer comme engrais vert et donner un fourrage abondant pour les animaux. Le tout à très-peu de frais.

Dans ces terres si maigres, j'ai trouvé des houblons; ils ne paraissaient pas vigoureux, mais leur produit doit encore être passable, car, en approchant de la Bavière, cette culture occupe une notable étendue du territoire. J'ai aperçu encore un peu de millet, du blé noir et, dès que le terrain était plus frais et plus riche, des pois et un peu de lin.

La Prusse n'est pas riche : les habitants feront bien de rester sobres. Aussi, après avoir traversé son territoire dans plusieurs sens, j'ai compris le désir qu'éprouvent les Prussiens d'empiéter sur leurs voisins et de changer leur pays pour un autre. Ils sont d'autant plus redoutables que, élevés loin des délices de

Capoue, les campagnards m'ont paru énergiques et travailleurs.

Certainement, on trouve en Prusse des portions fort riches, et j'ai vu de magnifiques pièces de betteraves de Silésie; mais, comparées à l'étendue du pays, ce ne sont, pour ainsi dire, que des exceptions.

Le peu d'animaux que j'ai vus à la pâture, sauf les moutons, m'ont semblé très-médiocres et sans caractères distinctifs. En hiver, la paille de seigle doit composer une des parties les plus notables de leur alimentation.

Le seigle, considéré comme plante, est plus trapu qu'en France; il vient plus épais; les épis sont très-longs proportionnellement : ceci est notoire pour toute la Prusse. On fauche le seigle en grande partie.

La récolte m'a paru faite avec très-peu de soins; les gerbes sont fort petites, mal mises en tas et, assurément, pourraient être avariées par les mauvais temps.

Près de Berlin, on me proposa de visiter une exploitation qui se soutient exclusivement à l'aide d'engrais chimiques. Quatre cents hectares situés près de la ville et dans les sables les plus pauvres sont traités de cette façon. J'ai pensé aussitôt au bruit qui se faisait autour des systèmes et des opinions émises par M. Ville, et j'acceptai avec empressement. Quand bien même les idées de M. Ville ne seraient ni justes, ni pratiques en quelques points, de même que celles du docteur Guyot pour la vigne, il n'en a pas moins rendu un grand service en attirant l'attention des agriculteurs sur ces points importants, leur rappelant que les plantes ne pouvaient être produites ni végéter avec vigueur qu'à l'aide de certains éléments qui devaient se trouver toujours dans le sol. Quels sont, en réalité, ces éléments? Ceci est fort variable, et l'on n'est point encore d'accord là-dessus; mais il est permis d'étudier et de croire à tout, lorsqu'on voit les effets si surprenants produits par les phosphates fossiles dans les terres de landes.

Je vous demande pardon, Monsieur le directeur, de cette digression; mais je n'ai jamais compris que M. de Molon, après avoir rendu un service aussi immense à la France, soit resté oublié. Ce n'est pas une réclame que je veux lui faire : je ne le connais pas.

Si l'on ignore quels sont les éléments de fertilité qui manquent à beaucoup de terrains, les recherches que l'on en fait sont au moins une bonne chose; c'est une bonne chose que d'essayer et d'expérimenter toutes les substances qu'on peut se procurer à bon marché, sans peine, jusqu'à ce qu'on soit sûr que les résultats sont nuls ou insuffisants, et ceci sans préjudice des essais en petit de substances plus chères, mais dont les bons résultats ont été vérifiés ailleurs. Toute personne qui marche dans cette voie et qui observe se rend utile à elle-même et aux autres agriculteurs, car ce ne sera guère que par la réunion des faits pratiques qu'on pourra formuler des principes certains.

Voici ce que j'ai vu chez M. Reder :

Pas d'autres animaux que des chevaux de travail; il vend fort cher tous ses fourrages et toutes ses pailles. Il est si près de Berlin, qu'il peut vendre des luzernes, pour être enlevées en vert, 180 fr. par morgen (36 ares) et par coupe. Il n'achète jamais de fumier. Les terres qui environnent les siennes sont d'une aridité qui fait peine. Ses quatre cents hectares, au contraire, sont comme une oasis au milieu du désert. Ses froments étaient admirables et d'une force de tige étonnante. Il était curieux de voir de semblables produits dans des sables aussi arides. — Les voisins de M. Reder, malgré la proximité de la ville, ne louaient que 7 fr. 50 par morgen. Lui, affermait 26 fr. par morgen ; mais il comprenait l'impôt, l'intérêt de sa rente, je crois, et un magnifique logement dont il jouissait. En définitive, il n'a pas voulu me dire son prix net de location.

J'ai vu beaucoup de composts chez lui, et je n'ai pu reconnaître les substances qui avaient pu servir à les former; la chaux y jouait un grand rôle.

M. Reder m'a assuré qu'après de nombreux essais, il s'était formulé une composition de terrain type, et qu'il cherche toujours à s'en rapprocher, en ajoutant à ses terres les substances qui leur manquent, et en choisissant, parmi tous les résidus des fabriques industrielles, ceux qu'on lui livrait au meilleur marché.

J'ai cherché en vain à avoir des doses exactes des engrais employés, ainsi que l'analyse de son sol; ou il ne le sait pas exactement, ou il n'en veut rien dire.

Il emploie avec succès, m'a-t-il assuré, ce qui reste de la fabrication de la soude et de l'indigo, les détritus de la fabrication du gaz, en les traitant par la chaux; ceux de la colle forte et de la fabrication du goudron; il a insisté sur l'effet de ces derniers. Autant que possible, il pulvérise et répand à la main la substance, afin de pouvoir la doser et juger positivement de son effet. Il emploie souvent deux ou trois doses de matières différentes et à diverses époques : il en répand avant de labourer, puis en semant, et aussi pendant la végétation. Il fait se succéder des plantes épuisantes indéfiniment; et, après un certain laps de temps, il sème de la luzerne qui, avec ses longues racines, va saisir profondément les matières qui se sont dissoutes et que les pluies ont entraînées hors de la portée des plantes ordinaires.

M. Reder me montra des veines brunes dans des fouilles préparées exprès au bord de ses champs. Son sol blanc et siliceux se prête admirablement à cette démonstration. On voit ces couches nuancées qui s'enfoncent progressivement et qui vont se trouver hors de la portée des plantes. Alors, la luzerne arrive à point pour ne rien laisser perdre. Si c'est un peu théorique, c'est au moins bien trouvé.

M. Reder emploie encore le sel de Stasford, près

de Magdebourg. Je ne le connais pas ; mais il assure en avoir obtenu de très-bons résultats. Il m'a recommandé la tourbe employée comme engrais ; il se loue des services qu'elle lui rend, mais il recommande de cultiver immédiatement une crucifère, afin d'en absorber l'acidité. Le froment vient bien après, mais jamais avant.

M. Reder a mille fois raison d'agir ainsi, d'autant qu'aux portes de Berlin, il vend tout à des prix exorbitants, tandis qu'il achète pour presque rien tous les résidus indiqués, les industriels étant très-heureux de s'en débarrasser. Mais le jour où les agriculteurs voudraient l'imiter, le jour où la concurrence s'établirait, si l'on ne trouvait pas le moyen de fabriquer et d'augmenter toutes ces substances dans un but purement agricole et à un prix acceptable, tous les avantages dont jouit M. Reder seraient perdus. Il a eu une excellente idée, et il en profite ; ce n'est que justice. Seulement, il serait bien à désirer que quelques-uns de ces principes pussent se formuler, et il serait intéressant, au moment de la végétation, de suivre les progrès occasionnés par les diverses substances qu'il utilise. Chez lui, je vis un dépôt de matières limoneuses ressemblant à des produits de colmatages desséchés. L'affaire est de la plus grande importance et a déjà été étudiée en France ; si on réussissait, son application rendrait les plus grands services. Il s'agit de réunir les eaux d'égouts dans de grands bassins, et là, en ajoutant une composition où le goudron entre pour une part, de précipiter au fond du bassin toutes les matières fertilisantes.

La question est à l'étude; elle a déjà donné un résultat; mais il reste à savoir s'il sera pratique et si les résidus obtenus paieront les frais nécessités pour obtenir ce précipité. L'administration avait envoyé une certaine quantité de ces vases à M. Reder, en le priant de faire des essais sur la valeur fertilisante de cette matière.

Voici à peu près les seules choses qui m'ont frappé en Prusse. Ce pays ne peut nous fournir en quantité un peu considérable que les produits tirés des pommes de terre. On pourrait donc trouver dans cette contrée un débouché pour nos vins blancs, si les droits d'importation n'étaient pas trop élevés, car, en Prusse et en Allemagne, on aime le vin blanc; mais les prix énormes sont toujours ce qui en arrête la consommation.

Veuillez agréer, je vous prie, Monsieur le directeur, l'hommage de mes sentiments les plus profondément respectueux.

L. F.

LETTRE VII

A M. PÉPION.

Les cultures entre Hanovre et Kœnisberg. — La récolte de seigle. — La charrette à colza.

Kœnisberg, 21 juillet 1869.

Mon cher ami,

Enfin, je verrai peut-être demain autre chose; mais, depuis bien avant Hanovre jusqu'ici, cela n'a guère varié : toujours des sables, et encore des sables. J'ai voyagé dans plusieurs directions autour de Berlin : c'est toujours la même chose. La Prusse est un pays pauvre.

La terre n'est pas difficile à travailler, je t'assure; elle est labourée le plus souvent par des bœufs attelés deux à deux, mais au joug simple ou bien au garot, avec une sorte de cadre en bois garni parfois d'un coussinet, ce qui leur permet de se coucher. Il y a, certes, de grandes fermes, car près de Discheau, j'ai compté dix-neuf charrues attelées dans le même champ.

Non loin de là, j'ai vu des herses traînées par quatre chevaux; leur conducteur était en postillon sur un de ceux de volée. — On cultive à plat; je n'ai vu de billons qu'après Discheau; l'assolement était : jachère très-bien tenue, seigle et fourrages de printemps ou pommes de terre.

J'ai suivi une récolte de seigle à Bromberg. Le grain avait été fauché en dehors, comme partout dans le pays. Des femmes formaient la javelle avec des râteaux en bois, à dents courtes, semblables aux râteaux à dents de fer employés dans les jardins français. Chacune faisait son lien en prenant deux longueurs de seigle et en tortillant les épis les uns avec les autres; une longueur eût suffi. Ces femmes réunissaient dix-huit gerbes en un seul faisceau, mais sans ordre ni soin. Elles allaient lentement et faisaient cependant deux petites gerbes de 3 kilos par minute, travail effectif.

J'ai remarqué, près de Berlin, une bonne méthode pour le transport du colza.

Un cadre établi sur deux roues basses constitue la membrure du charriot; deux pins très-effilés font les brancards, et le fond se compose d'une tôle qui a 2^m.55 de large sur 5 mètres de long. C'est fort léger, très-facile à charger, et grâce à cette méthode, on ne perd pas de graine.

J'ai vu, dans la même ferme, des tuyaux en fonte

de forme particulière, pour enlever les urines des
écuries; ils étaient plats en
dessus et étaient pourvus, à
la partie inférieure, d'une
rainure pour laisser passer le
liquide; la surface en était rayée pour empêcher le
glissement des chevaux.

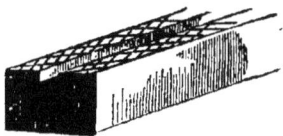

Les faux prussiennes ont le manche très-court; la
lame en est longue et étroite. Le râteau qui y est
adapté pour la récolte des grains est à dents beaucoup plus courtes que la faux; ces dents sont fixées
dans un montant qui tient à une douille embranchée
au talon de la faux.

C'est la culture de la pomme de terre qui est le
triomphe de ces pays; on les plante en rayons, mais
on les bine et on les butte à la main; les pieds sont
espacés de 33 centimètres. Les cultivateurs auxquels
j'en ai parlé ne coupent pas les semences de pommes
de terre.

Quel dommage que dans ces terres, si faciles à
travailler, on ne se serve pas plus des instruments
perfectionnés! On les aurait même à bon marché,
car ce serait le triomphe de la fonte. Le jour où les
Prussiens manqueront de bras, ils y suppléront bien
facilement par l'emploi de ces machines.

Ton ami dévoué.

L. DE FONTENAY.

LETTRE VIII

A Mme LA COMTESSE DE L***.

Le soleil de Pétersbourg — La gare. — La carpe à la bière. — L'entrée en wagon. — Les insectes à l'hôtel. — Le pieux remouleur.

Pétersbourg, 22 juillet 1860.

Chère Madame et excellente amie,

Enfin, nous sommes à Pétersbourg, et nous étouffons de chaleur. Quel contre-temps! trouver 35 degrés et pas d'air, lorque nous espérions, en venant dans le Nord, respirer à l'aise! Que nous avons trouvé la gare triste et brûlante, chauffée qu'elle était par ce soleil piquant du nord! Ce n'est point là notre soleil de France; il n'a point la même manière de chauffer. Déjà, l'an passé, dans le nord de la Suède, je l'avais bien remarqué; et puis, voyez comme nous devons être bien disposés! Nous arrivons par un train direct; il est quatre heures; nos bagages nous ont précédés de quelques heures, et impossible de les avoir! Messieurs de la douane sont à prendre le thé.

Le lendemain, il nous faut revenir, payer pour déboucler les malles, payer pour leur transport à la voiture, payer une double voiture, perdre une journée, etc. Oh! la parfaite organisation! et tout cela, pour ne pas déranger les heures de ces Messieurs!

Enfin, calmons-nous : j'ai ma malle, des plumes, de l'encre et une table; je puis vous écrire.

Nous avons fait à Bromberg le séjour, comme le soldat. C'est vraiment une grande ville, si on en juge par la longueur des rues de la gare à l'hôtel. Nous voulûmes dîner; je m'adressai à un très-jeune servant, pensant qu'à cet âge ce n'était que candeur, et je lui demandai ce qu'il y a de meilleur; il me cita sans hésiter la carpe à la bière. — En vain, mon cousin me fit les plus sages observations, me démontrant que la bière ne pouvait ajouter aucune qualité à la carpe et devait lui nuire beaucoup; je persistai. Bientôt, on m'apporte un plat appétissant. Je triomphe. Je goûte. Fi, l'horreur! Je dois dire que mon conseil, le jeune servant, ne riait pas; il était confondu de mon mauvais goût comme moi du sien. — Quel dommage! la carpe était si belle!

A dix heures du soir, mon cousin vint me chercher; il avait entendu d'excellente musique et vu des peupliers géants. — Nous partons immédiatement pour aller admirer la végétation. Je n'ai pu voir qu'au clair de la lune; mais ces arbres plantés sur les bords d'un canal étaient vraiment admirables : ils mesuraient 4m.30 de circonférence.

Le matin, au jour, nous étions à la gare, prêts à quitter Bromberg. Au moment de monter, nous ouvrons un compartiment; un conducteur vient nous l'interdire et nous montre la queue du train; nous y allons; même manége, et l'on nous montre le milieu. Au milieu, on nous montre de nouveau la tête. Nous prenions le parti de monter quand même; l'heure était proche, lorsque arrive un petit homme furieux, criant qu'il a loué le compartiment et nous ordonnant de descendre. A mon tour, je perds patience; lui répond sur le même ton, et je vais au chef de gare, et je m'explique comme je puis; il comprend et, grâce à son concours, je remonte en voiture.

La portière fermée, notre homme se calme et nous dit : « Messieurs, ce conducteur est un gredin; voyez comme c'est désagréable! je lui ai donné de l'argent pour que nous soyons seuls avec Madame et avec ma fille qui est souffrante, et il vous fait monter; c'est indigne! » A notre tour, nous devenons moins farouches : « Monsieur, nous sommes désolés; il nous fallait prendre place quelque part; mais puisque Mademoiselle est souffrante, nous descendrons à la première station. » Et, ce disant, nous adressons force excuses à la demoiselle. Oui, mais nous n'étions

pas des voyageurs ordinaires, et la pauvre enfant expliqua à Monsieur son père que, le matin venu, elle se
trouvait mieux et n'était pas fâchée d'avoir quelque
honnête distraction. — Pour répondre à une pareille
politesse, je m'empressai d'acheter pour deux groschen
de cerises noires et d'en faire hommage à la société ;
la jeune personne, encouragée par son père, voulut
bien en accepter, et, dès lors, tout se passa au mieux.
L'homme colère était un général russe, paraissant
instruit et parlant bien français ; nous nous lançâmes
ensemble dans des considérations d'économie politique. Lorsque la conversation semblait languir :
« Pardon, général, lui disais-je, mais je viens en
Russie pour m'instruire, et ce petit éclaircissement me
serait bien utile. — A votre service, monsieur, » etc.

Pendant ce temps, le cousin était aimable avec sa
voisine de face. Aussi, je crois qu'il y eut de sincères
regrets lorsque, à la frontière, il fallut se séparer.
Le général voulut monter en premières, affirmant
que les secondes allaient devenir inhabitables à cause
des Juifs.

L'assertion me paraissant forte, je persistai seul à
y demeurer ; mais, au bout de douze heures, je fus
forcé de reconnaître qu'on m'avait dit vrai. — Olivier
vint me chercher de la part du général V***, membre
du conseil de l'Empire. Il voulait me revoir et me
présenter à tout une société russe qui se trouvait
dans les wagons-salon. On me fit grand accueil ; ces
personnes se connaissaient presque toutes.

La conversation s'anime; on s'intéresse à nous; on me trace mon itinéraire. J'ai ainsi une foule d'autographes de hauts et puissants seigneurs.

Tout allait au mieux quand notre bon général annonce qu'il est arrivé. Olivier et moi, vite nous aidons à le débarquer, lui, sa fille et sa gouvernante; nous portons les sacs, les ombrelles, les couvertures; nous offrons nos bras : enfin nous nous montrons Français. Dans notre précipitation, nous aurions bien pu embrasser sa fille par mégarde, mais cela ne nous est point arrivé.

Cette mission remplie, nous remontons en voiture; on fait l'éloge du général, et ses amis nous engagent à les suivre à l'hôtel de France.

Le soir, un d'eux, ne sachant que faire, vient nous trouver, nous propose avec instance de sortir, ce que nous acceptons; aussitôt il remonte dans un appartement. Ne le voyant pas redescendre, nous lui faisons dire que nous l'attendons; il répond qu'il est à nous à l'instant et, malgré tout, il nous fait attendre une heure juste. Les jours suivants, ces prétendus amis ne parurent même pas nous reconnaître. Ce ne fut que plus tard que je me rappelai ces procédés à la Russe, quand je fus bien sûr que c'était un des traits du caractère national : toujours les actions les plus en désaccord avec les paroles. On sait chez nous ce que c'est que l'eau bénite de cour; mais, d'après la quantité qu'en dépensent les Russes, il n'en doit plus rester pour les autres peuples.

Il faut que vous me sachiez gré de vous écrire, chère Madame, car la chaleur nous énerve complètement; du reste, il nous est impossible de dormir, et mon cousin m'accuse de passer tout mon temps à souffler ma bougie et à battre le briquet. La critique est juste, mais aussi je n'étais pas habitué à trouver dans mon lit une pareille compagnie de petites bêtes sautillantes, et je suis à leur endroit d'une sensibilité désespérante. Enfin, je vais tâcher de prendre sur moi de vivre en paix avec mes ennemis; j'ai beau les plonger par dizaines dans le noir Tartare, je fais un travail de Danaïdes. Cela seul suffirait pour me faire prendre la Russie en horreur. Dans des conditions semblables, vous comprendrez que je suis souvent à ma fenêtre; or, le matin qui suivit mon arrivée, j'aperçus dans la cour un Russe pur sang (il avait de grandes bottes, de grands cheveux, et sa chemise en cotonnade de couleur passait par-dessus son pantalon mis dans ses bottes); il avait un grand couteau à la main. Il fit aussitôt un beau signe de croix répété à gauche et de la main gauche, comme tout bon orthodoxe. Qu'allait-il faire après avoir si bien recommandé son âme à Dieu? Je redoublai d'attention.

Il posa le pied tranquillement sur une pédale; une meule tourna, et il repassa son coutelas. Au couteau suivant, même invocation; il mérite de n'ébrécher aucun des instruments qui lui étaient confiés.

Je vais parcourir la ville, faire démarches sur démarches pour me procurer des recommandations;

puis, en les attendant, je viendrai de rechef causer avec vous.

Adieu, chère Madame et bien excellente amie ; veuillez croire à mes sentiments d'affection les plus respectueux.

L. F.

LETTRE IX

A M. LE Vte DE FONTENAY.

En Russie. — Juifs. — Conducteurs de train. — Wagons. — Voitures à
Pétersbourg. — Pavage des rues.

Saint-Pétersbourg, 23 juillet 1869.

MON CHER ANSELME,

Enfin je suis en Russie! Mais la première impression a été peu favorable. Voici mes notes de la frontière. Peste soit de ces gens à casquette plate et de leur cuisine! Un bouillon... peut-on appeler ainsi un plat rempli d'une eau de vaisselle acidulée d'une sorte de vinaigre et ornée de persil haché qui surnage! Prix : vingt-cinq kopecks, un franc, sans le change. Je murmure fortement dès mon entrée; mais aussi, pourquoi me prendre par mon faible? J'aime à en avoir pour mon argent.

On m'annonce, de plus, que les voitures de secondes ne sont plus tenables, qu'elles vont être envahies par les Juifs; ils ont une mine curieuse ces bons Juifs, avec

leurs longs cheveux mal tenus, leur grande lévite noire
et leur casquette plate de même couleur. Voulant voir
de tout et épargner ma bourse, j'accepte leur société :
d'abord, tout va bien ; mais, n'étant pas dans le compartiment privilégié du conducteur, nous sommes
bientôt au complet. Oh! les conducteurs de train! je
les ai en horreur, aussi bien en Allemagne qu'en
Russie; c'est scandaleux! Vous n'avez pas le droit de
choisir votre compartiment : ils sont trois ou quatre
grands fainéants quêteurs, pour surveiller chacun deux
ou trois wagons, et si vous ne traitez pas à l'amiable,
la pièce à la main, en demandant humblement' qu'un
de ces Messieurs vous place, vous êtes sûr d'être entassé dans un compartiment, sans avoir égard à la
distance que vous avez à parcourir. On fait monter
les gens qui ne prennent le train que pour une ou
deux stations. On organise un va-et-vient perpétuel;
le voyage est rendu insupportable, tandis que ceux
qui ont consenti à passer sous les fourches caudines
de ces Messieurs se prélassent seuls dans leur compartiment. Pourquoi n'est-on pas libre de prendre,
comme en France, la place qu'on préfère? Pourquoi
vous oblige-t-on à un impôt forcé pour être passablement? Pourquoi, de gaîté de cœur, mettre confor-
tablement les gens pour lesquels l'argent n'a pas de
prix aux dépens de ceux qui sont obligés de compter?
Nous valons mieux en France; et sur la ligne d'Orléans, où les wagons sont mauvais, c'est vrai; où les
premières ne valent pas les deuxièmes prussiennes,

ce qui est encore vrai; où l'on n'a point à sa disposition des water-closets, fort utiles en cas de maladie, ce qui est toujours vrai; on est au moins traité d'une façon plus digne : j'aime mieux être plus mal assis, et ne pas avoir à subir ces taquineries.

Le matin, je fus tellement fatigué d'être empesté par les allants et les venants, soit par eux-mêmes ou la fumée de leur tabac, que je me plaignis à un chef de gare, ajoutant que la fumée me faisait mal. Je dois avouer qu'il fut très-obligeant et qu'il me fidonner aussitôt un compartiment complètement vide. C'est le conducteur qui n'était pas content!

A la douane de la frontière, dont on effraie tant les gens, on avait été poli et peu exigeant.

Arrivés en gare de Pétersbourg, nous sommes montés dans un brillant omnibus d'hôtel : pour ce seul service, le maître entretient seize chevaux : c'est à n'y pas croire!

Nous fûmes stupéfiés tout d'abord de la largeur des rues : celles de Berlin n'étaient que des ruelles comparées à celles-ci. Et le pavage! Nous en sentions les inégalités; mais je vais y revenir.

Les cochers de fiacre du pays, appelés drowskys, sont curieux avec leurs robes et leurs petits chapeaux, et représentent bien; mais il ne faut pas les voir déboutonnés: le brillant disparaît. J'en ai vu des exemples navrants!

Les drowskys eux-mêmes, je ne te les dépeindrai pas, un Anglais ayant déjà proposé sans succès une forte récompense à celui qui imaginerait un moyen de locomotion plus mauvais. Je sais qu'Olivier, un beau jour où j'admirais les bords de la Néva, sauta à terre et jura qu'il ne remonterait plus dans ces affreux véhicules; il a tenu parole. Je sais aussi qu'un cocher, à la recherche d'un client, tient toujours la place chaude. Quand il a séduit une pratique par ses prix modiques, il passe sur un petit appareil qui se trouve en avant; il vous recommande de bien vous tenir, et fouette cocher! — Lorsqu'il a gagné deux clients et que ceux-ci sont de différents sexes, il est d'usage que celui du sexe noble tienne l'autre sur ses genoux, et une chose compensant l'autre, à tout prendre, cela peut passer; on peut même se créer des envieux. Mais quand ce sont deux honnêtes citoyens qui voyagent ainsi pour leurs affaires et qu'ils sont d'une ampleur raisonnable, forcément un d'eux doit tenir une jambe dehors, et assurément on n'est pas à l'aise. Je défie même deux étrangers, dans cette situation, de faire autre chose que de pester contre les coutumes russes et l'édilité du pays. Pauvre édilité! on la charge assez; on la maudit pour l'entretien du pavage dont elle est responsable. Il faut que je la défende un peu.

On vous dira, avec un grand sérieux, si vous êtes étranger et peu compétent, qu'on eût pu paver les rues de Pétersbourg en argent, avec les sommes qu'on a dépensées pour ses réparations éternelles et imparfaites. Je dois avouer que malgré ces frais, il est impossible de trouver un plus mauvais pavage qu'à Pétersbourg ; et pourtant il y a de bons matériaux, et vous ne voyez point de lourdes voitures traverser la ville. Tous les camions ne sont qu'à un cheval, et encore quelle charge ? De 4 à 600 kilos ; ce ne sont pas eux qui détériorent. Tous les autres chargements ne sont qu'exceptionnels ; les voitures à deux roues ne sont pas connues ; c'est un événement de voir trois chevaux attelés au même charriot ; et quand ils sont trois de front, quel pauvre tirage ! Et quelle façon d'atteler ! Mais à plus tard ces détails.

Revenons à notre pavage et à nos rues : elles ne sont certes pas trop larges, malgré leurs dimensions excessives.

D'abord, la Russie est le pays de l'immensité : chacun se met à l'aise. Il n'y a pas de maison sans deux ou trois cours. Les distances sont énormes ; le Russe n'est point piéton ; il faut donc de la place pour le mouvement des voitures. Ensuite, l'été, on les réduit de moitié, et cela est indispensable pour ne pas interdire la circulation, car les rues seraient toujours barrées pour cause de réparation. Je n'attribue ce pavage détestable ni aux mauvais matériaux, ni à l'inhabileté des ouvriers, mais au sol mouvant sur lequel est établie la ville, et surtout à la débâcle qui survient au moment du dégel. On m'a assuré que la terre gelait à un mètre de profondeur.

Lorsque le dégel arrive, et qu'il y a environ la moitié de la couche gelée de déprise, l'eau, qui se trouve

4

comme dans un vase clos, liquéfie tout. Le dégel ne peut se faire uniformément, et, naturellement, là où le sol cède d'abord, le pavé s'enfonce; il n'est pas besoin d'une forte pression pour ce résultat : je crois même que les inégalités se produiraient sans aucune pression, car j'ai remarqué ces mêmes résultats dans des parties de rues où les voitures ne devaient passer que très-accidentellement.

Pour remédier à cette danse de pavés, on a essayé le pavage en bois debout : on nivèle le terrain, on établit un plancher en madriers et, sur ce plancher, on dispose des tronçons de pin de 0m.25 à 0m.30 de hauteur. Lorsque ce pavage est nouvellement établi, rien n'est plus agréable; on oublie même qu'on est en drowsky. Mais, hélas! lorsque, lancé à fond de train, on rattrape le pavage ordinaire, quel rappel à la réalité! On pourrait penser qu'avec ce système coûteux on a tourné la difficulté : il n'en est rien. L'année suivante, il y a de telles inégalités, qu'il faut recommencer. Quel dommage! car le bois n'est point avarié. Dire qu'après tous ces coûteux essais, Péters-bourg soit condamné à rester dans l'état actuel, je ne le pense pas ; les causes de la détérioration étant connues, on peut tenter de nouveaux systèmes. On a de la marge, puisque l'entretien annuel cause de si grands frais. Peut-être des pieux enfoncés jusqu'au dessous de la couche de terre exposée à la gelée résisteraient-ils. Un très-épais macadam, dans lequel on ménagerait un drainage naturel, résisterait peut-être mieux. Du moins, sitôt le beau temps, avec des matériaux préparés à l'avance et en s'aidant de pesants rouleaux, on aurait bien vite comblé les inégalités. Ce serait, je crois, ce qu'il y aurait de plus économique.

Si j'ai tant insisté sur ce sujet, c'est que je n'aime pas entendre blâmer les gens à tort.

Je ne nie pas qu'il n'y ait de la négligence : ainsi, la grande voie macadamisée qui conduit aux îles est mal entretenue ; mais il faut reconnaître que les Russes ont de grandes difficultés à vaincre et qu'ils ont les doigts gelés une bonne partie de l'année.

Je m'aperçois que je me laisse emporter par la conviction, que je t'adresse un mémoire, comme si tu pouvais redresser tous les torts que je te signale ; pardonne-moi, mais je veux être véridique.

Dans ma prochaine lettre, je n'aurai peut-être que des louanges à chanter sur la Russie et le ferai, certes, de même ; mais je le désire plus que je ne l'espère.

Adieu, mon cher ami ; je t'aime bien et t'embrasse, ainsi que tes filles.

L.

LETTRE X

A M. R. DE FONTENAY, LIEUTENANT AU 6ᵉ DRAGONS.

Les officiers russes, leur sabre et leur manteau. — Le coupable mené au poste. — Un détail d'hôtel : le lavement des mains. — L'homme qui se plaît dans son sépulcre. — Les harnais des chevaux.

Pétersbourg.

MON CHER ROBERT,

Je n'ai point encore eu le temps d'observer les troupes. J'ai joué de malheur : le camp a été levé la veille de notre arrivée. Je te dirai seulement que les officiers russes ne connaissent pas la tenue civile : ils ne quittent un seul instant ni leur uniforme, ni leur sabre; en voilà dont le sabre traîne à terre, à la bonne heure! Quel vacarme et quelles rayures sur les trottoirs! Je ne vois pas trop ce qu'un pareil tapage peut ajouter à la considération du possesseur. J'ai remarqué aussi qu'ils doivent tous à l'envi avoir accompli de grandes actions, car ils ont des brochettes de croix comme je n'en ai jamais vu nulle part. — Je crains qu'il n'y ait quelquefois double emploi dans ces décorations. — La tenue des officiers est bonne, du reste; seulement, ils ont vraiment trop peur de s'enrhumer. Par n'importe quel degré de chaleur, ils sortent avec leur manteau. Si on leur demande pourquoi : « C'est de crainte de la pluie, » disent-ils. Après tout, cela préserve aussi leur uniforme du soleil et de la poussière ; puis, au moins, ils ne perdent rien de leurs attributs.

J'ai vu défiler deux régiments de cavalerie, mais si vite, que je n'ai pu faire aucune remarque, si ce n'est que la tenue m'a paru bonne et les chevaux en bon état.

Ici, on a une méthode toute particulière de mener les hommes au poste. — Je rencontre un sergent de ville et un délinquant. Le sergent de ville porte à la main la casquette du coupable, lequel suit à distance avec grand soin. Cette chaîne d'un nouveau genre m'a paru originale.

Que te dirai-je autre chose qui puisse t'intéresser? Je vais te parler un peu de nous et de ce que nous devenons.

A l'hôtel de France, nous sommes aussi bien que possible ; le propriétaire est Français, et sa femme est très-gracieuse. Pour la Russie, les prix sont vraiment fort raisonnables. Comme je m'étonnais du nombre de domestiques, on m'assurait qu'il en fallait un par deux ou trois appartements. En effet, un

4.

Russe rentrant à une heure du matin ne peut se coucher sans sonner pour qu'on lui ôte ses bottes. Un autre, se levant à cinq heures du matin, ne peut le faire sans qu'on l'habille, et surtout sans qu'on lui lave les mains. On a bien imaginé plusieurs appareils pour y suppléer, et ceux-ci sont tellement ingénieux, que je n'ai pu deviner comment ils fonctionnaient. Représente-toi une sorte de secrétaire; la cuvette est sur la tablette. J'aperçois une sorte de robinet; je veux le tourner : pas moyen! Je sonne; alors on m'expliqua qu'en appuyant sur une pédale, l'eau jaillira. Très-bien; mais n'ayant pu en deviner les avantages, je me vengeai sur les inconvénients supposables. Je me fis à moi-même cette observation : qu'ayant déjà tant de peine, en France, à trouver propres des pots à eau qu'on peut vérifier à chaque instant, cette sorte de fontaine perpétuelle, qui ne se vide jamais à fond et dans laquelle le regard ne pouvait pénétrer, devait être sujette à de nombreux inconvénients; en Russie surtout, c'était grave. J'eus la preuve que je n'avais point jugé témérairement. J'ai souvenance que, dans une maison particulière des mieux tenues, ayant appuyé sur la pédale, il s'émana du jet une telle odeur d'œufs pourris, que je reculai d'épouvante. Le domestique lui-même, que j'appelai et que j'engageai à s'approcher de la cuvette juste au moment où adroitement je faisais fonctionner l'appareil, n'eut pas besoin d'autre pantomime et comprit.

Que veux-tu? ce sont là de ces petites misères comme on en trouve partout.

Notre vie ne nous revient pas trop cher; nous payons un rouble, soit quatre francs, notre dîner, mais sans vin ni bière. Il y a un inconvénient : c'est qu'après six heures on ne peut plus manger, si ce n'est à la carte; alors, c'est d'un prix très-élevé. Nous dînons souvent dans le salon où se tient la maîtresse de l'hôtel; elle cause volontiers avec ses habitués, qui ne sont pas tous d'une gaîté folle. Je garde rancune à un vieux Monsieur qui l'a fait un jour frissonner d'horreur, en lui racontant avec grands détails qu'il s'était fait faire son cercueil, l'avait essayé, et s'y trouvait fort bien couché. Comparé aux planches qu'on vous offre en Russie, cela n'a rien d'étonnant. Dans un cercueil, au moins, on ne court pas le risque de rouler à terre. Il ajoutait que de temps en temps il s'y remettait pour voir s'il n'y avait pas à y retoucher, sans doute parce qu'il prenait du ventre; en outre, le bois ne joue-t-il pas toujours un peu? Quel ouf on poussa quand le boyard au cercueil fut parti! Avait-il mis assez de temps à boire son café et à raconter tout cela! en français encore! L'original était pourtant un Cosaque, bien sûrement.

J'oubliais de te dire qu'une des choses qui m'ont le plus frappé en arrivant ici, c'est la légèreté inouïe des harnais; ou bien les chevaux ne sont pas rétifs et se défendent rarement, ou le cuir est d'une force et d'une excellence tout à fait exceptionnelles; on les croirait attelés par des fils. Je ne t'exagère rien en te disant que les lanières qui composent le harnais ne sont pas plus grosses que de bonnes ficelles. Les chevaux n'ont pas d'œillères, et le tirage s'opère au point d'insertion de cette espèce d'arc en bois qui fait ressort derrière le collier, et se met invariablement à tous les chevaux attelés seuls ou en limonier.

A plus tard, mon cher Robert; je tâcherai de glaner pour toi ce qui pourra t'intéresser.

Je t'aime et t'embrasse.

Louis.

LETTRE XI

A Mme X.

Les chapelles. — Isaac. — Les gardiens de nuit.

Pétersbourg, 24 juillet 1869.

Chère Madame,

Que vous dirai-je? Je crois que si je cherchais bien, les sujets ne me manqueraient pas; mais il y en a d'abord qui me sont formellement interdits : si je m'avançais, par exemple, à vous dire tout le bien que je pense de vous, non seulement je ne vous ferais point plaisir, mais je me ferais vertement rappeler à l'ordre. Vous parler de moi après vous avoir rassurée sur l'état de ma santé, j'y trouve peu de plaisir. Je vais donc chercher à vous raconter, le plus simplement du monde, ce que j'ai vu et ce qui m'a frappé. Je ne vous demande qu'une chose en échange, que vous me donniez de vos nouvelles et que vous me disiez si cela vous a fait passer un bon moment. Vous voyez que je ne suis pas exigeant.

Comme vous êtes très-pieuse, je vais d'abord traiter les sujets religieux. Les Russes vous édifieraient, j'en suis sûr; là, point de respect humain. On trouve des petites chapelles dans les rues les plus fréquentées; chacun entre à tout instant, afin d'y prier pour soi ou pour d'autres, et tous ceux qui passent devant se détournent, s'arrêtent, font même plusieurs signes de croix, plusieurs saluts très-profonds et passent. Les cochers de drowsky sont très-édifiants, et pour rien au monde, lorsqu'ils cherchent un client, ils ne manqueraient à se découvrir et à se signer; quel contraste avec nos cochers de fiacre! En somme, je ne confierais pas plus ma bourse aux uns qu'aux autres. J'avoue que la première fois que j'ai vu les passants faire leur signe de croix, répétés vivement à gauche, se confondre en salutations comme des marionnettes, je m'en suis beaucoup amusé; mais plus tard, cela m'a semblé naturel. Il y a quelques-unes de ces chapelles qui sont fort richement décorées; je dirai même complètement tapissées d'images de saints, avec cadres d'or ou d'argent: chacun de ces bienheureux a sa vertu. Aussi, est-ce tantôt devant l'une, tantôt devant l'autre, qu'on s'agenouille pour en baiser le cadre. On brûle quantité de cierges devant ces images. Dans les chapelles bien achalandées, un pope est chargé d'entretenir ces luminaires et de vendre des objets de dévotion. Devant celles de la Perspective, on voit à la porte, debout, enveloppés dans leur grande lévite grise, six bons frères mendiants qui m'ont semblé

manquer de la sainte vocation, et qui me paraissaient
de fameux farceurs. Du reste, j'avoue que j'ai un peu
de rancune contre eux, car, pendant que je les con-
sidérais avec une certaine curiosité, comme j'avais
fait des ours de la fosse de Berne, ils faisaient sauter
le contenu de leur escarcelle avec un ensemble parfait,
me l'indiquaient même du doigt, m'invitant, par
toutes sortes d'agaceries, à y déposer une pieuse au-
mône. Toutes les fois que je revenais, même manége !
Et moi qui ne voulais rien donner et voir... jugez
comme c'était gênant ! Mais, en résumé, je leur par-
donne, pauvres malheureux ! Du matin au soir, debout, l'escarcelle à la main, la tête découverte ! En
voilà une faction un peu longue ! Et une petite distraction arrive à propos : j'ai trouvé que mes gaillards avaient figure à boire une partie des aumônes ;
mais il faisait si chaud !

Je visitai ensuite les grandes églises : c'est très-
beau, très-riche, très-orné. Des tableaux, de l'or
partout et des quêteurs à la porte. Isaac est la cathé-
drale de l'endroit : les proportions en sont immenses ;
elle a quelque rapport avec la Madeleine. C'est un
lourd monument possédant de magnifiques détails.
Les colonnes en granit rouge du péristyle sont superbes; c'est grandiose ! A l'intérieur, les colonnes en
malachite, et en autres pierres rares dont j'ignore
le nom, indiquent une richesse inouïe. Nulle dépense
n'a été épargnée.

Je suis entré un dimanche pendant l'office : tous

les fidèles sont debout, saluant profondément et se signant à chaque instant. Hommes et femmes s'age-nouillent, pour la plupart, le long des murs; d'autres fidèles vont se prosternant d'une image à l'autre. S'ils ne faisaient pas leurs choix, *ce serait une rude besogne*, car, là aussi, les murs en sont presque tapis-sés. Enfin, on voit des assistants qui frappent la terre de leur front, et donnent des bougies à faire brûler. Les célébrants sont dans un carré long : ils chantent, se promènent et jouent, à qui mieux mieux, de l'en-censoir. Tout le monde est rangé autour, regarde et prie.

Il y a une porte magnifique en or à la place du maître-autel, et s'ouvrant à deux battants : c'est l'iconostase. Je suppose que cette superbe clôture enferme le saint des saints; je ne l'ai jamais vue ouverte.

L'idée de la religion est innée chez le Russe : dans toutes les maisons, on trouve, en entrant, suspendue dans un angle de l'appartement et le plus haut pos-sible, au moins une image à cadre doré et à figure en retrait, ce qui produit un curieux effet. Devant est une lampe, le plus souvent allumée; j'ai même observé la même coutume dans les ministères. C'est bien vu, car les solliciteurs y ont trop souvent le temps de prier.

Les Allemands, employés au chemin de fer, m'ont assuré que, bien qu'étant d'une autre religion, ils sont obligés d'avoir une image dans la première pièce, sinon, beaucoup de Russes ne voudraient pas entrer, et surtout traiter d'affaires. Ainsi, Madame, voyez les conséquences : si l'on n'a point d'image et qu'une marchande de lait ou de concombres vienne à entrer, elle sortira sans vouloir vous vendre, et votre dé- jeûner sera bien compromis ; on y regarde à deux fois.

Nous avons fait, hier soir, une promenade pour essayer de respirer un peu, mais en vain! Sur les quais de la Néva, comme ailleurs, pas le moindre souffle! En rentrant, assez tard, nous fûmes à chaque instant désagréablement impressionnés, en apercevant sous presque tous les porches une masse informe, le plus souvent recouverte d'une peau de mouton; et souvent il arriva que ces masses se dressaient dans l'ombre à notre approche. Sitôt rentré, je demandai une explication, et j'appris que ces peaux recouvraient un homme auquel la garde de la maison était com- mise, et qui, quelque temps qu'il fît, ne devait point entrer à l'intérieur. Cet homme, c'est le gardien de nuit, sans lequel on ne peut rien posséder en sûreté en Russie. Été comme hiver, on ne s'occupe pas plus du sort de ces malheureux que de celui d'un chien de garde et, en certaines circonstances, certes, beaucoup moins! A Pétersbourg, comme ces veilleurs sont res- ponsables vis-à-vis de la police et remplissent en par- tie les fonctions de sergents de ville, ils ont en quelque sorte leur raison d'être, quoiqu'un homme par hôtel, dont la journée est nécessairement perdue, me paraît un lourd impôt; mais dans les petites villes de province, dans les villages, dans les maisons particulières, au milieu de la campagne, c'est la même chose. Là seulement, les gardiens ne doivent point rester couchés en travers des portes ; ils doivent se promener, et, pour prouver qu'ils sont éveillés, ils ont une petite plaque de fonte, ou une planchette en bois, suspendue dans un lieu choisi, où à toutes les heures, aú moins, ils doivent exécuter des roulements avec des baguettes de tambour. Dans certaines petites villes, vers dix heures du soir, on dirait qu'il existe autant de moulins à taquets que de maisons. Bien entendu qu'on vole tout de même! Quand le voleur entend le taquet dans une direction, il est sûr que dans une autre, personne ne le dérangera. Ce qu'il y a de plus triste, c'est que tout ceci n'est point à l'avantage des Russes. Quelle charge pour ce pays, et quelle preuve de dépravation! Quel triste caractère, qui n'est composé que de platitude, d'orgueil et de filouterie!

Le vol est tellement dans les mœurs, qu'on ne peut laisser des charrues dans les champs sans les faire garder. Un champ de concombres ou de pastèques ne peut rester sans gardien. J'ai vu des cultures de concombres, de choux, près d'Orel, dépendantes de la caserne, gardées par une sentinelle, et encore cela ne suffit-il pas ! Un gardien spécial était nécessaire à l'autre extrémité.

Un coiffeur français, nouvellement établi, me raconta que cette surveillance était forcée pour toute espèce de chose; que lui, deux jours avant, ayant des apprentis en train de préparer des cheveux dans une salle presque sans meubles, s'était aperçu qu'il lui manquait quelques serviettes. Il donna un tour de clé et prévint ses apprentis qu'ils allaient être fouillés, ce que l'on fit aussitôt; mais on ne trouva rien. Enfin, l'idée lui vint de leur faire ôter leurs bottes, car ici tout le monde a des bottes. Heureuse inspiration! Un de ces Messieurs avait une serviette enveloppant chaque jambe. Alors questions et reproches : ce jeune Russe lui répondit qu'il les avait mises ainsi pour épargner ses bas!

Enfin, il faut espérer que l'instruction se répandant, on enseignera aux Russes des notions plus distinctes entre le tien et le mien. Ils ont de grandes dispositions pour la mise en commun; laissons-les faire, et on pourra aller étudier chez eux la mise en pratique de cet admirable système.

Je suis fâché, Madame, de vous quitter en vous laissant une impression aussi désagréable sur la Russie; mais je vous ai promis la vérité. Il faut espérer que je n'aurai pas toujours des blâmes et des regrets à exprimer; j'aimerais mieux abandonner ces sujets de correspondance, qui ne pourraient qu'être pénibles à votre excellent cœur.

Veuillez agréer, je vous prie, Madame, l'hommage de mes sentiments les plus profondément respectueux et dévoués.

L. de F.

LETTRE XII

A M. PÉPION.

Avant Pétersbourg. — Aspect du pays. — Cultures. — Ressources. — Les meules de foin.

Saint-Pétersbourg.

MON CHER PÉPION,

Le trajet est long de Berlin à Pétersbourg ; quoique en chemin de fer, j'ai eu le temps de regarder le pays. En entrant en Russie, l'aspect est froid, morne ; on se sent mal à l'aise ; tout est triste, et cependant il faisait une belle soirée. A la frontière, le terrain est assez fertile ; mais, peu après, on trouve la tourbe, puis des argiles blanches sur lesquelles pousse une herbe courte et maigre ; nous sommes en juillet, et tout encore paraît froid et humide, malgré l'extrême sécheresse.

Sur ces terrains, successivement argileux et tourbeux, je n'aperçois que de mauvais bétail maigre. Les

vaches sont petites, sans aucuns caractères de conformation, et leurs nuances sont mélangées au possible ; en leur compagnie paissent pêle-mêle des
moutons fortement cornés, à longue laine et à tête
noire ; des porcs d'aspect demi-sauvage, noirs et
blancs, et aussi quelques chevaux.

Cet assemblage paraît d'abord pittoresque ; mais il
donne bientôt la mesure de la pauvreté du pays, car
ce mélange au pacage, en y ajoutant les oies, est un
des signes caractérisfiques de tous les pays misérables.

Au bout de quelques heures, nous atteignîmes les
forêts, si on peut appeler ainsi un malheureux assemblage de pins silvestres, de bouleaux, d'épicéas
rabougris pour la plupart et ne poussant qu'à regret
dans ces contrées si déshéritées par la Providence.
Je retrouve le même aspect de forêt que dans les
mauvaises parties de la Suède, les accidents de terrain et les pierres en moins.

Lorsqu'on veut faire un pâturage et que le sol y
prête, on coupe les arbres à deux pieds de terre, et on
attend que les troncs pourrissent. Je n'accuse pas les
Russes d'avoir inventé ce procédé ; je l'ai noté autre
part.

Pour que tu ne me reproches point de broder ni
d'exagérer, je vais te copier ma note prise sur nature.

Cinq heures avant Pétersbourg.

Depuis hier, l'aspect du terrain n'a pas changé : le

pays est toujours plat et humide. Il n'y a que quelques parcelles de terre cultivées çà et là, et ces parcelles sont si curieusement conformées, qu'on pourrait les croire cultivées à la main, ce qui ne serait pas exact.

Tout ce qui n'est pas en culture est en prairie naturelle; mais, à part quelques portions, ces prétendues prairies sont couvertes de broussailles, de bouleaux et d'aulnes à hauteur de taillis; on y fauche donc çà et là le peu d'herbe qui se trouve par plaquettes entre les buissons. Des gens se disant compétents m'ont affirmé ici que si on enlevait ces touffes de bouleaux et d'aulnes, l'herbe disparaîtrait. Je n'y puis croire; en tout cas, je doute que des essais sérieux y aient été souvent répétés. Le travail et l'industrie ne doivent point être le fort des Russes. Dans ces terrains humides, pas un fossé, pas la plus petite trace de soin ou d'amélioration.

J'y ai vu de beau lin (c'est la plante principale), puis du seigle, de l'avoine, quelques pommes de terre et une jachère mal préparée.

Dans la vaste étendue de terrain que j'ai traversée, j'ai trouvé quelques parties où la terre, plus saine, nourrissait des bouleaux superbes et même de vigoureux pins du Nord; mais c'est l'exception. Dans ces forêts, les arbres sont souvent couchés les uns sur les autres; ils n'ont aucune valeur.

Je continue à rencontrer des troupeaux communaux, où vaches, moutons, porcs, oies, chevaux sont pêle-mêle. L'herbe naturelle, et il n'y en a pas d'autre, est toujours courte et aigre, telle qu'on peut en espérer dans ces sortes de terres et sous un climat froid; je vois en maints endroits de malheureux paysans campés sur de petites éminences, venant disputer aux flaques d'eau stagnante les maigres fourrages qui les entourent; ils travaillent fréquemment les jambes dans l'eau, et cherchent à mettre de suite à l'abri dans les parties saines ce qu'ils ont pu arracher à cette pauvre nature. Lorsque leur récolte est sèche, ils l'entassent par petites meules longues et parallélogrammiques, en se guidant avec deux perches plantées verticalement, et qui servent à consolider l'édifice; ensuite, ils laissent le tout à la garde de Dieu, et ce n'est qu'en hiver, lorsque la terre est gelée, qu'ils peuvent, avec des traîneaux, enlever leur récolte.

A propos de meules de foin, j'avais oublié de te

dire que j'en ai vu de fort bien montées en Allemagne; mais on y prend l'excellente précaution de placer au centre une perche solide parfaitement droite. Cette perche, qui sert d'axe, permet de donner à la petite meule une circonférence plus régulière, un aplomb parfait et une élévation plus grande, surtout lorsqu'elle n'est pas trop volumineuse (cas dans lequel on a d'ordinaire beaucoup de foin d'avarié). Tu peux donc recommander de ma part, à tes élèves, cette petite précaution.

A partir de Kœnigsberg, et même à l'entrée de la Russie, j'ai fréquemment vu employer, pour préserver les meules de foin, des toits mobiles — en paille ou en roseaux; — ils sont soutenus par quatre longs poteaux qui sont percés, de sorte qu'à l'aide de fortes chevilles, on peut baisser ou exhausser le toit. On ne peut jamais couvrir ainsi de grandes quantités de fourrages, car la manœuvre de ce toit mobile présenterait certaines difficultés; cependant, un pareil mode d'abri doit avoir des avantages, puisqu'il est usité sur une grande étendue de pays.

Une heure avant Pétersbourg.

Tu vois que j'ai tenu un registre exact.

La route continue à n'être bordée que de forêts et de marais; décidément, voici un pays bien triste et bien monotone! Partout une terre froide et imperméable; le sol me semble formé d'une argile blan-

châtre, mélangée souvent de parties noires de 3 à
4 centimètres d'épaisseur, et qu'on trouve surtout
à la surface. Le tout se prolonge jusqu'aux faubourgs
de la grande ville.

Entre les touffes d'aulnes et de bouleaux, les espaces deviennent plus fauchables, c'est-à-dire que les
vides sont plus distincts. Mais il est inconcevable que,
si près d'une ville riche, où le foin est cher, on ne
tente pas la moindre amélioration. Tout ce que je
puis te dire, c'est que, jusqu'ici, je suis tranquille :
la France n'a pas à redouter de voir arriver chez elle
aucune production avec laquelle elle ne puisse lutter.
Il n'y aurait que le lin, mais il demande beaucoup
de main-d'œuvre et ne peut guère être cultivé sur une
grande échelle.

Adieu, mon ami; je te quitte pour aller me promener par la ville; c'est une raison suffisante, je crois.

Ton ami.

L. DE F.

LETTRE XIII

A M. DE SAINTE-MARIE,

DIRECTEUR GÉNÉRAL DE L'AGRICULTURE.

Ma réception à Pétersbourg. — L'atlas. — Le musée agricole.

Saint-Pétersbourg.

MONSIEUR LE DIRECTEUR,

J'ai commencé à utiliser les lettres de créance que vous m'avez accordées pour la Russie. M. le baron de Talleyrand, notre ambassadeur, m'a fort bien accueilli et s'est empressé de m'aider de tout son pouvoir. Tandis qu'il faisait les démarches nécessaires, fort de la lettre de Son Excellence le ministre de l'agriculture, qui me chargeait de l'étude de questions spéciales ; fort aussi d'une autre lettre de M. Tisserand, le directeur des domaines de l'Empereur, si connu et si apprécié dans tout le nord de l'Europe, je me rendis directement aux bureaux de l'agriculture. Là, M. Wesniakoff me fit la meilleure réception. Il garde, paraît-il, un très-bon souvenir de notre ministère de

l'agriculture, et il tient à le prouver aux Français qui
viennent recommandés par lui. Il m'indiqua ma ligne
de conduite et la manière d'utiliser l'appui de M. de
Talleyrand ; bref, il fut parfait pour moi !

Il réunit, comme il l'appelait, son petit conseil,
composé des gens les plus distingués, pour m'éclairer
sur la route que j'aurais à suivre à travers la Russie,
et me fit présent d'un magnifique atlas agricole, indiquant très-clairement :

1º Les limites des cultures dans les différentes
parties de la Russie, et les diverses natures de terrain ;

2º La proportion des terres arables et des prairies
naturelles, puis les limites des divers assolements
suivis ;

3º Une carte indiquant la moyenne des rendements
en grains ;

4º Une indication des fractions du pays qui ex-
portent ; une indication de celles qui se suffisent et
de celles qui importent des grains.

On voit également, sur cette carte, la route que
prennent les céréales exportées, et les chemins de fer
en projet.

5º Le prix moyen de l'hectolitre de grain, soit seigle
ou froment ;

6º Les parties de la Russie où l'on cultive le plus de
lin et le plus de chanvre, ainsi que la route que prennent ces produits ;

7º Les contrées où l'on cultive la betterave ;

8º La proportion des chevaux aux habitants et les

routes que suivent les bestiaux expédiés vers Moscou et Pétersbourg;

9° La proportion des bêtes bovines par rapport à la popuplation;

10° La proportion des bêtes à laine fine;

11° La proportion des forêts comparées à l'étendue totale du terrain.

Ce travail est excellent, et l'idée qui l'a fait surgir est digne de tout éloge. Je vous ferai connaître, à la fin de mon voyage, les rectifications que l'on pourrait y faire; je tiens ce curieux ouvrage à votre disposition.

L'aréopage réuni pour m'aider mêla peut-être à son zèle un peu de curiosité; on tenait surtout à me faire spécifier ce que je voulais voir. Je fus poli : je ne voulus pas leur dire que les Russes n'avaient pas tant de spécialités et que ce n'était pas trop de me montrer tout ce qu'ils considéraient comme intéressant au point de vue agricole. Je répondis que tout ce que l'on me montrerait, rentrant dans ma spécialité, me ferait plaisir. On me donna quelques indications, et on m'engagea à commencer mon étude par le Musée d'agriculture; le directeur voulut bien être lui-même mon guide, et j'eus beaucoup à m'en louer.

Le Musée agricole de Saint-Pétersbourg est ce que je connais de plus grand, de plus complet et de plus utile en ce genre. Assurément, c'est une institution digne d'une grande nation. A Berlin, on commence à poursuivre cette idée, mais on ne fait que de très-petits sacrifices ; j'ai seulement pu constater qu'on avait mis à la tête du Musée prussien un directeur très-capable et très-instruit, M. Withmack.

Le Musée agricole de Saint-Pétersbourg est situé sur la place du Palais. C'est un véritable monument. On a cherché à le rendre très-profitable à l'instruction du public. Ainsi, à côté de toutes les plantes utiles, on a mis leurs produits et aussi leur analyse, en mettant chaque substance dans des flacons séparés. On a de même agi pour la décomposition de l'homme et des principaux animaux. Il y a, en outre, de très-belles collections de grains, toujours avec l'analyse palpable à côté ; une série très-complète d'échantillons de laine, etc.

Mais ce qui m'a le plus frappé, c'est le commencement d'exécution de cette grande idée qui aurait pour but, étant donné que la simplification du travail est de toute nécessité dans notre siècle, qu'il y aurait une grande utilité de réunir dans un même lieu un instrument de toutes les formes connues et surtout mises en pratique.

On ne peut se figurer quel service immense on rendrait aux agriculteurs, en imitant une telle institution et en la complétant, car bien des gens, désireux d'améliorer leur outillage, ne savent littéralement pas où s'adresser. Les expositions ne sont jamais complètes, et, sans point de comparaison, on accepte un instrument inférieur, pendant qu'il en existe ailleurs de bien préférables.

Beaucoup d'agriculteurs se déplaceraient, s'ils savaient où rencontrer un choix complet de machines, une sorte de *bibliothèque*, pour ainsi dire, et où ils finiraient par trouver celles qui conviennent aux conditions dans lesquelles ils se trouvent, ou qui, tout au moins, leur donneraient de bonnes idées pour faire modifier celles qu'ils possèdent.

Il faudrait également qu'une agence de vente, comme à Saint-Pétersbourg, fût attachée à ce Musée, et que pour une rétribution équitable on eût le droit de faire fonctionner toute machine.

Plus tard, on pourrait songer à établir des succursales.

Donner suite à cette grande idée est une chose digne de la France; et si on ne se procurait pas immédiatement les machines les plus chères et les plus compliquées, rien n'empêcherait de collectionner de suite les outils utilisés dans les fermes ordinaires, françaises et étrangères, en n'oubliant pas que c'est chez le plus grand nombre que les ressources sont les plus faibles, et qu'on peut remettre à plus tard les machines dont l'acquisition exigerait des milliers de francs. Un jury serait chargé de rechercher les machines, de les accepter et de faire joindre une notice sur les conditions de leur emploi et sur les avantages qu'elles présentent sur leurs concurrentes.

(1) Les quelques modèles d'instruments qui se trouvent aux Arts-et-Métiers ne remplissent nullement ce but.

Cette note explicative manquait à Pétersbourg.

Je ne sais si c'est la Russie qui a eu la première cette idée, et si elle la comprend comme moi, et si elle prétend lui donner l'extension que je lui voudrais ; mais tout imcomplètes qu'y soient encore les collections d'instruments, c'est un grand honneur pour elle d'avoir commencé, et l'on doit beaucoup d'éloges à son zélé directeur, M. Zoolzky.

Il y avait au milieu du Musée une estrade où se trouvaient fixés, sur un grand pupitre, tous les livres nouveaux qu'on pouvait ainsi étudier et apprécier sans bourse délier ; c'est une très-bonne mesure ; seulement, je regrette qu'on y ait mis tant d'ostentation. Une salle séparée et tranquille eût bien mieux fait l'affaire du lecteur sérieux.

C'est tout ce que j'ai remarqué à Saint-Pétersbourg qui pût vous intéresser, et aussitôt, Monsieur le directeur, que j'aurai pu obtenir les lettres me recommandant aux gouverneurs des provinces, je me hâterai de quitter la capitale de la Russie.

Veuillez agréer, je vous prie, Monsieur, etc.

LETTRE XIV

A M. PÉPION.

Ma profession de foi aux Russes. — Le jardin botanique. — Les maraîchers de Pétersbourg.

Saint-Pétersbourg.

Mon cher Pépion,

Si tu savais comme je suis fatigué de faire des démarches! Puis, on est toujours à me demander ce que je viens faire en Russie! Ils ne peuvent comprendre, ces bons Russes, qu'il peut exister dans l'âme un peu de désintéressement et d'amour de son pays! Je manque d'aplomb; je ne suis pas orateur, et ceci me fait tort; je ne sais même pas leur dire, comme il le faudrait, que je viens chez eux pour voir et étudier tout ce que l'on y fait de bien, afin d'en faire profiter la France; qu'en résumé je suis un bon citoyen qui veut servir son pays suivant ses forces.

Quant à venir étudier une spécialité, la chose serait impossible, car je ne leur en connais point ; et, de leur propre aveu même, ils n'ont pas trop à me montrer de la totalité.

Un petit aréopage de savants s'est réuni à titre gracieux pour me tracer mon itinéraire ; je le soupçonne très-fort de n'avoir eu pour but que de me questionner, et dans tous les cas je lui reproche d'avoir cherché à m'envoyer visiter principalement les écoles d'agriculture. Que veulent-ils que j'y apprenne ? Ce n'est point en deux ou quatre heures, surtout ne sachant pas le russe, que je puis m'approprier tout ce que leurs savants professeurs inculquent à leurs élèves dans l'année ! Voir les dortoirs et les réfectoires, cela m'est à peu près indifférent.

Ce que je veux voir, c'est le pays et sa culture pratique ; ce sont ces immenses contrées où le blé pousse par enchantement, et qui menacent de faire une concurrence si ruineuse à nos cultivateurs français !

En attendant les lettres qui m'accréditent, j'erre dans Pétersbourg et ne m'y amuse guère ! J'ai visité le Jardin botanique. Il a une grande réputation, qui me paraît surfaite.

Il m'a l'air d'un lieu de plaisance, beaucoup plus fait pour la promenade que pour l'instruction.

Tout y a été sacrifié au coup d'œil : les plantes sont groupées en corbeilles, et il en manque par trop à l'appel.

Il eût fallu, à mon avis, créer le champ de la science pure, et à côté montrer ce que l'art peut produire en alliant avec goût une plante à une autre. Mais mélanger le froment et l'avoine à des soucis, à des pétunias, sans indication, sans classification, me paraît par trop fantaisiste et peu fait pour inspirer l'esprit de méthode. Le rôle de ce jardin me paraît se borner à ceci : apprendre aux bourgeois de Pétersbourg que le froment n'est pas un arbre. Ce n'est pas exagéré, car toutes les idées peuvent bien être renversées, quand on voit, comme dans ce même jardin, des corbeilles de chênes en pot. Et pour nous qui vivons dans des climats tempérés, il ne faut pourtant pas plus s'en étonner que ne s'étonne l'habitant des tropiques en voyant chez nous des orangers en caisses.

En résumé, si ce n'était la réputation exagérée de ce jardin, j'y aurais trouvé tout pour le mieux.

J'entrai ensuite dans les serres, où j'ai vu des arbres exotiques de 13 mètres de haut ; les unes étaient pleines de fougères et d'autres de cactus. Ces espèces y sont multipliées à l'infini, probablement pour en faire commerce ; sinon, je ne saurais pourquoi.

Il y avait d'autres serres non moins considérables, que je soupçonne destinées aux plantes communes ; en regardant par les ouvertures, tout cela m'a paru bien malingre et m'a si peu tenté, que je me suis dispensé d'y entrer et que j'économisai, par conséquent, les 20 kopecks qu'on ne manque pas de donner au gardien.

Dans le jardin, il y avait une assez grande variété d'arbustes des pays froids ; j'ai remarqué le *caragana microphylla* (Sibérie), qui pousse vigoureusement et produit un joli effet, et le *crategus* hétérophylle, qui fait de bonnes haies ; mais je crois cet arbuste exigeant, quant au choix du terrain.

Je fus ensuite visiter un maraîcher célèbre ; tout est difficile dans un pays dont on ne parle pas la langue ! Une fois arrivé, je vois le jardinier parlant avec un tiers, que je prends pour un collègue ; je fais signe que je veux visiter ; on ne comprend rien, et le collègue s'asseyant dans mon drowski me fait remonter et me mène, à un quart-d'heure de là, à une banque de commerce où l'on parlait français : là, j'explique que je veux visiter les cultures maraîchères de M. G.

Nous sortons, et mon compagnon me mène à côté voir un bosquet et une pièce d'eau. Je me mets en colère et reviens au bureau expliquer ce que je veux. Enfin, mon guide me ramène où il m'avait pris. Cette fois, je suis conduit par le fils du maraîcher, M. Gratchkow, charmant jeune homme, qui travaille lui même, est très-intelligent, et connaît les noms français de toutes ses plantes.

Les bâches sont grossières : ce sont de petits bâtiments en bois, enfoncés dans la terre d'environ 1^{m}30 et dont le toit affleure le sol. Le côté du nord est couvert en planches. Au printemps, on y met du terreau, et on cultive radis et haricots ; au midi, on met le châssis vitré.

Dans l'intérieur, il y a un calorifère qui passe sous la couche, et, de plus, on installe des réchauds en fumier. Remarque ce que je vais essayer de t'expliquer ; c'est la seule chose pratique pour nous.

A la profondeur à laquelle on dispose le terreau habituellement, on établit une séparation avec des planches inférieures, aussi mal jointes que possible, puis, sous ce plancher, on pousse et on foule du fumier, et dessus, on place le terreau. Enfin, imagine-toi une table disjointe, sur laquelle on mettra le terreau, tandis que le fumier sera dessous. Lorsque la chaleur de ce dernier diminue, on le change très-facilement : c'est là tout l'avantage.

Dans les fermes où l'on ne veut pas sacrifier son fumier et où, pourtant, on a besoin de jeune plant hâtif, ne fût-ce que de tabac ou de betterave à la méthode Keklin, ce procédé pourrait rendre service, sans même qu'il soit besoin d'abriter autrement qu'avec des paillassons la surface de la couche.

J'ai vu là de magnifiques asperges ; il y en avait encore le 3 août ! et cependant il y avait soixante ou quatre-vingts tiges à chaque pied ; mais elles sont cultivées sur des tas de terreau formés de balayures de rues et de sable, le tout d'une hauteur de 1m 30 (à Pétersbourg on considère le fumier comme rien), et je me perdais parmi toutes ces montagnes d'un nouveau genre.

M. G. produisait des champignons sur une grande échelle. Il les obtenait dans de mauvaises cabanes privées de jour, où il avait établi des étagères comme pour un fruitier. Chaque couche avait 25 centimètres d'épaisseur.

Dans le jardin maraîcher, il n'y a pas d'allée ; tout est disposé par planches de 1 mètre qui sont séparées par de petits fossés de 30 ou 40 centimètres de profondeur ; la rigole principale en a même 66. C'est d'un curieux aspect ; toutes les cultures maraîchères, autour de Pétersbourg, sont disposées de même. Cette disposition offre l'avantage de défendre le sol contre l'humidité.

La terre est très-facile à cultiver ; ce n'est qu'un mélange de sable et de terreau. On cultive beaucoup de choux-fleurs et de très-beaux choux de toutes espèces, même des choux de Bruxelles ; ensuite du céleri, des concombres, des betteraves et des artichauts, de la scarolle, de la chicorée, des romaines, des laitues gottes, des épinards, etc. Quel dommage que les Russes ne sachent rien accommoder au goût français, et gâtent tous ces bons légumes ! Lors de ma visite, on travaillait à découvrir à moitié les racines des choux-fleurs en pleine végétation, pour y remettre une bonne jointée de terreau. Je crois que c'est un bon moyen de pousser cette plante, qui ne demande que de l'eau et un engrais énergique. Je ne me rappelle pas en avoir vu de si beaux que ceux obtenus avec du fumier de bélier.

Je suis sorti de ces jardins avec l'idée que partout, même en Russie, les maraîchers constituent une classe intelligente et laborieuse, et je remerciai sincèrement le jeune Gratchkow.

Mon premier cicérone remonta alors dans ma voi-

ture, sans en demander la permission ; j'étais embarrassé de ce que j'en ferais, quand, au bout d'un
quart-d'heure, il trancha lui-même le nœud gordien.
Il me demande ma carte, que j'ai la simplicité de lui
donner ; il saute à terre, et faisant arrêter la voiture, il
me crie : *Rouble, argent ! rouble, argent* (cela me
suffit pour voir à qui j'avais affaire). Je le salue profondément. Je fis signe au cocher, qui, riant aux
éclats, en répétant : *Rouble, argent !* fit un geste connu
dans toutes les langues, fouetta son cheval et
m'en débarrassa.

Crois, je te prie, mon cher ami, à ma sincère af-
fection.   L. F.

LETTRE XV

A M. DE FONTENAY, LIEUTENANT DE VAISSEAU.

Cronstadt. — Accueil de l'amiral. — La soupe aux concombres. — Une
mésaventure de savant. — Les ouvrages sur la Russie.

Pétersbourg, le 4 août 1870.

MON CHER AMAURY,

Je suis tout triste ; les séparations sont si dures !
Mon bon Olivier vient de me quitter ; il s'était dévoué
pour m'accompagner jusqu'ici ; mais maintenant qu'il
me faut commencer mes courses d'agriculteur sérieux, la position n'était plus tenable pour lui.

Il va faire une pointe à Nijni-Nowgorod, puis retourner en France en passant par la Suède et la Norwége : j'ai le cœur bien serré, car je l'aime bien, et
quand nous reverrons-nous ? — Je le dis à toi, habitué aux grandes séparations ; tu me comprendras
mieux. — Pour changer le cours de mes idées, je

suis allé à Cronstadt. Sur le bateau, j'ai trouvé une grande dame suivie d'un grand laquais. J'ai d'abord observé, puis suis allé demander un renseignement (à la dame, bien entendu) ; elle a été polie. Arrivés au débarcadère, me voyant parlementer d'un grand sang-froid avec le cocher d'un drowsky, elle a eu l'obligeance de me demander si elle pouvait m'être utile ; mais la besogne était faite : je la priai de s'assurer seulement si l'automédon et moi nous étions bien compris, ce qu'elle s'empressa de faire, après quoi je saluai et partis. J'arrivai chez l'amiral, qui me fit un accueil parfait, grâce à une lettre du colonel de Geslain : il me retint aussitôt à dîner et me présenta à sa femme. On servait, quand aussitôt on annonça qui?... la dame aux renseignements ! On veut nous présenter : c'était inutile. Cette dame était fort liée, paraît-il, avec le maître et la maîtresse de maison; elle resta à dîner. On se mit donc à table, et que vois-je devant ma place?... une grande jatte contenant de l'eau et du vinaigre, des concombres coupés en parcelles grosses comme des petits pois, le tout glacé et mélangé de saumon, de sucre et de fines herbes. On me dit que c'était un mets russe; je le voyais certes bien. Mon estomac s'en aperçut bien aussi, car, avec la meilleure volonté du monde, il fallut stopper à moitié chemin, et encore avais-je fait, je puis te l'assurer, des efforts désespérés pour en arriver là.

On me propose un deuxième potage : celui-ci était

chaud, ressemblait à un bouillon gras assez faible, mais toujours le persil surnageait ; je refusai net.

Nous eûmes ensuite des côtelettes de veau aux petits pois, des poulets rôtis du pays, une gelée aux fraises et du café. Par rapport au goût français, cela laissait à désirer ; mais l'excellent accueil me fit tout trouver bon.

Tu m'accuses d'avoir de petites aventures dont je ne me vante pas ; cette fois je ne te cacherai rien.

Après le dîner, nous allons visiter les serres : il y avait la serre aux ananas, la serre aux fraises, la serre aux arbres fruitiers, etc. Je me rappelle entre autres certains arbres dont un possédait encore une vingtaine de feuilles et deux sortes de productions toutes vertes ; on discoure, on me consulte, on dit que ce sont des pêches, qu'elles pourront mûrir, et moi, savant, je trouve une idée lumineuse : je tourne et retourne l'objet en question ; je regarde, puis, m'adressant à la maîtresse de la maison, lui dis en me rengorgeant : « Madame, je suis heureux de vous rendre ce petit service, et de vous faire profiter de mes lumières : le fruit que vous avez devant vous est mûr à point. Jusqu'ici, vous avez cru que c'était une pêche ; je suis heureux de vous apprendre que l'objet de votre sollicitude, qui vous a coûté peut-être quarante stères de bois de chauffage, et, avec les cinq prunes ci-près, vingt mètres de serres, n'est point une pêche, mais une amande verte, parfaitement mûre, dont le noyau doit être exquis. Voulez-vous bien me faire remettre

6

un couteau et m'autoriser à la cueillir? » Le savant, comme bien tu penses, obtint immédiatement tout ce qu'il demandait, et le précieux fruit est aussitôt cueilli. Il veut ouvrir : horreur ! c'était un noyau de pêche bel et bien conditionné qu'il ne peut même fendre ! ! !

Mon ami, je te fais grâce du reste. On fut poli, très-poli ; mais ton pauvre savant n'inspirait plus que la pitié. Je n'oublierai cette chute de ma vie.

Eh bien ! es-tu content? Diras-tu encore que je te cache mes mésaventures, et celle-là est-elle assez forte? N'était-ce pas digne de figurer dans le *Figaro* de l'endroit? L'amiral eut la bonté de me faire changer d'air et de me mener voir le port, etc.; je ne vis rien du tout, et rentrai à Pétersbourg en compagnie de ma belle dame. Ceci ne veut pas dire, remarque-le, que Cronstadt ne soit pas un port magnifique et parfaitement défendu ; mais tous les ouvrages sur la Russie t'en donneront les détails. J'en connais deux : un *Voyage* du baron prussien de Hartauzen, et le *Guide* de Bastien. Le premier a été publié à Hanovre en 1848; il est plein d'intérêt et de détails consciencieux.

Quant au second, je le recommande à ceux qui veulent voir faire l'éloge quand même des Russes et de la Russie. En voici un qui ne met pas les perfections des Russes sous le boisseau ; — je pense même qu'on l'a payé pour tenir la lumière bien voyante, à moins qu'il n'espère qu'on le paie plus tard, car il reste en Russie, où il recueille les fruits de ses éloges ;

— il a beaucoup semé ; espérons qu'il récoltera à proportion.

Je déteste les partis pris et les systèmes; tu sais comme j'aime la liberté, la vérité et l'indépendance. Qu'on fasse la part, dans ce que je raconterai, des mauvaises influences que peuvent avoir sur moi les nuits blanches occasionnées par les puces, les mauvais lits et la chaleur, et on peut être certain que l'on sera parfaitement dans le vrai. — Cela dit, je t'embrasse et vais me coucher.

L. F.

LETTRE XVI

A M. PÉPION.

Une culture de marais près de Pétersbourg. — Le général de Loddé.

Pétersbourg, le 5 août 1870.

Mon cher Pépion,

Je viens de voir ma première exploitation russe, si l'on peut appeler ainsi un tour de force exécuté par l'ordre et à l'aide de l'argent du tzar; voici le fait. Je ne t'avais point fait un tableau séduisant de l'aspect du pays, en arrivant à Pétersbourg. En voici la preuve : un marais affreux touchait les faubourgs; il déplut au tzar, qui ordonna de le remplacer par des prairies verdoyantes. Le général de Loddé, ancien élève de Mathieu de Dombasle et de l'Institut de Hohenheim, fut chargé de ce travail.

Il divisa d'abord la propriété en parcelles régulières, qu'il assainit au moyen de grands fossés. Quoi-

que l'écoulement fût difficile, il réussit en grande
partie, et, autant que possible, il appela même le drainage à son secours. Ceci fait, comme il n'avait à sa disposition qu'une couche de tourbe dans laquelle les animaux ne pouvaient entrer qu'en temps de gelée, ou
par des sécheresses exceptionnelles, il trouva un fond
d'argile et en couvrit la propriété d'une épaisseur de
15 à 20 centimètres. C'est ce genre de travail qu'il
m'a engagé à ne pas faire de mes deniers, quoique
les résultats sont vraiment admirables : mais les dépenses dépassent de beaucoup les bénéfices.

Quand tout fut assaini aux frais de l'État, et que
de magnifiques allées de bouleaux furent plantées,
on proposa au général de lui accorder un bail de
vingt ans, sans aucun fermage. Il avait déjà eu le temps
de mettre une partie des terres en culture. Il m'a
assuré qu'il avait hésité à accepter, ne croyant pas y
gagner. La condition d'habiter un endroit aussi triste
l'effrayait surtout : c'était le principal motif de son
hésitation. Pourtant, sa réputation d'agriculteur étant
en jeu, il accepta.

Il eut à débarrasser ses champs, après l'assainissement, d'une couche de mousse comme je n'en ai pas
vu ailleurs, et qui était un véritable obstacle, car, en-
terrée, elle ne pourrit pas. Elle formait encore, dans
quelques champs, des talus énormes servant à les diviser. Le feu en aurait bientôt fait justice, mais on ne
peut le mettre que par un temps sec, et tout le sol
étant éminemment tourbeux, le général m'a avoué

6.

qu'il n'osait le faire, étant trop près de propriétés particulières. Remarque que lorsque le feu a pris dans ces terrains, on ne peut le maîtriser : un incendie spontané y ayant surgi l'an dernier, comme dans tant d'autres parties de la Russie, pendant plus d'un mois on a vécu dans une atmosphère de feu et de fumée ; rien n'a pu arrêter le fléau. Il était bien tentant de faire passer tout le reste des mousses ; mais le feu souterrain qui gagnait sans cesse çà et là terrifiait le général, quand il voyait surtout ses magnifiques bouleaux disparaître un à un devant l'ennemi qui dévorait les talus intérieurement.

Cependant, il a eu des pièces entières dont le sol a été brûlé fort à propos, jusqu'à un mètre de profondeur, et j'y vois de magnifiques orges sur un simple hersage. Je crois qu'avec des précautions spéciales, on se serait aidé beaucoup plus du feu qu'on ne l'a fait.

Voici l'assolement de cette propriété :

Avoine, dans laquelle on sème une prairie, composée par hectare de : 1° tymothé, 17^k 500 gr.; trèfle rouge, 4 kil.; trèfle blanc, 2^k 500 gr. Les prairies durent quatre ans. L'hectare donne 4,800 kil. de foin. L'année où M. de Loddé lève sa prairie, on laboure en octobre et on sème au dégel, c'est-à-dire aussitôt qu'il commence, et quand le fond de la terre est encore ferme. A la deuxième avoine, on ressème la prairie ; mais c'est fort difficile, surtout si on n'est pas favorisé par le temps, car les chevaux se perdent dans les fondrières, et on est le plus souvent forcé de bêcher et d'enterrer les semences à la main.

Cette propriété se trouve dans des conditions exceptionnelles à cause des difficultés qui existent pour entrer avec les animaux dans les terres, et du peu de temps que l'on a pour faire tous les travaux. Le général de Loddé n'a que des chevaux de travail : il loue ses pacages à des laitiers dont les vaches, dit-il, coûtent 400 fr. et donnent vingt litres de lait pendant longtemps.

Elles viennent des environs d'Arkangel; c'est la race dite Homogore. Elle est élevée dans une vallée fertile, et c'est de là que l'on tire toutes les vaches laitières qui alimentent Pétersbourg.

On pense que c'est le résultat d'une importation de vaches hollandaises, mélangées aux races du pays. On en est très-fier. Comme elles ont les cornes pointues, on leur en avait entouré le bout avec de la filasse et de la poix noire, pour remplacer les boules en bois, qui se perdent assez souvent.

M. Loddé a des engrais à discrétion : par faveur, il autorise à déposer les immondices des rues sur des terrains au milieu de la propriété, mais l'énorme accumulation de ces immondices présente entre autres inconvénients celui d'attirer d'innombrables bandes de chiens errants, des corbeaux, et c'est ce qui donne à son domaine un aspect fort lugubre. Il commence à préparer des tourbes pour les fourneaux d'usines, et les débuts de cette entreprise sont assez favorables. Le général est obligé de changer si souvent d'ouvriers, qu'il ne veut pas se donner la peine de les dresser au fauchage : il fait donc faucoiller tous ses grains selon la coutume du pays. Il paie les hommes 2 francs pendant la récolte, et les femmes 1 fr. 50 (personne n'est nourri). Au printemps, on ne les paie que 60 centimes.

Il y a sur la propriété quelques parties plus solides que celle décrite plus haut; on y sème du seigle après une jachère, et en même temps du tymothé. De cette façon, on gagne un an, me dit-il; je ne m'explique le fait que s'il coupe son blé en vert. M. Loddé m'a fait voir, au milieu des terres, des espaces frappés de la plus complète stérilité; il l'attribue à la présence du soufre et du fer.

L'avoine valait à cette époque 5 roubles 30 le tchetwert, soit 10 francs l'hectolitre.

Les chevaux de roulage recevaient 25 litres d'avoine par jour, et ceux de culture 16.

A Saint-Pétersbourg, les rations d'une paire de chevaux sont de 6^k 460 gr. de foin par jour, et de 5^k 1/2 de paille ; il fait ses livraisons de fourrages tous les mois à ses clients. Il vend son foin supérieur 11 centimes le kilog., mais le foin ordinaire ne vaut que 85 centimes; M. de Loddé m'a cité fort à propos deux proverbes de Dombasle. Le secret du succès d'un fermier en agriculture est lorsqu'il dit : *Allons*, mes amis; ou : *allez*, mes amis. « Le blé versé n'a jamais ruiné le fermier. »

Il m'a de plus, en me donnant le moyen comme sûr pour augmenter la crème du lait et le lait d'un cinquième, fortement engagé à donner aux vaches laitières une jointée de baies de genièvre concassées; on y ajoute du foin haché et deux à trois livres de son de froment. On échaude le tout, et on mélange. Ce ne sont point des données certaines, et je ne te les rapporte que sous le bénéfice d'expérience et d'étude. Si le genièvre seul agit, très-bien; mais s'il faut ajouter 2 ou 3 kilogrammes de son à la ration, je ne pense pas que cela nuise à la production du lait. Il m'a beaucoup vanté l'emploi des os; il les manipule lui-même pour les faire devenir d'abord en pâte, puis en poudre impalpable.

On prend 10 pour cent de potasse, 15 à 20 pour cent de chaux vive; on délaie dans de l'eau, et on verse sur les os concassés grossièrement; on remue tous les deux ou trois jours, en ajoutant un peu d'eau, si c'est trop sec. Il faisait casser les os avec un pilon assez lourd, dont le mouvement d'élévation était facilité par une perche flexible fixée au sommet d'un poteau et qui, faisant ressort, soulageait l'homme chargé de piler.

M. de Loddé m'a dit avoir été très-satisfait de regains mis à fermenter dans une fosse imperméable; quand on ne peut les sécher, on y ajoute une dose de sel.

Tout l'outillage qu'il emploie est de fabrique anglaise.

Il a insisté sur les expériences qu'il y aurait à faire en France en employant, comme semences, les grains habitués, en Russie, à mûrir en très-peu de temps. Je crois qu'il a raison, que ce serait là une tentative fort intéressante et qui peut-être donnerait des résultats fort utiles en certaines circonstances. Si par exemple, en semant fin de mai des avoines et de l'orge, on réussissait encore, on pourrait, sur les terres destinées à ces plantes, récolter quelquefois un fourrage hâtif de printemps, comme trèfle incarnat, colza vert, etc.

J'ai remarqué autour de chez lui de fort jolis massifs de maïs, de chanvre et de ricin. Il y avait également deux plantes rouges et blanches d'ornement, dont j'ignore les noms. Quand tu auras ton cottage, tu pourras en essayer.

Adieu, mon ami ; crois à ma sincère affection.

L. de F.

LETTRE XVII

A Mme LA COMTESSE DE L***.

Tsarskoé–Selo Pawlovsk Strauss. — Le marché au foin. — La marmite
populaire.

Pétersbourg, août 1869.

CHÈRE MADAME ET EXCELLENTE AMIE,

J'ai beaucoup couru, beaucoup vu depuis ma dernière lettre. Pour vous dire tout ce que je remarque
d'extraordinaire, il me faudrait vous écrire plusieurs
fois par jour, car les pensées fuient : de plus, on
s'habitue vite aux us et coutumes, et ce qui a frappé
la veille, surtout comme détail de mœurs, finit par
paraître tout naturel.

On voit imparfaitement quand on arrive dans un
pays ; mais on voit bien mieux, et l'on sent plus vivement les différences que ceux qui l'habitent depuis
longtemps. Je l'ai éprouvé bien des fois en visitant
des fermes. C'est toujours l'histoire de la paille dans

l'œil du voisin et de la poutre dans le sien, sans
doute.

Nous avóns vu Tsarskoé-Selo et Pawlovsk. On nous
a trompés en nous assurant qu'il ne fallait que quelques heures pour voir tout cela. Le parc de Tsarskoé-
Selo est ravissant : les cottages de la famille impériale,
qui sont construits sur le bord de la mer, sont dans
une position des plus pittoresques et charmante ; c'est
une des plus jolies vues dont j'aie souvenir. Du
reste, pendant une ou deux heures, on a une promenade le long de la côte qui fait le plus grand plaisir.

Les châlets et cottages sont entretenus avec un luxe
et un soin merveilleux ; les parterres, principalement,
sont de toute beauté. Dans presque tous ces cottages
se trouvent de beaux tableaux et de jolies gravures ;
mais le temps nous a manqué ! Je ne plains pas les
membres de la famille impériale de venir s'isoler là
quelquefois.

A Pawlovsk, ce qui m'a le plus frappé, c'est Strauss
en personne et son orchestre. Je n'oublierai de ma vie
l'air inspiré de cet homme dirigeant ses musiciens.
Toutes mes autres impressions m'ont échappé : je
n'ai pas pris de notes.

Je viens de faire un tour au marché, et, sachant
quelle bonne maîtresse de maison vous êtes, je ne
crois pas inopportun de vous faire un rapport fidèle
de mon excursion.

Ce qui étonne le plus celui qui veut faire une
étude de ce genre, c'est que, tout d'abord, on l'envoie

au marché au foin Sinaï, qui, paraît-il, a une grande
réputation. L'été n'est pas sans doute le moment
favorable pour le visiter, car je n'y ai vu que
quelques *fagots* de foin : on ne peut donner d'autre
nom à ce que traîne chaque cheval qui arrive au
marché.

Non loin de là, les halles; non pas les halles centrales de Paris, mais un groupe de petites baraques
en bois, fort délabrées, occupées par des maraîchers.
Sous ces abris misérables abondent les concombres,
légume le plus recherché des Russes, leur mets indispensable. Ces concombres sont gros comme des
œufs, et on les fait confire dans le sel pour en avoir
toute l'année. On y trouve aussi des choux-pommes
qui sont petits, mais durs; des carottes qui ressemblent à la variété courte à châssis, et des betteraves
grosses comme des salsifis ; on s'en sert surtout pour
entourer le poisson. Les choux-raves jaunes qu'on
trouve aussi sur ces marchés m'ont paru bons.

De là, j'inspectai le marché aux fruits. La fraise
dite Caperon y dominait; puis de magnifiques fram-
boises, le triomphe des pays du nord, et encore quelques petits fruits de forêts. Les groseilles rouges
étaient petites et avaient une triste apparence, aussi
bien que les groseilles à maquereau. Attenant aux
maraîchers se trouve le marché au poisson d'eau
douce; j'en ai vu de très-beau exposé dans des baquets plats. Il y avait des brochets, des perches, des
saumons, des goujons, des anguilles et beaucoup

7

d'autres variétés qu'on doit s'y procurer à bas prix.

En face de ces marchands, on vend des poteries communes, et derrière il y a une mauvaise halle basse en bois où l'on vend du pain au morceau ; vendeurs et clients ne manquent pas, et il y a peu de frais d'étalage. On y trouve le pain de seigle avec le son, nourriture favorite des Russes, qui le préfèrent à tout ; puis du pain de froment, un peu grisâtre, peu cuit et peu levé, par conséquent plus dense que chez nous. J'ai goûté ces diverses variétés de pains communs ; aucune d'elles ne fait mes délices.

Les acheteurs de pain, quand ils ont fait leurs emplètes, s'installent sur des bancs boiteux, devant des tables pareilles placées sous des abris, comme dans nos foires ; seulement ces abris, au lieu d'être en toile, sont de planches vermoulues. Tout à portée se trouvent quantité de mégères faisant cuire, en plein air, toutes sortes de morceaux de basse boucherie et des pommes de terre qu'elles réduisent en purée. Elles débitent le tout aux amateurs qui, d'un côté, peuvent ainsi acheter leur pain au cours du jour, et, de l'autre, faire remplir leur écuelle jaune (d'une propreté relative), soit d'aliments gras, soit de légumes, suivant leur goût ou leur situation financière.

J'avais bien entendu parler de la marmite populaire où, pour deux sous, on pouvait piquer une semelle, si on n'était pas heureux ; mais jamais je n'avais rien vu qui pût en donner une si juste idée. Seulement, les vendeuses, se méfiant de leurs concitoyens et de leur discrétion, ne les laissaient pas piquer au hasard de la fourchette.

De là, je suis passé dans le couloir où l'on vend sans doute le dessert : c'est du fromage égrené, qui se trouve en baril; l'endroit était clos, sans doute pour préserver les mouches de tout accident personnel.

Mais, malgré toute ma bonne volonté, malgré mon amour pour l'étude, j'avais trop présumé de mes forces, et je n'eus que le temps de gagner le grand air. Décidément, esprit de parti, sans doute, j'aime mieux la France, quoiqu'on n'y voie pas ces choses-là.

Veuillez agréer, je vous prie, chère Madame, etc.

LETTRE XVIII

A MADAME X***.

Une réception à la campagne. — Le village. — La cabane. — Les bains russes.

CHÈRE MADAME,

Me voici à vingt lieues de Pétersbourg, dans l'intérieur d'une excellente famille. M. G. m'avait proposé de m'emmener; il a tenu sa parole; il a été simple et bon. Sa pauvre petite femme, mère de sept à huit enfants, l'attendait à la gare. La manière dont ils se sont embrassés m'a touché et fait plaisir. C'est pour moi l'idéal d'une heureuse union. Le mari travaille toute la semaine. La femme tient la maison, élève les enfants, prépare les surprises. Quel bonheur de se revoir, de se dire ce que l'on a fait l'un pour l'autre! Que de choses n'a-t-on pas à se raconter! Vous allez me dire, chère Madame, que vous ne pouvez vous expliquer où j'ai appris toutes ces belles choses. Mais j'ajouterai qu'il est bien permis au moins de se créer une fiction. Voyez comme j'ai le caractère bien fait! Je n'ai pas été trop envieux de ce bonheur, et j'en ai été heureux.

L'excellente femme l'a peut-être deviné et m'en a su gré; elle a été très-aimable pour moi.

Il y avait aussi dans cette maison une pauvre miss fraîche et jolie, qui tous les jours attendait des lettres d'un futur qui légèrement lui avait promis le bonheur, et me paraissait la faire attendre sans pitié. Dans ce cas encore, ayant mon cœur de tous les jours, le cœur que vous connaissez, je m'apitoyai sur le sort de la pauvre jeune fille.

L'habitation était, comme toutes celles de la Russie, une maison en bois, élevée de terre d'environ un mètre, et jusqu'à cette hauteur il y avait une niche en maçonnerie. Elle se composait d'un simple rez-de-chaussée. On y entre, comme toujours, dans une antichambre avec force portes, pour défendre contre le froid. Le toit du logis était assez plat et recouvert en tôle.

Partout il y a des doubles croisées, si bien qu'on ignore en Russie ce que c'est que d'ouvrir une fenêtre le matin, respirer l'air pur et entendre les oiseaux gazouiller. Je plains les Russes! Il est vrai que je ne sais pas trop quels oiseaux on entendrait, ni quel air embaumé on respirerait.

Ne pas avoir d'air pur, vivre dans une atmosphère qui n'est presque jamais renouvelée, en hiver surtout, rien que cela me ferait fuir la Russie!

Les habitations sont toutes de fort peu d'apparence, et vouées au feu à une époque plus ou moins rapprochée. On me mit à coucher dans un cabinet de travail, sur un lit de campement. Le maître de la maison s'y déshabilla en s'excusant; mais il ajouta qu'ayant été militaire, il avait pris l'habitude de faire sa toilette de nuit dans un appartement séparé. Enfin, il s'enveloppa dans une longue robe de chambre à fleurs et me quitta.

J'étais enchanté de tous ces détails, car, en ma qualité d'étranger, je n'étais pas fâché de voir quelque chose des mœurs du pays.

Le lendemain matin, on prit du thé et du beurre. A midi, on servit d'abord un plat de laitage aigre qui me fit faire la grimace; enfin, apparut un cochon de lait, d'autant meilleur qu'il n'était pas trop gras. La quantité qu'on en consomme en Russie est énorme; le cochon de lait y joue le même rôle que chez nous le poulet.

Nous nous rendîmes au village, qui ressemble à tous les autres villages russes. Ce sont deux lignes droites de constructions, entre lesquelles il y a une immense allée couverte de gazon, qui varie en largeur de 40 mètres à 60 et plus. Les cabanes ont la même apparence et la même façade sur la rue. M. G. me fit entrer dans une des mieux tenues; elle pouvait être considérée comme un type.

Il y a deux corps de bâtiments bien distincts, percés chacun de trois petites fenêtres. Ces ailes sont réunies par un hangar faisant porche, et dont une porte charretière occupe toute la largeur, sauf un petit espace où s'ouvre une porte de service. Lorsqu'on a passé le porche, on peut se croire dans une forteresse. La cour qui se trouve au centre des constructions, mais au-delà des deux pavillons principaux, a 7 mètres de large et 10 de long. Elle est entourée de hangars complètement clos du côté du voisin, et c'est là un rempart contre la neige et le vent, même contre la pluie, les loups, et j'y ajouterai les voleurs. Les habitations suivantes touchent immédiatement ; les clôtures doivent même être mitoyennes. Les corps de logis, si l'on peut appeler ainsi les deux petits pavillons réunis par le hangar formant porche, étaient établis sur une espèce de cave ou cellier, qui préserve de l'humidité. Dans ces petits réduits, qui ont à peine 1^m 30 de haut, on met les pommes de terre, les provisions de choux salés, coupés comme de la choucroûte et chargés fortement. C'est avec cela que l'on fait le fameux tchi, se composant de bœuf, de choux fermentés, auxquels on ajoute de la crème aigre avant de les manger. On met aussi dans ce réduit le quass, boisson nationale, faite avec de la farine de seigle.

Je franchis enfin les quelques marches qui me séparaient du logis, et me trouvai dans une sorte d'antichambre obscure qui sert de débarras et de poulailler. Enfin M. G. ayant tiré la bobinette, la chevillette chut sans doute, car une porte basse s'ouvrit. Nous nous courbâmes, et entrant dans la chambre principale, nous y fûmes suffoqués par la chaleur. Là nous y saluâmes un vieillard à longs cheveux et à barbe longue, tressant des sandales en tilleul, qui sont la chaussure ordinaire ; ces sandales, sorte d'espadrilles, s'attachent au moyen de mauvaises bandes de toile dont on s'entoure les jambes ; je soupçonne fort les paysans de ne les ôter que le samedi, au moment du bain.

Ce réduit me parut démeublé ; il avait au plus 4 mètres sur 5.

Je continuai à prendre des notes : chaleur étouffante, exiguité incroyable, surtout pour un appartement principal ; absence complète des choses indispensables de la vie ; propreté raisonnable, mais les meubles n'avaient pas dû empêcher de balayer.

A gauche, en entrant, s'élevait une masse en brique de 2m 50 sur 2 mètres de large ; c'était le four. Il est de forme cubique.

La cheminée est de plain-pied avec la gueule du four, c'est-à-dire à un mètre de hauteur. Différents vases couverts étaient en train de cuire ; c'était le dîner, je suppose. En arrière, sur la plate-forme, était une botte de paille et une peau de mouton. Je m'informai ; c'était le lit d'honneur, réservé aux plus respectables du logis. Des précautions sont nécessaires pour se glisser dans une niche pareille, élevée à 1m 40 du sol, et qui ne se trouve qu'à 60 centimètres du plafond.

Au fond, à droite, près d'une fenêtre, se trouvait une sorte d'escabeau entouré de bancs fixés au mur.

C'était la table à manger. Dans l'angle au-dessus était la figure du saint patron, avec sa petite chapelle et le luminaire obligé.

On voyait en outre une autre table aussi primitive, deux ou trois escabeaux portatifs, et c'était tout. Point d'armoire, point de buffet. Qu'en ferait-on, du reste, puisqu'il n'y a que des peaux de moutons à ramasser? Seulement une planche, qui pourtourne la pièce à peu de distance au-dessous du plafond, sert d'étagère. C'est là que l'on met les deux ou trois écuelles en terre jaune qui, avec quelques cuillers en bois, forment tout le mobilier. Quelques grandes bottes étaient là éparses, et des pelisses en peau de mouton pendaient à la muraille.

Je suppose cependant qu'il devait y avoir un coffre où devaient être quelques hardes de rechange, mais je n'ai pu le voir.

Ceux qui ne couchent pas sur le four s'étendent sur le plancher ou n'importe dans quel coin ; mais tout bois de lit est inconnu.

Nous traversâmes le porche et passâmes dans l'autre pavillon : disposition exactement semblable. Seulement le four n'était pas allumé, et quatre ou cinq personnes avaient dû coucher sur le plancher ; les pelisses y étaient encore étalées, ainsi que deux ou trois mauvais oreillers recouverts d'étoffe en coton, qui du reste, dans toutes les classes, sont la passion des Russes. Toujours la petite image de sainteté, toujours le banc de rigueur, et puis plus rien.

7.

Je demandai comment on s'éclairait l'hiver. On me montra une tige en fer que l'on fixe dans la table ou autre part, et dans laquelle on place des copeaux de sapin d'environ deux pieds, et larges comme des baleines de corset de femme; lorsqu'un copeau est brûlé, on en met un autre. Si par distraction vous oubliez de renouveler à temps le copeau de sapin, solution de continuité dans l'éclairage !

Les habitants, n'ayant que ce genre de luminaire à leur disposition, et privés de la vue de leur feu, ne font probablement pas de longues veillées, chacune de ces bougies primitives laissant à peine le temps de chercher un insecte. La lecture des romans est interdite.

Je vis en sortant une espèce de tente en toile, où quelqu'un couchait dans la cour. On me dit que c'était pour se préserver des mouches; ces tentes servent surtout pour le campement, quand on va fort loin récolter le foin, ou couper du bois, l'hiver, dans les forêts. Triste abri, vraiment, contre 30 degrés de froid !

Nous passâmes au jardin; il était à la suite, derrière les logements. On me le donna comme très-bien tenu. Le terrain était disposé par planches d'un mètre. Il n'y avait pas d'allées, mais de petits fossés séparant chaque planche et remplaçant tout sentier (1). On y voyait des choux-pommes, beaucoup de con-

(1) Ne pas oublier que ce sol a besoin d'être fortement assaini, Pétersbourg étant dans les marais de la Finlande (Fin-land, pays des marais).

combres, des pommes de terre, quelques choux-raves, des oignons-patates, c'est-à-dire dont la bulbe se trouve à la fois au pied et au sommet de la tige.

En sortant de cette cabane, nous en visitâmes une autre que je trouvai pareille, et nous remontâmes cette grande ligne entre deux haies de maisons silencieuses et fermées. Les habitants étaient aux champs pour la récolte.

Mais, quand même ils y eussent été, le bruit n'eût pas été plus grand; ils se contentent de regarder paisiblement au travers de leurs carreaux. Pas une boutique! pas trace du plus petit commerce! Il y a, paraît-il, seulement un débit de snap (eau-de-vie de seigle), où l'on va se griser.

Pourquoi des marchands, des ouvriers comme maréchaux, charpentiers, etc.? Les paysans font eux-mêmes leurs maisons, ne ferrent pas leurs chevaux et n'emploient aucun mobilier; que vendrait-on? Le peu dont on a besoin s'achète à la foire. Ce n'est pas gai, cette vie, et tous ces toits de chaume, faits sans soin et troués, près même de s'affaisser pour la plupart, révèlent la misère et l'insouciance de cette population. Quelques cabanes avaient des sculptures grossières au-dessus du portail et de leurs fenêtres.

Nous rencontrâmes quelques porcs errant çà et là. On me fit voir la maison de l'ancien, le starst, sorte de maire, et une cabane où l'on veille les morts, car, avec la chaleur des maisons et leur exiguité, il serait impossible de les conserver quelque temps. Je m'informai de ce que pouvaient être quelques baraques isolées sur le bord d'un ravin, et qui étaient plus délabrées que les autres; on me dit que c'étaient les bains russes et les séchoirs à grains.

La curiosité me prit alors, et je voulus voir l'intérieur d'un bain de paysans.

La cabane est divisée en deux. Dans le compartiment du fond, on établit, à deux pieds de terre, une sorte de plancher incliné sur lequel plusieurs personnes peuvent s'étendre : puis on bâtit une sorte de fourneau avec de gros cailloux roulés; on l'emplit de bois; on fait rougir les cailloux, puis on verse de l'eau dessus. Il se dégage alors une vapeur intense qui, jointe à la chaleur du foyer, à la fumée, etc., car la porte est hermétiquement close, devient brûlante. Les patients arrivent se coucher sur les planches et restent là à transpirer.

Bientôt on commence à se frotter avec des poignées d'écorces de tilleul, qui remplacent l'éponge et grattent assez bien. Aussitôt l'opération terminée, les baigneurs courent dehors et se jettent dans l'eau glacée ou se roulent dans la neige. C'est alors qu'ils mettent une chemise blanche, s'ils en ont, la pelisse par dessus, et tout est terminé; car les paysans russes qui prennent soin de leur corps ne changent de linge que le samedi, et ils jugent ces bains indispensables pour détruire les petites bêtes qui les rongent.

Bien des Français devraient les imiter; c'est une sage précaution et un motif pour changer de linge.

En sortant de là, chacun lave sa chemise lui-même. On a sans doute des procédés pour le séchage, car je ne me rappelle pas avoir vu laver une seule lessive ni sécher de linge; pourtant, Dieu sait si j'observe! Je ne veux pas dire que personne n'en ait ni ne se serve d'eau, mais cela ne m'a pas paru une coutume nationale. Du reste, examinons : un Russe n'a jamais de draps. Pour se laver, il a la poignée d'écorce de tilleul; en guise de bas, il porte des bottes. De mouchoirs, il n'en use pas; ses doigts lui en servent, et s'il reste quelque chose, la manche de la pelisse n'est-elle pas là?

La vaisselle manquant, il n'y a rien à essuyer. Le pantalon est en étoffe peu salissante, si elle se lave ; l'étoffe des chemises se prête aussi à la disette d'eau. Du reste, la pelisse bien fourrée, à laine en dedans et hermétiquement boutonnée, couvre tout. Je ne sais donc pas trop ce qui reste à laver : c'est logique. Les femmes sont tout aussi simplement vêtues; de là la rareté du lavage.

Pardon de ma longue lettre, chère Madame; mais je suis si heureux de causer avec vous! Dans mon éloignement, ce sont de si bons moments, que je dois tout naturellement chercher à les prolonger.

Veuillez agréer, je vous prie, chère Madame, l'hommage de mes sentiments profondément respectueux.

L. F.

LETTRE XIX

A M. PÉPION.

Un défrichement. — Une vacherie. — Envoi de lait à Saint-Pétersbourg. — Sa conservation.

Verebia, 8 août 1869.

Mon cher Pépion,

Je suis à vingt lieues de Pétersbourg; j'ai vu une ferme russe, de mes yeux vue. J'étais debout et dans les champs depuis longtemps, lorsque le dieu Morphée a daigné quitter l'appartement du maître du logis. Il m'a rendu service en y prolongeant son séjour, car j'aime beaucoup à voir seul. Je savais que la propriété avait 4,500 hectares; je fus étonné quand je vis le village et les terres qui en dépendent à peine à un jet de pierre de l'habitation. Moi qui aime tant mes coudées franches, et qui suis même un peu sauvage, juge si cela m'a défloré cette idée de magnifique propriété de 4,500 hectares. Comment donc maintenant, créer un parc et être chez soi? Mais nous y reviendrons.

Je me dirigeai vers les terres cultivées par le maître: le sol était siliceux et légèrement argileux par places. L'*agrostis stolonifera*, le chiendent poussent à ravir dans les jachères, surtout dans celles qui étaient fumées. J'ai trouvé encore la persicaire, la fléole, le trèfle blanc, une sorte de petit jonc à fruits noirs, un paturin, une canche, le bluet, la lampsane, la spergule, la patience, etc. Sur la lisière des champs on trouve quantité de plantin, de renouée et de la camomille.

Quant aux cultures, la jachère était en mauvais état et aurait dû être repassée. Il y avait de beau seigle, d'assez bonne avoine.

Dans les terrains des paysans, je vis bien encore un peu d'orge et de lin, et c'est tout. Du reste, l'assolement triennal est suivi sans exception, dans tout le nord de la Russie : 1° jachère médiocrement faite, car elle doit nourrir une partie de l'année le maigre bétail; 2° seigle semé fin d'août; et 3° avoine, orge et lin semés après le 13 mai. La part réservée au lin est plus ou moins considérable; il vient environ à 40 centimètres de hauteur et est assez beau.

Je suivis le travail de deux femmes qui récoltaient du seigle à la faucille; elles paraissaient aussi curieuses de me voir que des Françaises auraient pu l'être.

Chacune d'elles a coupé et lié deux petites gerbes

de 40 centimètres de tour en cinq minutes, soit environ vingt-quatre par heure. Le pied du seigle était tout vert. J'avais déjà vu couper de l'avoine dans ces conditions, en Écosse. Plus loin deux hommes travaillaient avec des sapes grossières. Ils réunissaient neuf gerbes en faisceau, en écartant beaucoup le pied pour que l'air séchât cette paille verte, et recouvraient avec la dixième gerbe. Là le travail était bien fait, sauf qu'on laissait le chaume de 20 centimètres de hauteur. Mais en Russie, on ne fait aucun cas de la paille.

Je trouvai les terres labourables bien restreintes pour une propriété de 4,500 hectares.

Je rentrai après avoir longé une forêt de pins silvestres, de trembles, d'aune, mais où le bouleau dominait. Le tout poussait vigoureusement. Le maître alors m'expliqua qu'il n'avait pas plus de cent hectares en culture, divisés en deux fermes, dont l'une était sa réserve, et dont l'autre était à une lieue.

Les paysans avaient toutes les meilleures terres et les plus proches ; il s'était fait indemniser par la couronne et n'avait plus rien de commun avec eux. La seule chose qui lui soit profitable dans sa culture, ce sont les vaches laitières ; encore étaient-elles malades de la cocotte pour le moment. M. G. n'a guère que la variété Haumogore ; il en possède une soixantaine. Il pourrait en avoir bien davantage l'été, car elles trouveraient à vivre dans les forêts ; mais il ne pourrait les nourrir pendant l'hiver de ces contrées, hiver de huit mois. Pour que les marchands de Pétersbourg lui achètent le lait, il faut qu'il en ait, à peu près, autant l'hiver que l'été. Il ne cultive point de racines, et ses bêtes n'ont pendant les froids que des germes d'orge, grossis à l'eau bouillante, un peu de sel, et trente livres de foin provenant de mauvaises prairies naturelles, c'est-à-dire coupé çà et là entre les touffes d'aulne et de saules marsaults. Du reste, dans tout le trajet de Pétersbourg, jusqu'à cette propriété, à part quelques parcelles de terres cultivées et des forêts chétives incendiées pour au moins un tiers, je n'ai vu que ces sortes de broussailles : une touffe buissonneuse, une plaque d'herbe, et ainsi de suite.

En été, ses vaches vivent des regains de ses trèfles (mais il en fait peu), puis du pacage sur les jachères et dans les forêts. Elles marchent parfaitement, et on leur fait faire régulièrement douze kilomètres pour aller pacager sur les terres de l'autre ferme. J'ai voulu en faire voir les inconvénients pour les vaches laitières ; on m'a soutenu que cela ne leur faisait rien ; d'ailleurs il fallait qu'elles rapportassent leur lait elles-mêmes à cause des glacières et du personnel nécessaire à la traite. Je ne pensais pas qu'on pût conserver le lait aussi longtemps, surtout en été; M. G. ne l'expédie que tous les deux jours, et il n'est souvent vendu que le quatrième.

Sitôt que le lait est trait, on le coule dans des vases en grès contenant environ quatre litres, et à forme évasée.

On le place par tous les temps sur la glace, qui est plane comme un plancher. Au bout de trente-six heures, on l'écrème, puis le lait et la crème séparés sont mis dans des tonneaux qu'on place également sur la glace.

Lorsqu'on est pour l'expédier au chemin de fer, qui est à dix kilomètres, on met le lait sur un charriot de paysan, non suspendu. Quant à la crème, qui est très-liquide, les barils qui la contiennent sont mis dans des baquets entourés de glace. Les tonneaux de lait écrémé sont placés sans précautions spéciales. Mais on recouvre le tout de sacs en écorce de tilleul mouillés, d'eau fraîche, et le convoi part.

Le veydro est vendu 75 kopecks, crème et lait réunis, c'est-à-dire qu'on mesure le lait frais; c'est pour rendre service aux marchands qu'on les envoie séparément.

Il y a des vaches qui ont donné par an à M. G. 3,650 litres, soit 10 litres par jour; et une somme de 130 roubles, soit environ 14 centimes le litre et 1 fr. 40 de produit par jour. C'est très-beau, et j'y crois, car les livres de M. G. sont tenus avec grand soin par sa femme. Le lait de chaque vache est mesuré deux fois par mois, et devant son nom se trouve la date du vêlage. La litière est faite avec de la paille de seigle, achetée aux paysans 20 fr. les 1,000 kilog. rendus à la ferme.

M. G. prétend qu'il emploie avec succès la nourriture aigre. Il prépare une fosse imperméable re-

vêtue en bois, mais où l'eau n'arrive pas. On y met
par couches les feuilles de navets, de choux, du re-
gain ; on sale chaque couche, on foule, l'on couvre de
terre, et en hiver on mélange cela à de la paille hachée ou du foin ; mais on supprime la ration de sel,
qui purgerait les bêtes.

Pour des étables russes, ces étables étaient remarquables ; il y a une immense entrée aux deux extrémités, et un grand passage au milieu, ce qui facilite
l'enlèvement du fumier, lequel a lieu tous les six semaines. Les vaches n'ont pas de râtelier, mais elles
ont la tête au mur avec la crèche belge. Elles ne peuvent
se battre, ni jeter leur fourrage ; c'est pratique et peu
cher. Qu'on se représente une grande échelle à forts
barreaux, diversement écartés pour le passage de la
tête, et fixée devant l'auge, et on en aura le modèle. Il
y a devant, ce qui aide même à soutenir cette séparation, un épicéa creusé, où l'eau arrive et où on
l'arrête à volonté devant chaque vache, par un tampon
en bois. On attache les animaux en hiver ; en été, on
les laisse libres dans l'étable.

Ces bêtes arrivent à Pétersbourg dans une gesta-
tion avancée, et on les paie de 350 à 500 fr. Les
veaux ne sont considérés comme rien ; on les enlève
aussitôt à la mère ; on les vend 3 roubles. Au bout du
troisième jour, M. G. est autorisé par sa marchande
à mélanger le lait pour la vente.

Les quelques génisses que M. G. veut élever et qu'il
tient à son autre ferme sont enlevées à la mère sitôt

leur naissance. On leur donne progressivement, jusqu'à six semaines, de 6 à 12 litres de lait.

A ce terme, on supprime chaque semaine 2 litres, qu'on remplace par 2 litres de thé de foin, auquel on mélange 250 grammes de farine d'orge ; on arrive ainsi à en donner 3 kilogrammes quand tout le lait est supprimé, c'est-à-dire à trois mois et demi. Je ne sais si la chose est faite aussi mathématiquement ; mais ce serait une exception pour la Russie ; ses génisses, en tous cas, sont belles. M. G. cultive par domestiques ; il les paie 60 roubles (240 fr.) par an et nourris. Il leur donne par jour 200 grammes de viande de vache pour leur soupe ; 1ᵏ 300 de pain de seigle ; du quass, des choux, des pommes de terre, mais surtout des concombres salés. Seul il sème des prés artificiels formés de trèfle hollandais et timothé qu'il garde deux ans ; il les obtient dans son seigle ou son avoine. Il emploie à l'hectare quinze livres de trèfle et trente-cinq de timothé. Les prairies artificielles lui coûtent, par 1 hectare 09 ares, à faire faucher, faner, rateler et mettre en tas, 24 fr. Un ouvrier pendant la moisson se paie, en le nourrissant, 2 fr. ; et non nourri, 2 fr. 80. On paie pour labourer une dessiatine (1 hectare 09 ares), par des chevaux étrangers, 8 fr. L'hectolitre de seigle vaut 15 fr. à Pétersbourg, l'avoine 8 à 10 fr., le foin 60 à 70 fr. les 1,000 kilog. Le seigle donne 25 hectolitres, et l'avoine 30 à l'hectare. On peut louer, par jour, un homme et un cheval pour 3 fr. 60. La viande vaut à Pétersbourg environ 1 fr. 20 à 1 fr. 40 le kilog. A la campagne, la vache se vend 60 à 65 centimes le kilog.

M. G., ancien officier, avait acheté cette propriété avec l'intention de s'occuper de défrichements. Il l'a payée 13 roubles par 1 hectare 09 ares, soit moins de 50 fr. l'hectare; mais il lui fallait payer, pour mettre la charrue prête à passer, de 30 à 35 roubles, soit 140 fr., et, avec les chemins, les constructions, les frais généraux, il comptait que la dessiatine lui revenait à 400 fr.

Il a donc cessé ces grands défrichements et a cherché un emploi plus lucratif pour son talent.

Juge de l'écart entre la terre défrichée et celle qui ne l'est pas, et tu verras que le nord de la Russie n'est pas près de se défricher sur une grande échelle. Personne ne voudra dépenser 100 roubles en défrichements, pour revendre ensuite, au maximum, 30, 40 ou même 50. Je n'y comprends rien; car, avec les récoltes que M. G. obtenait presque sans engrais, et surtout sans engrais artificiel, il devait être satisfait : 250 à 300 fr. d'avoine pour des terres qui, au maximum, lui coûtent 400 fr., ce que je ne crois même pas, c'est un beau résultat. Il y a là une anomalie, et il ne devait pas être en droit de s'effrayer. Cette ferme au milieu des forêts m'a paru curieuse à voir et m'a rappelé les travaux des pionniers d'Amérique, dont j'ai lu souvent la description. Il avait gardé de beaux bouleaux témoignant quelle futaie existait et destinés à abriter les cabanes ; mais les ouvriers les ont fait périr en enlevant l'écorce au printemps pour recueillir la sève et la boire. Quels sauvages !

Le sol était un peu tourbeux dans ces défrichements, qui ont dû être difficiles à faire, à cause de l'enchevêtrement des bois et des racines. Puis il a fallu des fossés : mais les récoltes étaient très-belles ; elles avaient été enlevées à la faux. C'était un essai qui, du reste, avait très-bien réussi. Six femmes et trois hommes avaient récolté 1 hectare 09 ares par jour. On comptait sur 25 hectol. de seigle et 20 d'avoine. Sur la route, nous vîmes une petite pièce tourbeuse où le feu avait pris l'an passé ; il était curieux de voir avec quelle vigueur l'orge et le timothé y poussaient. Le timothé, semé en mai, était déjà épié. Dans toutes ces terres, je ne doute pas que l'écobuage ne fasse merveille. Mais ce qui désespère M. G., c'est la peste bovine, et, pour les chevaux, le mal de Sibérie, qui sévit maintenant.

Il a renouvelé, depuis dix ans, tous ses chevaux trois fois ! L'an passé, sur seize, il en a perdu huit. Les chevaux sont petits ; ils ressemblent à nos chevaux des Landes.

Je n'ai pas eu de grands détails sur cette maladie qui les enlève. On prétend qu'elle a pris naissance le long des canaux, où les chevaux ont tant à souffrir en faisant le hâlage. Ce sont, je crois, des sortes d'abcès ou de loupes qui se développent ; le mal est contagieux et gangréneux, et si ces bubons ne sont pas enlevés complètement et à temps, l'animal est perdu. Enfin, M. G. estime sa perte annuelle en animaux, depuis dix ans, à plus de 3,000 fr. C'est une vraie calamité.

Tu vois, mon ami, que, jusqu'ici, quoique les Russes aient le terrain pour rien, et qu'on puisse faire un labour à très-bon compte, en additionnant les autres conditions défavorables, nous pourrions lutter.

Ton ami,

L. DE F.

LETTRE XX

A M. PÉPION.

Les étables. — Les animaux des paysans russes. — Les instruments agricoles. — Une justice rendue aux Russes. — Une culture à moitié et divers détails agricoles.

Verebia, 7 août 1869.

MON CHER PÉPION,

Je marche maintenant à bien petites journées : tout est si nouveau pour moi, que je ne cesse de regarder. J'ai visité une exploitation de paysan. Comme animaux, il y avait : 5 vaches laitières, 2 chevaux, 10 brebis; je n'ai pas vu de porcs. Tout cela vit, en été, à la vaine pâture, dans les bois, les chaumes, les jachères, et sous la responsabilité d'un gardien de village, sans chien. Ces animaux ne rentrent que le soir; ils couchent pêle-mêle dans la cour, sans litière. En hiver, quand il fait trop mauvais, on les enferme dans les réduits bas formés sous les hangars qui entourent la cour où il n'y a rien : on leur jette le foin dans un coin. Il y avait cinq personnes pour exploiter cette ferme. L'outillage gisait sous le hangar ; je ne t'exagérerai rien : il se composait d'un assemblage de branches de sapin fendues en deux, qu'on avait choisies bien garnies de brindilles rognées à la longueur de 8 ou 10 centi-

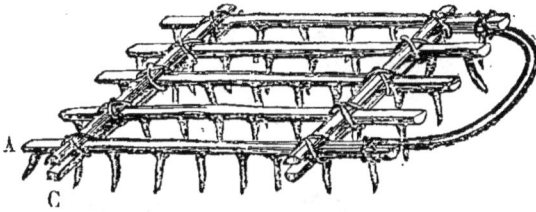

mètres ; puis, prenant une branche de bouleau, on les avait assemblées, en les liant fortement. A est serré contre C sans intervalle. Il y a onze branches, puis tout est fini ; voilà une herse. A côté, je vis une machine semblable à une patte de homard. Incline-toi, c'est la sacca. Cette machine, si impossible qu'elle soit, a l'avantage de retourner les trois quarts des terres cultivables de la Russie, avec un seul cheval. En donner la description est difficile ; néanmoins je vais essayer : c'est un bâtis léger, faisant limonière, à laquelle on fixe le cheval ; puis cette patte d'écrevisse est fixée comme on peut par derrière, consolidée avec des cordes, ainsi que la petite pelle faisant versoir, et qu'on met tantôt à gauche, tantôt à droite, pour jeter la terre du même côté. On attelle le cheval, on

— 134 —

pousse le sable et le chiendent devant soi, et voilà le
labour. Avec deux charriots que je renonce à décrire,
deux ou trois traîneaux en mauvais état, voilà
tout le matériel. Si fait, pourtant; il y avait une
herse plus énergique : des chevilles en bois étaient

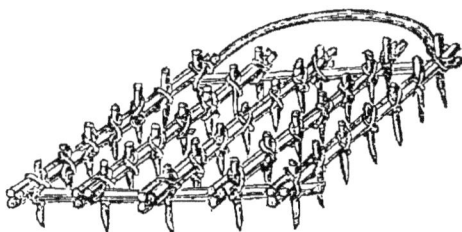

serrées entre trois gaulettes, de distance en distance,
par des nœuds spéciaux. Enfin, le capital employé en
instruments ne doit pas être ruineux. Tout est tenu
avec des cordes, même dans la charrue.

Pour moi, la seule chose jusqu'ici dans laquelle les
paysans russes aient mis de l'imagination, c'est dans
la composition incroyable de leurs instruments à
cultiver la terre, et dans celle de leurs véhicules. Ils
ont dû se creuser la tête pour arriver à un résultat
aussi détestable ; mais aussi, ils ont réussi. Du reste,
dans les villes, on est de la même force que les paysans : voyez les drojsky, à Saint-Pétersbourg; les sellettes de course à la mode, montées sur quatre roues;
les hiwochiks de Moscou, avec leurs conducteurs à
bonnets pointus, et leur transport où l'on est assis
dos à dos ! Du reste, qu'attendre d'un peuple qui ne
sait ce que c'est qu'un lit et qui se trouve bien sur

un four, par quarante degrés de chaleur ? C'est fâcheux à dire, mais je n'ai pas encore vu dans ce pays la plus petite chose qui soit bonne à imiter.

Les paysans cultivent les terres qu'ils ont en propre, et en louent quelques-unes. Ils ne tirent aucun profit de leurs bestiaux : les vaches sont très-petites et valent de 60 à 100 fr. au plus. Un veau de la race du pays se vend 4 fr. à la naissance ; mais si on lui fait boire beaucoup de lait, les bouchers de Pétersbourg le paient, à cinq semaines, 5 roubles, soit 20 fr.; c'est le plus cher.

Les moutons sont entretenus pour la laine. Chaque paysan a son séchoir pour le grain, car ce grain n'est jamais assez sec pour être mis en tas épais ; il ne se conserverait pas ; le plus souvent on le fait sécher avant de le battre. M. G. et les gens riches y suppléent en étendant le grain battu sur des grillages très-fins : cette nécessité est un lourd impôt.

Je vis, près des jardins, un bâtis en arbres bruts, pouvant s'élever à 1^m 20 et ayant la forme · carrée d'une caisse. Je suppose qu'on remplit le fond de fumier, puis qu'on y met de la terre pour y élever les plantes que l'on veut avancer, comme concombres et plants de choux.

A cinquante lieues de là, j'allai visiter une propriété de grande réputation. Je vis mal : le propriétaire et son régisseur étaient absents. On citait le grand produit que M. T. tirait de ses terres, qui étaient fort bonnes, parce qu'avant l'émancipation il était parvenu à les donner toutes à cultiver à moitié. Je vis donc une vallée où se trouvaient de grandes pièces de seigle, d'avoine et des jachères passables, et c'est tout. Le terrain était sablonneux et riche, mais il est facile de voir que la spéculation était fort bonne. La terre coûte 200 fr. l'hectare. Le maître reçoit, dans l'espace de trois ans, environ 8 hectolitres de seigle à 10 fr., soit 80 fr.; et 10 hectolitres d'avoine à 6 fr., soit 60 fr.: 140 fr. de produit, ou environ 25 pour 100.

Il y avait un troupeau de vaches qui ressemblaient un peu aux vaches bretonnes; elles vivaient à la vaine pâture, comme dans tout le pays, et la nuit on les rentrait dans des cours bien closes, avec de grandes étables attenantes où elles pouvaient aller et venir à volonté, et enfoncer aussi à mi-jambe dans la fange tout comme moi.

C'était à peu près le système de stabulation écossais, à part la tenue des cours.

Un grand et beau canal, savamment installé, pour la Russie, conduisait à un ravin tous les purins qu'on pouvait retirer de ces cours. C'est là que je commençai à voir le peu de soin qu'on prenait des bestiaux, et surtout le peu d'importance qu'on attache au fumier.

La seule chose pratique que j'ai remarquée, ce sont des filets en corde, montés sur deux arceaux qui servent à porter une ration de foin. Ils se rabattent l'un sur l'autre. Les greniers à fourrage, planchéiés avec

des pins pelés juxtaposés, sont assez usités et peuvent
être économiques.

En allant, j'avais remarqué des porcs à poil noir
et blanc, dur, de mauvaise qualité, errant avec un
triangle en bois au cou, pour les empêcher de passer
dans les jardins. Les animaux doivent rester jour et
nuit avec cet appareil, qui peut rendre des services
si l'on fait pacager des porcs sans gardiens dans un
champ clos de haies.

J'examinai, dans cette excursion, les parts de terrains que les paysans se divisaient entre eux. J'en ai
vu qui n'avaient pas plus de 2 mètres de large exactement; la terre était médiocre. C'est ce qu'on peut
appeler la division poussée un peu loin.

Ce qu'il y avait de plus fâcheux, c'est que chaque
paysan laissait une lisière en friche pour le séparer
du voisin, le bornage n'étant pas connu. Juge de la
quantité de mauvaises herbes que ces bordures produisent.

Après tout, cela sert à assurer un pacage plus complet pendant l'année de jachères.

J'ai visité une tannerie; il m'a semblé que l'on trai-
tait le cuir comme en France ; mais on emploie, pour
remplacer l'écorce de chêne, l'écorce de saule marsault, et je pense que c'est à cela que les cuirs de
Russie doivent leur odeur particulière.

Le beau cuir, en fabrique, vaut 3 fr. 50 le kilog.,
et une peau de veau tannée 10 fr.

J'ai visité encore une cabane de paysan ; elle était

8.

aussi misérable et de même disposition que les précédentes.

Le maître était sur le seuil de sa porte, mangeant
des fèves et des pois crus; il m'en a offert comme
d'une friandise! Ce sont ses prunes et ses cerises
à lui. Mon cocher seul accepta et en garnit ses
poches.

Je m'informe comment vivait ce paysan; il me fait
dire qu'il ne mangeait presque jamais de viande,
mais qu'il vit surtout de pain de seigle, de pommes de
terre et de choux fermentés. La soupe, faite de ces
choux aigres, joue un grand rôle, paraît-il, mais
quelle soupe! Il n'oublie point de me faire citer les
concombres et les betteraves qu'il mange crues et ha-
chées de la grosseur d'un dé. Et le pain? quel pain!
Une pâte de seigle pas cuite, et noire. C'est pourtant de
cela que le paysan russe fait ses délices. On a eu bien
raison de classer les hommes parmi les omnivores.

Les moutons que je rencontre sont peu nombreux,
maigres, de couleur noire et souvent grisâtre; il y en
a très-peu de blancs. Il ont la laine grossière, les
cornes énormes, et se rapprochent en tout de la
chèvre. Les moutons d'un même village ne sont plus
ici mélangés aux vaches, mais sous la garde d'un
berger.

Adieu. Je te quitte; mais si le pays continue à être
aussi monotone, j'aurai peu de choses intéressantes à
te dire.

Tout à toi.   L. de F.

LETTRE XXI

A Mme LA COMTESSE DE L***.

Les Russes en chemin de fer. — Un hôtel de campagne. — Les vases imitant le laque.

CHÈRE MADAME ET EXCELLENTE AMIE,

Enfin, je suis livré à mes seuls moyens ! M. Guers-felt m'a traduit quelques phrases indispensables pour ne pas rester en route, et je suis parti. J'ai pu prendre mon billet ; mais on voulut m'ôter ma valise conte-nant papiers, valeurs, etc. Défense énergique, colère des deux côtés, mots piquants sans doute. On ne voulait pas de ma boîte à chapeau aux bagages, mais on voulait de ma valise, parce qu'elle était plus lourde. Une dame arrive à temps et s'interpose ; je crois que la paix est faite. J'en profite pour prendre le temps de vous dire que l'on paie une somme fabuleuse pour le moindre bagage. Les mougiks ou naturels du pays, n'ayant pour tout costume qu'une casquette ou bonnet, des bottes, une pelisse, une chemise à petits carreaux bleus, n'ont jamais de bagages. Ce n'est donc point une nécessité nationale; aussi les taxe-t-on comme objets de luxe, et l'on est étonné d'en voir si peu. Cependant la paix n'était pas faite comme je l'espérais; le monsieur qui m'avait vendu mon billet, assis à son comptoir comme s'il eût vendu des sandwichs, le réclame; je crois à une formalité : je le lui remets; il le garde. En vain je veux parler; mon répertoire incomplet s'y oppose. Je m'animais; je faisais des signes énergiques auxquels mon ennemi répondait invariablement : « Teat-chass, teat-chass ! » que je traduisais par ceci : « Vous aurez le billet si vous donnez la malle. » La colère m'étouffait. Le temps pressait; mais que dire? Enfin, à force de chercher, je trouvai un interprète qui m'expliqua que « teat-chass » voulait dire : « Tout de suite; » et j'eus ma malle et mon billet. Voyant l'inconvénient de ne pas savoir la langue, je me mis avec ardeur à étudier mon alphabet, en épelant les lettres russes qui étaient sur les murs de la station, ce qui parut intéresser beaucoup le public, et je continuai toute la journée. J'avais bien le temps, car à chaque station, sans exception, tout le monde descend. Il y a un buffet où l'on peut prendre du thé, des pommes, du snap, des melons d'eau; des gâteaux et autres choses réconfortantes et appétissantes pour les gens du pays. Je voulus visiter un wagon de troisième. Je reculai épouvanté! On n'y trouvait que des gens ivres,

couchés par terre, dans une atmosphère de fumée et
d'odeur dont je passe la description. Rien de séduisant dans la façon dont on transporte cette marchandise humaine. Aux premières stations, on s'amuse de
voir tous ces Russes avaler comme des canards, d'en
voir une portion chanceler sur leurs jambes et se
réconforter encore. Mais à la longue, on est fatigué de
ce gaspillage de temps. Je ne suis pas comme l'auteur
du *Guide* russe : je n'admire pas ces temps d'arrêt ;
ils m'impatientent au contraire.

Enfin, j'arrivai à Verebia : un employé allemand
parlait français ; il poussa l'obligeance jusqu'à me
proposer d'aller souper et coucher chez lui. C'était
trop : je le priai de m'indiquer l'hôtel. Il vint avec
moi, et je vis une très-belle maison. — Je souris en
moi-même des prédictions qu'un général russe m'avait
faites, que je ne trouverais pas de lits dans ces petites
villes. — Il était neuf heures. On frappe : pas de réponse ! on frappe encore. Une femme, en déshabillé,
apparaît : elle était déjà couchée et ne voulut pas
faire de feu. Elle me proposa du lait et une sorte de
pain se rapprochant de la brioche. J'avais faim ; la
petite salle était propre ; je ne me plaignis pas. Je remerciai mon guide, le priant de me commander des
chevaux pour le lendemain. Je m'assis sur un petit
canapé, tout étroit et dur ; un instant après, on me fit
signe de me lever. On y étendit une sorte de nappe
d'un blanc douteux ; on ajouta un oreiller de couleur,
puis on m'indiqua que je pouvais me coucher. Je fis

la grimace; le général avait donc raison : je ne devais plus songer aux lits; j'étais dans la vraie Rússie. Je me roulai dans ma couverture. On me crécelle sous mes fenêtres. Est-ce le couvre-feu? il n'est pas dix heures; ou sont-ce les veilleurs? Ils sont bien ennuyeux !

Vous comprendrez, chère Madame, qu'aussi agréablement couché, de larges planches eussent été infiniment préférables.

Le jour vint de bonne heure; il me coûta peu de me lever. Je regardai mon mobilier : dans l'angle droit de la pièce, près du plafond, se trouvait un cadre doré avec force figures représentant les scènes de la vie de Notre-Seigneur, et, tout autour, des guirlandes de roses et d'œillets artificiels, des rosaces et des masques en cire. Devant est une petite lampe formant lustre, dont la poignée est un œuf de verre, et, par une petite ouverture, on voit, à l'intérieur, Notre-Seigneur sortant du tombeau et s'élevant dans les cieux. Le reste de l'ameublement consistait en un canapé pareil à celui que j'occupais, et large de trois mains; quatre chaises en jonc, des myrtes, des fuchsias, des portraits de l'empereur et de femmes, une glace. Le parquet était peint, les murs tapissés grossièrement. Tel était le principal appartement de l'hôtel. La maîtresse de la maison suffisait à tout; elle était propre, et, de plus, je vis qu'elle était très-honnête. Je la priai, comme je pus, de préparer à manger; et mon guide de la veille étant venu, je lui proposai des œufs et du bœuf. Il accepta, et nous partîmes bientôt pour une excursion agricole.

Je vis l'habitation d'un grand seigneur russe; elle était en bois; l'intérieur était soigné. Une quantité de domestiques nous en fit les honneurs ; mais le petit jardin, style bourgeois, qui se trouvait devant était dans l'état le plus négligé qu'on puisse voir, et pourtant, deux journées de ce monde inoccupé l'eussent fait changer d'aspect. Je vis là une fabrique renommée pour ses vases peints en rouge et or, imitation de Chine. Le tremble est le seul bois, je crois, employé pour cet ouvrage : il est résistant, liant et très-léger. Tout était tourné à la main.

Le tour était mis en mouvement par un cheval. On faisait vraiment de très-jolies choses, telles que boîtes de toutes dimensions, jardinières, chaises de jardins, etc., à des prix extrêmement réduits.

On passe d'abord tous ces objets à la mine de plomb, puis des enfants peignent des fleurs ou des animaux; on fait sécher, on passe au four plusieurs fois; on fait subir quelques préparations, puis on passe à l'huile. Cette industrie rapporte beaucoup à la propriété. Contrarié d'avoir presque perdu ma journée, j'ai voulu au moins la mieux terminer en causant avec vous, tandis que j'attends le train qui doit m'emmener vers Moscou.

Veuillez agréer, etc.

LETTRE XXII

A M. ROBERT DE FONTENAY, OFFICIER AU 6e DRAGONS.

Le charriot de poste russe. — Les fous. — La sellette de course. — Le viaduc de Verebia.

Verebia, 10 août 1869.

MON CHER ROBERT,

Je viens de faire une longue excursion en voiture ; c'est ma première. Je ne sais pas trop sur quelle partie de moi-même m'appuyer : tout y est endolori !

J'avais demandé un moyen de transport pour ce matin ; on me répond que je puis avoir un charriot de paysan attelé de deux chevaux pour 12 fr., mais qu'il vaut mieux payer 6 roubles (24 fr.) et avoir une excellente voiture avec de très-bons chevaux. J'étais fatigué ; je me vois déjà sommeillant dans une excellente berline ; aussi, quoique le prix fût exorbitant pour un pays sauvage, j'acceptai.

Je déjeûnai avec un employé de chemin de fer qui

m'avait proposé de m'accompagner, lorsque j'entendis des chevaux, des sonnettes et une charrette qui passait; je ne regardai même pas. Au bout d'une demi-heure, mon guide se leva, disant que la voiture attendait.

Je regarde et demande où elle est. Je ne voyais qu'un train de charriot à quatre roues grossières, avec moyeu long d'un mètre, chargé d'une moitié de barrique coupée en long, et garnie d'un peu de paille; c'était original. Je cherche à m'expliquer ce que cela pouvait être, lorsqu'on me dit : « Mais c'est là votre voiture : c'est une tarentas. » Je n'en pouvais croire mes yeux! Et ma berline? quelle chute! Une charrette pareille, 24 fr.!

Je me fâchai; on me fit une réduction de 4 fr. Mais je ne croyais pas qu'une machine semblable pût être employée au transport des personnes dans un pays civilisé. Je ne savais comment y monter. Je m'installai enfin avec mon ami, comme on pouvait le faire dans une barrique coupée; essaie un peu pour t'en rendre compte.

Mon sauvage de conducteur, enveloppé de sa pelisse, se jucha devant, sur un bout de planche mis de travers; quand il est sybarite, il se fait un siége en filet, avec de grosses cordes; les réactions sont alors moins dures. Nous partîmes. Comme j'avais fait ajouter pas mal de paille et que nous allions grand train, si je n'ai pas été lancé hors de ce carrosse, c'est grâce à la Providence, surtout aux tournants et

9

au passage des villages, car là, nous redoublions de vitesse.

Je ne songeai d'abord qu'à me consolider ; mais bientôt j'en fus distrait par les cahots, la boue qui m'inondait èt les fous qui galopaient. On appelle fous les deux chevaux qui courent de chaque côté du limonier, tandis que celui-ci trotte autant qu'il le peut. Ces fous ont de beaux grelots et sont couverts d'ornements en cuivre. Une seule rêne, placée en dehors, les tient ; une courroie de bouche très-longue les unit au limonier, leur permet de faire les beaux et de lancer avec une adresse sans pareille de la boue à la figure du voyageur, en telle quantité, qu'avec la concurrence faite par les roues, je ne doute point qu'au bout d'un très-petit nombre de kilomètres, le charriot n'en soit complètement rempli. J'ai vu des gens couverts de boue ; mais jamais aucun ne pouvait donner une idée de l'état où nous étions par devant et par derrière.

Comme coup d'œil, l'attelage qui nous entraînait était original, et même joli lorsque les chevaux allaient bien ensemble. Mais quel pitoyable tirage ! que de force perdue ! quelle place immense pour le passage d'un pareil véhicule ! Il n'y a que le malheureux limonier qui travaille réellement, en agitant la sonnette réglementaire fixée en haut du grand arçon en bois qui caractérise les attelages russes ; cet arçon rend, dit-on, les plus grands services. Je crois qu'il desserre le collier du cheval et lui donne plus d'aisance ; mais je ne sais si l'avantage est compensé par l'embarras que donne l'appareil. Quand on arrive dans une ville, il y a une forte amende si on laisse sonner ; et sitôt dans la campagne, c'est obligatoire.

En somme, tout cela m'a paru curieux et m'a diverti ; mais je l'ai payé cher : la boue, les tournants, les départs, les passages aux villages, les secousses. Oh ! grâce ! je suis moulu ! Et penser que je vais passer une autre nuit sur une banquette de chemin de fer !

Je n'ai pas vu grand'chose dans mon excursion. Le propriétaire était absent ; il avait laissé l'ordre formel de bien traiter tous les étrangers qui pourraient venir. On nous servit à dîner dans un pavillon très-bien arrangé ; le comptable me demanda même si mon intention ne serait pas d'attendre le propriétaire, qui revenait dans trois semaines. Je remerciai chaleureusement ; je demandai seulement qu'on me fît faire un tour sur la propriété. Auparavant, on fit payer à mon cocher l'avoine que ses chevaux avaient mangée. L'hospitalité est donc un peu à la russe. Après tout, c'est peut-être du grand genre.

On attela un poney sur une espèce de petite sellette soutenue par quatre roues ; le cocher se mit à cheval devant, nous engageant à l'imiter, et nous partîmes à fond de train. Comment ai-je gardé mon équilibre ? je n'en sais rien. Comment ne me suis-je pas brisé les jambes qui effleuraient la terre ? je l'ignore. En effet, j'avais beau être attentif ; si, d'un train pareil, j'eusse attrapé pierres ou racines, que seraient devenues mes pauvres jambes! heureusement, j'en fus quitte pour les voir couvrir de boue aussi complètement que j'avais le dos. Avec des distractions semblables, je vis peu de choses au point de vue agricole.

Et dire que cette sellette, perfectionnée sans doute, est à la mode, et qu'on fournit avec des courses très-brillantes sur l'hippodrome! Qu'on ne l'importe pas en France, c'est tout ce que je demande! En rentrant, j'admirai le magnifique viaduc de Verebia, établi par des ingénieurs français, pour le passage du chemin de fer. C'est superbe comme hardiesse et exécution : il a plus de cinquante mètres d'élévation! Toutes les piles sont établies en briques; on a été obligé de les revêtir de bois, probablement à cause de la gelée. J'ai moins admiré le pont jeté sur la petite rivière qui coule dans le fond; il servait à une route très-passagère, et un large madrier en avait été enlevé au milieu depuis longtemps.

Comment, dans de pareilles conditions, un attelage à trois chevaux, qui tient tant de place, peut-il passer sans culbuter?

Pourtant, personne ne s'en émeut. Je ne sais si les accidents sont fréquents, surtout la nuit; mais j'ai retrouvé la même négligence et les mêmes risques à courir presque par toute la Russie. *Cela peut encore suffire*, est le principe, et on ne répare qu'à la dernière extrémité.

Dans les environs de Verebia, on vient, de Péters-bourg, chasser l'ours en hiver. Aux premières neiges, l'animal se choisit une tanière qu'il ne quitte pas de toute la saison. Habituellement, c'est au milieu d'un fourré impénétrable. Il ne se substante qu'en léchant ses pattes, ce qui produit un certain bruit bien connu par ceux qui le cherchent. J'ai paru incrédule ; mais tout le monde me l'ayant répété, il a fallu me rendre. Le paysan qui a la bonne fortune de découvrir une tanière vend sa découverte aux riches amateurs en-viron 50 roubles (200 fr.). On se réunit alors ; on entoure le fourré, puis on lâche quelques mâtins et des gens faisant grand bruit. L'ours se lève et veut franchir la ligne des chasseurs ; on le tire, et si on est heureux, on l'abat. D'après les on-dit, c'est aussi simple que cela.

Là-dessus, je te laisse commenter et t'embrasse.

L. F.

LETTRE XXIII

A M. DE SAINTE-MARIE.

Aspect général du nord de la Russie jusqu'à Moscou. — Cultures. — Forêts. — Les incendies — Les défrichements. — Leur avenir. — Les villages russes.

Moscou. 12 août 1869.

MONSIEUR LE DIRECTEUR,

Me voici bientôt au centre de la Russie. Jusqu'ici, je n'ai rien vu qui, au point de vue agricole ou industriel, puisse porter ombrage à la France, ou du moins rien contre quoi elle ne puisse lutter avec avantage. De la frontière prussienne jusqu'à Pétersbourg, ce ne sont que chétives forêts, marais tourbeux, où de maigres pins poussent çà et là ; mais la plus grande étendue du pays est couverte de broussailles, de saules marsault, d'aunes et de bouleaux, entre lesquels on fauche une herbe aigre, courte, où une anémone et des joncs tiennent une grande place ;

le reste est occupé par des plantes que l'on trouve dans les sols tourbeux.

Les terrains ensemencés ne sont que dans une très-faible proportion, et on n'en voit point de cultivés régulièrement. Je n'ai pas vu de traces de défrichements récents, même auprès de Pétersbourg; toujours un pays plat et nullement accidenté. Le climat est si ingrat, que j'excuse bien les habitants; mais je constate que toute cette partie de l'Europe, en comprenant la Suède et la Norwége, ne peut que bien faiblement subvenir à ses besoins; elle ne peut même alimenter les grandes villes, et son influence sera toujours nulle sur les marchés de l'Europe, excepté peut-être pour les productions en lin; c'est, en effet, la seule plante qui vienne vraiment bien, mais elle est cultivée sur une très-faible échelle.

Entre Pétersbourg et Moscou, l'aspect du pays ne change pas : toujours des buissons, des marais et des forêts rabougries. C'est une rareté de voir un pin de la grosseur d'un mètre à hauteur d'homme.

Ces pays ont été éprouvés depuis deux ans par des incendies effroyables ! Je ne crois pas exagérer en disant que le tiers des forêts, entre Pétersbourg et Twer, ont été détruites, au moins partiellement.

Avant Pétersbourg, il y avait moins de dégât. Si le bois avait eu de la valeur, les pertes auraient été incalculables; mais, outre qu'il n'en a pas sur place, ce sont les forêts à sol tourbeux et où les arbres étaient rachitiques qui ont le plus souffert. Rien n'est triste comme ces pinières nouvellement brûlées ! Les arbres sont là debout, dénudés, ajoutant à l'aspect morne du pays, qui n'en a certes pas besoin. Dans d'autres parties, où le feu a été le plus violent, la couche tourbeuse a brûlé à une grande profondeur, et les arbres ont été complètement détruits. Mais on ne peut s'expliquer la cause de ces incendies spontanés, qui se propagent et se répètent d'une façon inouïe, et qui, tout d'un coup, s'arrêtent au milieu de leurs tristes dévastations, sans qu'on sache pourquoi.

En voyant qu'il n'y avait pas de remède, on aurait dû prendre le parti de favoriser le feu, afin de nettoyer complètement, et sans frais, ce sol ingrat, qui aurait donné ensuite, pendant quelques années, des récoltes énormes. La réussite eût été d'autant plus complète, qu'il n'y a pas de pierres, et que le seul obstacle à la culture provient des racines, des arbres tombés dans tous les sens, et des matières ligneuses enchevêtrées.

Dans quelques portions où le feu avait déblayé d'une façon plus complète, et qu'on avait semées d'avoine en l'enterrant seulement à la herse en bois, les produits étaient magnifiques; mais ce n'était qu'exceptionnel : presque partout, le terrain était resté tel que le feu l'avait laissé, attendant ainsi que Dieu permette qu'il se reboise naturellement.

Tout le sol parcouru par ces incendies est envahi immédiatement par une grande plante fleurissant rose comme la digitale; les feuilles en sont étroites et lancéolées. Elle atteint quelquefois 1m 50 de haut. Mais je n'ai vu nulle part trace de semis de pins faits de main d'homme, à plus forte raison de plantations ni de déblayages. Dans ces conditions, surtout dans les contrées tourbeuses, le feu est un système économique de défrichement; mais on n'en est pas encore aux améliorations foncières en Russie; on se contente, pour ainsi dire, de ce que la terre produit naturellement: c'est là se contenter de peu. Le seul mode que j'aie vu pratiquer, pour étendre la zone des terres arables, consiste à scier les pins à deux pieds de terre, à faire pacager et à attendre que les racines pourrissent.

Il n'y a pas à espérer de voir défricher sur une grande échelle d'ici à longtemps. Ces terres-là ne valent guère plus de 40 à 100 fr. l'hectare de prix d'achat, et beaucoup moins dans certains cas.

Pour les mettre en culture, il faut, dit-on, plus de 120 fr. par hectare, et si on voulait les revendre, les capitaux avancés seraient perdus en grande partie; donc, on s'abstient.

Puis la population manque. Une bonne portion est employée de la façon la plus inutile. Je ne crois donc point à de grands changements dans ce pays, d'ici longtemps. Il ne peut fournir, pour l'instant, que du bois de chauffage, et les prix de transport, les faux frais et les bénéfices que veulent réaliser les marchands sont si élevés, qu'on m'a cité, à Pétersbourg, le prix de 20 fr. le stère de pin au détail, comme un

9.

prix normal; c'est énorme! Mais le Russe veut faire
très-peu de besogne et gagner beaucoup d'argent.
C'est dommage! on ne peut calculer ce que ces terrains si vastes produiraient s'ils étaient défrichés. et
cultivés, avec un assolement de prairies artificielles,
timothé et trèfle pour trois ou quatre ans; ensuite,
deux ou trois ans de céréales. Avant d'en arriver là,
il faudrait d'abord ensemencer des prairies artificielles dans les vieilles terres, ce qui ne se fait pas.
Je n'en ai vu que très-exceptionnellement.

On ne considère pas les animaux comme un bénéfice, et le fumier n'est qu'un embarras. Conséquem-
ment, à quoi bon faire des fourrages?

Dans certaines colonies allemandes, comme il s'en
trouve beaucoup en Russie, j'ai vu des pommes de
terre en plus grande quantité, mais ce ne sont encore
que des exceptions.

Quant à la composition des terrains, elle est toujours à peu près la même: la majorité en est siliceuse; puis la tourbe, à diverses profondeurs, se
rencontre souvent. Enfin, les mauvaises prairies sont
en général sur un sol composé de quelques centimètres de terre végétale noirâtre, puis d'un terrain silico-argileux imperméable.

Jusqu'à Moscou, l'assolement n'est que: 1º seigle;
2º avoine et lin; et 3º jachère.

Avant Twer, les forêts deviennent plus belles, les
terrains sont plus sains. Je vois de très-beaux gaulis
de bouleaux; on ne trouve plus de ces prairies tel-

lement mouillées, qu'on pourrait croire aux maré-
cages. Il n'y a plus de terrains tourbeux, et, par là
même, plus de trace d'incendies, ce qui prouve que
le feu surgit de lui-même dans ces terrains noirs
chauffés par la fermentation et par le soleil.

Ce qui frappe, en voyant les récoltes en Russie,
c'est l'extrème petitesse des pailles d'avoine et d'orge.
Je n'avais rien vu d'aussi court; mais, proportionnellement, il y a beaucoup de grain.

L'aspect des villages est toujours navrant : rien ne
vient relever ces nuances ternes des toits en paille
noircie à la pluie, et des murailles en bois à demi-
pourri qui, se confondant avec la couleur du sol,
forment un ensemble monotone et triste. Partout des
toitures délabrées, s'effondrant çà et là, et qu'on ne
répare pas, ou qu'on ne répare qu'en jetant une botte
de paille sur les trous, comme on pourrait le faire
sur un pailler. Rien d'attristant comme l'aspect de ces
cabanes s'affaissant à droite ou à gauche, manquant
par leurs fondations ! Quelle différence avec la Suède,
où tout dénote un esprit d'ordre et d'industrie; où
les maisons, peintes en blanc et rouge, sont coquettement couvertes et font plaisir à voir ! Ici, au contraire, misère affichée sans scrupule, insouciance et
paresse évidente.

Quand nos pères, séparés de la France par tant
de journées de marche et de privations, traversèrent
ces pays déserts et misérables, ils durent faire de
bien tristes réflexions !

Le feu renouvelle souvent ces masures ; c'est presque un service qu'il rend. Du reste, reconstruire un village n'est ni long, ni cher. Pour une cabane, il en coûte 200 fr., je crois. Tout le monde est charpentier, et sans doute aussi couvreur, à en juger par le fini du travail. C'est bientôt fait. Mais cette insouciance dépend peut-être de la condition sociale des paysans avant l'affranchissement. Dans une de mes prochaines lettres, j'aurai l'honneur de vous entretenir à ce sujet.

Veuillez agréer, etc.

LETTRE XXIV

A MADAME X***.

Moscou et le Kremlin. — Les trésors. — Le palais. — L'église Wassili-Blagenoï. — Ce qu'on y voit. — Le prince Wiaselmsky. — L'académie agricole. — Le restaurant religieux.

Moscou, 12 août.

· CHÈRE MADAME,

Enfin, je puis vous dater ma lettre du grand village, si grand que lorsqu'on y est perdu, on est bien perdu, même en voiture : j'en ai la preuve, car j'ai été forcé de me faire conduire à la police, pour, de là, gagner le consulat de France.

Les rues sont larges ; mais j'ai eu beau me promener dans les plus beaux quartiers, voir les étalages et les boutiques le plus en réputation, tout m'a semblé fort médiocre.

Les maisons sont, pour la plupart, très-irrégulières

et très-basses. Chacune d'elles a, pour ainsi dire, son enceinte, et c'est tout une ruche ; aussi, on n'enseigne point le numéro de la maison aux cochers de drowsky (dont les voitures sont meilleures qu'à Pétersbourg), mais on dit : dom Souvaroff, dom Kamianoff, etc., du nom du propriétaire.

Souvent, ces enceintes sont assez considérables pour avoir issue sur deux rues différentes. L'architecture en est très-misérable ; et là, pas plus qu'ailleurs en Russie, on ne trouve rien de fait avec goût. Les bons matériaux sont aussi peut-être plus chers ; les enduits ne résistent pas, sans doute, à la gelée ; ce qu'il y a de sûr, c'est que tout paraît fait grossièrement et avec négligence.

Sitôt mon arrivée, je fus au Kremlin.

Quelques centaines de mètres avant d'y parvenir, je traversai une première enceinte, Kitaïgorod, entourée de hautes murailles blanches, et dont le petit toit servant de faîte était peint en vert.

A la deuxième enceinte, les murailles étaient encore plus élevées et plus fortes ; pourtant, elles ne seraient qu'un jouet pour le canon.

Toujours du blanc et du vert, mais d'un vert si douteux, que les tourelles, surtout, semblent couvertes de feuilles de lierre ; les badigeonnages à la chaux ne sont guère plus nets.

Le coup d'œil est très-curieux et très-original. Je n'avais pas l'idée d'une chose semblable. On voit qu'on touche à l'Orient.

Deux portes, ou plutôt deux porches, donnent sur la place, et permettent l'accès à l'intérieur de la forteresse, qui contient : palais, musées, église, la tour d'Ivan et la grosse cloche brisée. Le tout réuni forme un assemblage fort curieux.

On m'avait donné des cartes spéciales. Je visitai donc fort bien le trésor des patriarches, qui consiste en mitres, chasubles et chappes très-riches. J'ai vu l'endroit où l'on fait cuire l'huile du chrême pour toute la Russie ; c'est un immense bassin en cuivre.

J'allai de là au Trésor : on n'y voit que couronnes, diadèmes, objets d'art, cadeaux de souverains, émaux très-fins, collections d'armes ; il s'y trouve même des révolvers du XVIIe siècle : ce n'est donc pas une invention nouvelle. C'était très-beau, mais difficile à décrire, et, en somme, tout cela laisse peu d'impression dans l'esprit. Au musée public, il y a une salle remplie de mannequins représentant le peuple russe dans tous les costumes nationaux : c'est la collection ethnographique.

Les poses des personnages en sont originales, et quand on n'est pas prévenu, on est étrangement surpris de se trouver tout à coup au milieu d'une foule qu'on croirait vivante.

J'allai ensuite au palais neuf : je l'ai trouvé splendide et digne d'un grand empire. Tout est grandiose et d'une richesse dont je n'avais pas d'idée. Je revis là encore des colonnes en malachite, et des cheminées pareilles. Cependant, je crois que la malachite n'était que plaquée, car, en regardant de près, tout me semblait fendillé.

Du balcon du palais, je dominai Moscou. Cette vue m'a fait une impression profonde : tous ces toits verts, blancs, rouges ou noirâtres, ces églises répétées à l'infini, avec leurs cinq dômes peints en vert et en forme de poires, leurs flèches dorées et les murailles blanches, forment un coup d'œil magique ; le panorama de Moscou est certainement le plus curieux, le plus fantastique qu'il soit possible de voir.

Vous allez me demander, chère Madame, comment il se fait que les toitures soient de nuances aussi bariolées. C'est très-simple : la tuile et l'ardoise n'existant pas, tout est couvert en fer, qu'on peint de diverses couleurs, suivant le goût ou la bourse des propriétaires. Mais le vert est la couleur nationale, et, par conséquent, ce qu'il y a de plus prisé.

Je sortis enfin de cette célèbre forteresse par la Porte-Sainte, sous laquelle on est forcé de se découvrir. C'est assez mal imaginé, car il faut traverser un porche étroit d'environ quarante pas de longueur, et sous lequel le vent s'engouffre avec violence. Aux deux extrémités, des gardiens veillent pour faire respecter cette consigne.

Quant à moi, j'avais bien été prévenu de la sainteté du lieu ; mais comme je passais seul, et qu'à tout prendre je ne voyais qu'un long porche, et des bornes hautes, mal placées et rappelant les ruelles les plus écartées, je voulus faire l'ignorant ; mais on me rattrapa, et il fallut m'incliner. Il y avait bien une chapelle et des quêteurs zélés à la sortie, mais j'étais de trop mauvaise humeur pour leur offrir mon obole.

J'aperçus sur la place, en sortant, une église des plus curieuses, qui annonçait quelque chose de tartare : c'est l'église Vassili-Blagenoï. Elle fut bâtie en 1554, en commémoration de la prise de Kazan. Elle est très-peu élevée, très-originale, et peinte presque de toutes les couleurs.

J'entrai : il n'y avait pas de nef; ce n'était qu'une suite de petites chapelles, toutes plus riches les unes que les autres. On ne voyait qu'images, que lampes, que bougies! Il y avait loin de là à l'éclairage en copeaux de sapin !!

C'était dans le carême de l'Assomption : les fidèles affluaient, et, comme à Pétersbourg, ils étaient édifiants. Ils saluaient, se signaient, se prosternaient. Il n'y avait, pour l'instant, aucun office. J'allais me retirer, quand j'aperçus un grand bassin en cuivre contenant environ deux hectolitres d'eau. Une tasse en métal, retenue par une chaîne, pendait auprès. J'étais intrigué : je vis bientôt deux pénitents, à la suite, prendre la tasse, la remplir, boire à longs traits, et, je crois, en remettre un peu. Puis survint une belle jeune fille aux manières distinguées; elle s'approcha à son tour, fit le clair à la surface de cette eau avec le fond du gobelet, comme lorsqu'on puise à la fontaine; puis elle plongea tristement la tasse, l'emplit et en avala le contenu. Il faut du courage pour une

opération comme celle-là! Qu'en dites-vous, chère
Madame? ou un goût spécial : j'aime mieux croire
au courage de ma pénitente. C'était vraiment héroïque
de sa part. Je me retirai édifié.

J'ai joué de bonheur hier, ce qui ne m'arrive pas
souvent.

On m'avait indiqué une maison comme étant habitée par le maréchal de la noblesse : ce personnage a
toujours à sa disposition de très-bonnes lettres de
recommandation. Voulant avoir part à ses faveurs, je
sonne. On paraît me dire que le maréchal ne reçoit
pas. J'insiste; je donne ma carte, et j'attends. Bientôt
on me rapporte ce seul mot : *malade!* Je prends
alors le parti d'écrire; mais on ne peut pas me lire,
sans doute, et on envoie me chercher.

Je trouve un vieillard en train de se lever : il était
une heure après-midi. Il s'informe de ce que je désire; je m'explique, et quand j'ai fini, mon interlocuteur me dit : « Pourquoi vous adressez-vous à moi? —
Parce que vous êtes le maréchal de noblesse. — Moi!
pas du tout; je ne suis rien d'officiel. » Je m'excuse
alors et veux me retirer, lorsque le prince Wiaselmsky,
car c'était lui-même, ajouta : « Puisque votre étoile
vous a adressé à moi, je veux vous aider. » Et, en
effet, il le fit : il me donna force lettres de recommandation; me présenta à M. et Mme Polotow, qui
firent de même, furent on ne peut plus gracieux,
et ne craignirent pas de se donner beaucoup de peine
pour moi. Je leur en ai su un gré infini; et si je ne

connaissais les Russes que par ce jeune ménage, assurément la Russie serait pour moi l'idéal de la
perfection. Mais je crois qu'ils étaient heureux : et
le bonheur rend toujours bon, n'est-ce pas, Madame?

Après ces présentations, le prince me prit dans sa
voiture. Un chasseur à beau plumet, couvert d'un
grand manteau bleu, monta majestueusement à côté
du cocher, et nous partîmes pour l'académie d'agriculture.

Ne vous effrayez pas, je vous en supplie ; je ne vous
ferai pas de grands discours à ce sujet.

Chacun m'avait vanté cet établissement spécial, et
je devais brûler du désir de le visiter. Mais tout le
personnel était malade ou absent ; la sœur du directeur, femme très-âgée, eut l'extrême bonté de vouloir
m'accompagner. Je ne me plains pas de l'accueil.
Mais voici les notes de mon carnet : « Académie agricole de Moscou, remarquable par ses pavages en mo-
saïque et ses superbes livrées. — P S. Il y a des
fleurs, des jardins et de jolies promeneuses. »

Je ne suis plus surpris si les élèves sont si satisfaits
de leur genre de vie, et se considèrent comme si les
vacances y étaient perpétuelles. Vous devez me rendre
cette justice que je n'ai pas été long à vous parler
agriculture.

Pour changer, je vous demanderai la permission de
vous mener au restaurant à la mode. Vu de l'extérieur, il n'a rien de séduisant ; toutefois, ne vous ef-

frayez point encore ; nous y verrons, il est vrai, des choses surprenantes, mais édifiantes tout à la fois.

J'y entrai avec un professeur de mathématiques, mon guide en ce moment. Les garçons étaient en costume du pays, le plus irréprochable : longs cheveux ceints par un ruban, comme les anciens Grecs ; chemises rouges, blanches, bigarrées (suivant la salle à laquelle ils appartenaient), passées sur leur pantalon et retenus par une cordelière ; de grandes bottes complétaient le costume. Bref, ils étaient propres.

Nous avions à peine commencé à manger le tchi traditionnel, potage gras aux choux mélangé de crême aigre, que je vis passer, traversant toutes ces longues salles étroites, deux moines s'inclinant à chaque instant, et paraissant des frères quêteurs.

Nous rendîmes le salut : nous étions découverts ; on y est obligé à cause des images placées dans les angles. Je vois ces religieux entrer dans une petite salle. On illumine, on installe un prie-dieu, on le couvre d'un linge blanc, puis on y place un christ. Les moines s'habillent ; le personnel de l'hôtel se réunit. Je questionne mon ami ; il ne comprenait pas plus que moi ce qui allait se passer. Les aides marmitons se groupent en chœur ; un violon les accompagne ; des chants commencent ; l'encens brûle. Les deux popes (je les reconnais à leurs longs cheveux) commencent leurs cérémonies. C'est assurément du grec pour moi ; aussi, après m'être mêlé à la foule quelques instants, je reviens à mon potage, tandis que toute l'assistance des garçons se confond en signes de croix à gauche, en saluts vivement répétés, en prosternations, et vont à la file baiser la croix et la main du pope qui les bénit. Tout ceci signifiait que le maître de l'hôtel, orthodoxe fervent, ne pouvant envoyer ses garçons à l'office, leur en procurait un petit à domicile. J'en ai profité ; cela m'a fait plaisir.

Les popes partis, les garçons, toujours édifiants, continuèrent de psalmodier de la musique religieuse, en se faisant accompagner du violon. C'était vraiment fort original !

Vous n'en verriez, certes, point autant dans le restaurant de Bignon ; mais rassurez-vous : ici, quoique étant religieux, on fait très-bonne cuisine. On dit même que le prince de Galles l'a appréciée plus que de raison, ainsi que la cave. Mais, comme vous le savez, on ne prête qu'aux riches.

Veuillez agréer, je vous prie, chère Madame, l'hommage de mes sentiments les plus respectueux.

L. F.

LETTRE XXV

A M. LE Vᵗᵉ OLIVIER DE L'ESTOILE.

Les hôtels à Moscou. Leur nombreux personnel. — Encore un Cosaque ! — Quelques détails religieux. — La camomille de Perse.

Moscou, 13 août.

Mon cher Olivier,

Où es-tu maintenant ? Je l'ignore ; mais je veux mettre une lettre à ta recherche, pour qu'elle te dise, à ton retour en France, combien je te sais gré de m'avoir accompagné dans ce désert, et combien toujours notre séparation me semble pénible !

Je te parlerai peu de Moscou, puisque tu l'as visité ; tu m'as indiqué un hôtel assez mauvais. Mais j'ignore si tu connais une particularité du service russe. Mon hôtelier m'a assuré que, pour trente chambres, il avait dix-sept domestiques ; qu'ils étaient indispensables !

Qu'on s'étonne, après cela, si les bras manquent

pour défricher la Russie! Où sont-ils? A l'auberge!
Qu'est-ce qu'ils y font? Rien! Avais-tu remarqué
cela?

La statistique devait être bien plus curieuse dans ton
hôtel de premier ordre. Je suis de ton avis : Moscou
est, certes, la ville au monde dont les hôtels sont les
plus chers, et pourtant, les matières premières ne le
sont pas. A peu de distance de la ville, un poulet se
vend 10 kopecks, ou 35 centimes. Il est vrai qu'ils
ne valent pas un pigeonneau; et à l'hôtel on les
paie 3 fr. Quel honnête bénéfice! Puisque je te
parle volaille, j'ajouterai qu'il faut venir dans le nord
de l'Europe pour trouver des lilliputiens de poulets
de la sorte.

Avais-tu encore remarqué ceci, toi qui, à cette
heure, erre sans doute sur les beaux lacs de la Suède,
que je regrette? Tu vas me dire que j'ai juré de te
faire un cours digne d'une femme de ménage. Mon
ami, c'est utile. Du reste, règle générale : tu obser-
veras qu'en dehors de la France, il est impossible de
savourer une bonne volaille. A quoi cela tient-il? Je
l'ignore; mais je cite un fait. Que tous les voyageurs
de ta connaissance se réunissent et prononcent.

Le sort me favorise rarement depuis notre séparation; encore une déception! Décidément, quand un
Russe promet, il ne faut pas remercier; c'est inutile,
ni écouter; c'est du temps de perdu. Voici un fait :

Je me rends chez un personnage dont je te tairai le
nom, par charité; c'est bien de ma part, car le dire

eût prouvé, avec plus de force, comme tout ceci est bien dans le caractère national.

Je me présente et remets ma lettre de recommandation. « Oh! elle est de cet excellent M. ***! » avec un cri partant du cœur. « Quelle joie pour moi d'avoir de ses nouvelles! Que puis-je faire pour vous, Monsieur? Je suis tout à votre disposition! J'ai quelques personnes à déjeûner; veuillez rester; oh! je vous en prie! — Je ne le puis, Monsieur, et le regrette. — Alors, permettez-moi de vous présenter. » J'accepte; et au bout de quelques instants : « Ah, cher Monsieur, comme nous allons bien voir tout ce qui peut vous intéresser, et vous recommander d'autre part! Je connais Madame la princesse ***. Monsieur que voici est grand dignitaire; il est parent du comte ***, qui est dans votre spécialité. Le prince *** est un de mes amis. Oh! l'excellent prince! sera-t-il heureux de vous aider! etc., etc. »

Enfin, confus et enchanté, je me retirai, demandant seulement un rendez-vous.

J'y suis exact et arrive tout essoufflé. « Monsieur X., s'il vous plaît? — Il est sorti. » C'est à peine si on me laisse entrer. J'attends une heure; je l'excuse et demande : « A quelle heure le trouverai-je demain? » On m'assure qu'il ne sort pas avant onze heures. A l'heure dite, je me présente chez M. X. Je m'informe s'il n'a rien laissé. Il était sorti depuis une heure. Je remets de nouveau ma carte. « Quand pourrai-je le voir? — Monsieur, il ne sort

jamais le matin avant neuf heures. » Le lendemain,
je reviens à neuf heures. « Monsieur X.? — Il y est.
— Voici ma carte. » Un instant après, Monsieur fait
répondre qu'il n'est pas levé, qu'il est un peu souffrant. Vite je reprends ma carte. N'ai-je pas bien
fait? J'ai dans l'esprit que la lettre de M. C..., qui me
recommandait, avait un tréma de moins sur une lettre
de la signature, comme dans celle de du Tillet, dans
César Biroteau. Que penses-tu de ce Monsieur? C'est
encore un Cosaque, n'est-ce pas? On ne fait pas de
pareilles avances, ou l'on tient ce que l'on a promis.

Je ne sais bientôt plus quel jour de la semaine je
t'écris! Je ne puis même pas me reconnaître à l'ob-
servance du dimanche, surtout à la campagne. Cela
ne gêne pas les orthodoxes; c'est encore pire que
chez les catholiques romains! Pourtant, les popes à
longs cheveux font ce qu'ils peuvent. On m'a assuré
qu'à la campagne, deux fois par an, ils entraient
dans chaque maison, sans avoir été appelés, même
chez des gens d'une autre religion, et là, devant
l'image qui doit s'y trouver forcément, ils faisaient
brûler l'encens, chantaient un petit office, puis, quand
on était arrivé au bruit, ils faisaient la quête.

Je me suis enquis des prix. Un riche propriétaire
m'a dit qu'il donnait trois roubles à chaque fois.
On m'a assuré qu'avant de se marier, il fallait faire
ses conventions avec son pope, et qu'on avait des
exemples de gens revenus de l'église sans être mariés,
parce qu'on n'avait pu s'accorder sur le prix. Si cela

est vrai, c'était contrariant. Qu'est-ce que diraient nos journaux, s'ils avaient un fait pareil à enregistrer en France? Quelle aubaine!

Je tiens du même auteur, sans doute un esprit malin, qu'il y a encore quelques années, les vrais fervents allaient se faire régénérer dans les eaux de la Neva la nuit de Noël. Voici comment on opérait : on taillait dans la glace un trou en forme de puits. Le pénitent s'approchait, et, enlevé par deux frères (quêteurs sans doute, car rien n'est gratuit), on le descendait par ledit orifice jusqu'à immersion complète. Ce sont les insectes personnels qui devaient trouver à redire! La police a fait comme eux, et on a supprimé, au grand regret des spectateurs, cette petite représentation, couleur locale, qui avait lieu aux flambeaux.

Puisque je te parle de puces, — ce n'est pas d'un style relevé ; mais c'est si commun, et elles font si souvent songer à elles, que tu me pardonneras, — je te dirai une grande nouvelle : mes nuits sont bonnes ; maintenant je ne te réveillerais pas tous les jours, moi qui ai passé tant de nuits blanches! Ayant confié mes peines à une dame, cette pauvre chère âme, touchée de ma triste situation et du récit lamentable que je lui en fis, m'engagea à acquérir immédiatement une poudre merveilleuse dite camomille de Perse, m'assurant qu'une fois en possession de cette substance, et en l'appliquant suivant la formule, je serais à tout jamais débarrassé de mes ennemis.

Je remercie chaleureusement. A la première ville, je cours chez un pharmacien. « Monsieur, pouvez-vous me dire si la camomille de Perse me délivrera de mes ennemies ? » Le brave homme hoche la tête. « Cela aide, Monsieur ; cela aide. » J'insistai ; ce fut en vain : je ne pus jamais le sortir de cette phrase, jointe à 20 kopecks, prix du flacon ; il y en avait une belle quantité sur les tablettes. Je payai et allai me coucher.

Dès la première heure, l'attaque fut vive : réveillé en sursaut, je me rappelle les conseils amis. J'avais un drap : je fis une enceinte tout autour de mon corps et soufflai ma bougie. Merveille ! je dormis comme un loir jusqu'au lendemain. Le jour suivant, même attaque, même défense, même succès. Mais hier, l'ennemi, affamé, attaqua et résista. Je doublai les remparts : rien ! Je me couvris d'un nuage de poussière : point d'effet. Les paroles de mon honnête pharmacien me reviennent en *mémoire :* « Cela aide, Monsieur ; cela aide, » et je les médite. Mais à quelque chose malheur est bon, puisque je me suis levé et t'écris.

Adieu, mon cher Olivier ; crois à ma bien vive affection et au plaisir que j'aurai à t'embrasser.

L. F.

LETTRE XXVI

Le carême en Russie; manières diverses de l'interpréter. — Le talent de l'Évangile. — Les corbeaux, les pigeons et les concombres.

Moscou, 13 août 1869.

CHÈRE MADAME ET EXCELLENTE AMIE,

Dans ce pays, les dames mordent à belles dents dans les concombres salés, à défaut de fruits savoureux. Que vous semble de ce goût? Ce n'est pas un *on dit :* je l'ai vu ; je me suis même entretenu en très-bon français avec la personne que je voyais de si bon appétit.

Il faut croire que j'ouvrais de grands yeux, car elle s'en aperçut et me dit : « Cela vous étonne de me voir *manger* ainsi? Mais, Monsieur, c'est tout naturel : d'abord, les concombres sont fort bons, et puis que manger? Nous sommes dans le carême de l'Assomption. C'est le moins sévère; mais le beurre est défendu, ainsi que la viande, les œufs, le lait. De quoi voulez-vous qu'on se nourrisse, si ce n'est de concombres, de pommes, de fruits secs, de thé, de café? » Et ce disant, elle enlevait encore un gros morceau de sa cucurbitacée. « Dans le grand carême, Monsieur, ajouta-t-elle, le poisson est aussi défendu. »

Et elle m'assura qu'à la campagne surtout, ces lois étaient strictement suivies, et qu'elle n'y manquait jamais. Puis elle dit encore : « Tout cela est facile; mais ce qui ne l'est pas, c'est de dompter ses passions : c'est là le vrai mérite. » Je tombai aussitôt d'accord sur cette manière de voir.

Chez quelques gens riches, on m'assura avoir d'autres manières de satisfaire à la loi divine sans se martyriser ainsi. Je serais curieux de connaître les autres sujets de mortification; mais on ne me les a pas indiqués. C'était à table qu'on me disait cela. Je m'inclinai; et comme on était en carême, je profitai de la manière de voir de mes hôtes, sans la plus légère observation.

Ailleurs, j'ai été moins heureux : j'ai vu dans ce saint temps, des propriétaires dîner d'une soupe aux carottes, de pruneaux, de concombres, et m'offrir par exception un œuf à la coque. Nous étions tous alors exemplaires.

J'en ai rencontré d'autres qui me faisaient servir des poulets, des côtelettes, tandis qu'eux, pauvres hères ! mangeaient un ragoût de betteraves assez mesquin. Je vous raconte ces faits; mais j'ai été très-content partout, étant toujours porté à admirer les gens consciencieux.

Si les femmes donnent souvent des renseignements curieux, elles sont terribles pour me questionner : elles se figurent, sans doute, que j'ai une mission cachée.. Elles ne peuvent comprendre que j'ai pu me dévouer pour mon pays, et que je veuille vraiment voir où en est l'agriculture russe. En vain je leur rappelle la parabole du talent de l'Evangile et leur dis : « La Russie est semblable au talent confié par le grand roi : je viens voir comment vous l'avez fait valoir. Est-ce clair? » — Mais que voulez-vous voir? que venez-vous faire? reprennent-elles. J'en ai rarement vu qui se tinssent pour satisfaites de mes réponses.

Parmi les choses qu'elles m'avaient recommandé de voir à Moscou, elles m'avaient beaucoup vanté la vue de la butte aux Moineaux. J'y suis allé. Le panorama est beau et étendu. C'est de cette éminence d'où l'empereur Napoléon, si mal inspiré en faisant cette campagne, regarda Moscou pour la dernière fois. J'aime mieux cependant la vue du Kremlin. Au retour, je visitai un grand parc qui domine la ville. La Moscowa le borde; et ce qui m'a surtout frappé, ce sont les fabricantes de thé, qui veulent absolument se procurer des clients, et ne peuvent laisser les promeneurs en paix.

Le long de la Moscowa, je remarquai une telle

quantité de corbeaux, que le ciel en était obscurci par
moments ! Ils étaient si peu farouches, qu'on pouvait
les approcher à portée d'un fouet. Il y en a de trois
espèces : de petites corneilles huppées, des corbeaux
gris et d'autres ordinaires. Les pigeons bisets ne leur
cèdent en rien pour le nombre. C'est un oiseau sacré
en Russie : il représente, dit-on, le Saint-Esprit. C'est
pour cela qu'on ne le met jamais en compote. Aussi,
ils se sont multipliés à l'infini, et tous les bâtiments
mal clos sont envahis et mis hors service au bout
de peu de temps par ces locataires d'un nouveau
genre.

Je passai devant un immense monastère, occupé,
me dit-on, par des femmes. On n'y faisait pas le moindre bruit ; ces nuées de corbeaux, voltigeant tout autour, n'ajoutaient pas à la gaîté du lieu.

En rentrant, je vis un chargement de bateaux d'un
nouveau genre : c'était un arrivage de concombres
de la grosseur d'un œuf, qui venaient se faire conserver à Moscou. En voyant le port encombré de
cette marchandise, j'eus la mesure de ce qui devait en
être consommé. La quantité de gros cornichons que
les Russes absorbent est incroyable; riches ou pauvres, tout le monde en consomme. Un riche ne man-
gera pas ce qu'il appelle du rôti sans concombres.

Pendant que j'y pense, je veux vous donner la recette, chère madame, pour préparer ce mets de ressource. Lorsqu'on veut manger les concombres tout
de suite, on les laisse huit jours dans le sel ; mais

lorsqu'on veut les conserver, on les met dans un baril, et on les sale comme des sardines.

Le sol siliceux et brûlant de la Russie prête admirablement à une végétation rapide; on sème ces cucurbitacées sur place et sur de petites planches bombées d'un mètre de large environ.

Je commence à me trouver bien éloigné, et je vous confierai que les lettres de France me font un plaisir infini. Ainsi, ne m'oubliez pas, Madame et bien excellente amie, et croyez, je vous prie, à ma vive et bien respectueuse affection.

L. F.

LETTRE XXVII

A M. PÉPION.

Aspect général du pays jusqu'à Toula. — L'académie d'agriculture à Moscou.

Toula, août 1869.

MON CHER PÉPION,

Prends ta carte de Russie ; tu verras que j'ai déjà parcouru une longue route. L'aspect du pays est enfin changé : me voilà en pleine terre noire ; elle commence quelques heures avant d'arriver à Toula. On ne l'a point encore définie ; elle est très-légère, et contient certainement une forte proportion de silice. Cette couche noire varie de 20 centimètres à 1 mètre de profondeur et plus ; ensuite, le sous-sol est silico-argileux jaunâtre, d'une épaisseur indéfinie, qui se laisse raviner par l'eau de la manière la plus effrayante. Aussi, il n'y a guère que ces immenses et dangereux ravins, creusés par les eaux pluviales, qui accidentent la Russie. Mais ils s'augmentent indéfiniment, sans qu'on puisse presque se douter que l'eau s'écoule dans la direction où ils se creusent.

Qu'est-ce qui colore en noir la terre? Je ne sais. Elle se réduit en poussière impalpable, et je n'en ai jamais souffert autant que dans les charriots de poste. Quand elle est foulée aux pieds, par un temps mouillé, elle durcit de la façon la plus extraordinaire. Si on n'y touche pas, elle se travaille bien, même par la sécheresse; mais ce ne serait cependant pas très-facile d'entamer des friches dans ce moment-là. Ainsi, tu dois bien connaître le terrain que j'ai parcouru en Russie. Partout un pays plat : pas la moindre montagne. De la frontière à Pétersbourg, et de Pétersbourg à Twer, toujours des forêts, de mauvaises prairies parsemées de broussailles et très-peu de terres cultivables.

On trouve toujours, çà et là, les petites meules de foin.

Un des grands commerces des paysans russes est de conduire ce foin en hiver, par traîneaux, aux grandes villes, souvent à une distance de plus de vingt lieues. Ils font ce voyage chargés de 400 kilog. au maximum, soit pour un produit brut de 30 fr. environ. Il est vrai qu'ils ne dépensent rien à l'hôtel, et ne mettent pas leurs chevaux à l'écurie.

Avant Moscou, j'aperçus quelques chênes ; mais les forêts commencent à devenir beaucoup plus rares. Je vis un grand champ de vesce ; c'est le seul que j'aie rencontré.

En sortant de Moscou et allant vers Toula, je vis une plaine remplie de choux-pommes et de concombres; puis quelques autres sablonneuses, où l'on ne voyait que pommes de terre cultivées en billons fort petits. Le pays devient très-nu : on ne trouve plus de pins.

Moscou peut être considéré comme un point de limite pour cette essence forestière; mais on voit encore, çà et là, quelques forêts de bouleaux, de chênes et de trembles dont les arbres sont fort médiocres, et qui disparaissent à peu près complètement, sitôt que l'on gagne les terres noires.

On ne voit pas de trace d'arbres fruitiers.

Quand on touche les terres noires, le pays est aussi monotone; mais tout est cultivé, sauf quelques broussailles qui seraient avantageusement défrichées, et qui ne se trouvent que très-accidentellement.

Le peu de longueur des pailles est toujours poussé à l'extrême, et cependant, en avoine, on doit pouvoir compter sur dix-huit ou vingt hectolitres à l'hectare.

Après Moscou, on commence à faucher les grains. Avec des étendues semblables, je ne sais pas comment on s'y prendrait pour moissonner à la faucille. Mais la récolte du seigle à la faux est pitoyable : on voit qu'on ne vise qu'au grain.

Les villages sont aussi misérables. Tous les animaux que je vois sur la route sont toujours par immenses troupeaux, et ils appartiennent tous aux paysans : veaux, vaches maigres, porcs demi-sauvages, moutons blancs et noirs à laine et à conformation grossière, tout pacage ensemble.

A Moscou, je n'ai rien trouvé, au point de vue agricole, qui méritât de l'être cité. Un dîner détestable coûte 6 fr., une chambre le même prix ; puis le service, les petits accessoires : c'est à n'y pas tenir ! Alors, tu comprendras qu'un agriculteur séjourne le moins possible dans des endroits pareils.

J'ai vu l'académie d'agriculture, si vantée par les Russes. C'est un monument magnifique, digne d'un grand empire : les livrées sont splendides.

Des appareils de physique les plus étranges sont disposés de façon à frapper les yeux des visiteurs ébahis ; on les a multipliés. J'ai vu des composts préparés avec des copeaux ; j'ignore dans quel but.

J'ai visité les étables. La bergerie était représentée par trois ou quatre brebis southdown et un bélier ou deux en assez triste état. En voyant les quatre taureaux de la vacherie, je me suis demandé quel but on se proposait.

Au champ d'étude, l'état où tout se trouvait était déplorable, et ce qui me paraissait en expérience était aussi pénible à voir. On eût fait sagement, en faisant mettre habit bas à la livrée tous les matins et en l'envoyant prendre de l'exercice.

J'ai vu un peu les cultures, et surtout l'organisation du travail pour rentrer les récoltes : cela m'a suffi. Comprenant que je n'avais rien à apprendre, et que je ne pouvais que critiquer, j'écrivis sur mon calepin :

« *Académie agricole de Pétrowski.* — Il n'est pas permis de dépenser aussi follement l'argent des autres.

« Et le résultat, où est-il? et qu'espère-t-on? »

Ce n'est pas un portrait flatté ; mais, malgré la brièveté de ma visite, je crains que ce ne soit l'exacte vérité. Quel but poursuit-on dans cette école?

Les nôtres ne sont pas des modèles ; mais, au moins, ce ne sont pas des non-sens criants. En Russie, on a peut-être une autre façon d'envisager l'agriculture qu'en France !

J'ai quitté Moscou avec peu de regrets. Je n'y ai rien appris. Le panorama de la ville seul est fort beau ; mais qu'est-ce que cela laisse à l'âme? Et puis le souvenir de la mort de tant de Français et d'un échec national, est-ce si gai?...

Je suis mal disposé ; je te quitte, mais non sans t'embrasser.

Ton ami,

L. F.

———

LETTRE XXVIII

A Mme LA COMTESSE DE L***.

L'hôtel de Toula. — Son Kremlin et la ville. — Les cabanes sans cheminées. Le quass.

Toula, août 1869.

CHÈRE MADAME ET EXCELLENTE AMIE,

Je suis descendu dans le premier hôtel de la ville et viens de me faire une petite place, afin de pouvoir poser mon papier sur la table autrement que sur un centimètre de poussière. J'ai arrêté ma chambre; je suis allé me promener, et j'espérais la trouver balayée et époussetée; mais ce n'est pas l'usage, paraît-il. En Russie, c'est général, on livre les chambres dans cet état.

Toula a aussi son Kremlin, grande enceinte entourée de murailles. Mais il y a moins de palais et d'églises que dans celui de Moscou. La plupart des anciennes villes russes en sont munies; le *Kreml* était la citadelle nationale.

Je parcourus les immenses rues de la ville, et je vis chaque marchand prenant le frais à sa porte, tandis qu'il y avait grande illumination devant la sainte image protectrice de sa boutique.

J'ai eu beaucoup de peine à me faire comprendre, voulant un cheval pour demain; c'est un père, qui est venu s'installer à l'hôtel pour y soigner son enfant malade, qui m'a aidé. Les distances sont si considérables, et la population si disséminée, que les médecins manquent; ou bien, si ces messieurs se dérangent, ils ne le font qu'à des conditions exhorbitantes. Il faut donc se rapprocher des grands centres et venir profiter de leurs lumières.

Je vous quitte pour essayer de me reposer, pas dans un lit, bien sûr! A demain.

Je veux vous tenir parole, chère Madame, et il ne m'en coûte guère.

Je suis dans une maison très-hospitalière, et fort à mon aise pour vous écrire. J'ai revu des cabanes russes aujourd'hui; ce sont, assurément, toujours des chaumières, mais j'en ai aperçu, cette fois, qui m'ont fait la plus grande peine à voir. Le croiriez-vous? j'en ai trouvé une qui n'avait pas d'autre issue que la porte pour laisser passer la fumée du foyer. Ainsi, la fumée sortait du four, remplissait la pièce et venait sortir par l'entrée. Un morceau de mauvaise tôle avait été placé dans le haut de la porte pour empêcher le feu de prendre. Penser que des gens, nos semblables, vivaient là! que ce n'était même pas une exception! En effet, le quart du village était logé dans des réduits pareils. Je vous assure que cela m'a fait grand'pitié! Quelles excellentes conditions pour fumer quantité de jambons! Ils n'y pensent même pas.

Il faut que ces Russes soient bien paresseux, bien apathiques; il n'y a point de pauvreté qui tienne; ne pourraient-ils faire une ouverture au toit de leur cabane, au-dessus du foyer? d'autant plus que les autres paysans ne se ruinent pas à monter leurs cheminées, les tuyaux qui dépassent étant formés de troncs d'arbres creusés. Et les incendies? On n'y pense pas! Dans la cabane où j'entrai d'abord, il y avait dans la cour, au coin du porche, une grande fille, couchée, comme un chien dans sa niche, sur un peu de paille; elle se leva à notre arrivée.

Sous ce même porche, se trouvait une boîte qui pendait à une perche à hauteur d'appui, et était entourée de mauvais morceaux de cotonnade; je regardai : c'était un enfant qui dormait; s'il s'était soulevé, qui est-ce qui l'aurait empêché de tomber? Je franchis l'entrée, et, sur un escabeau, je trouvai cinq personnes mangeant du pain noir et puisant toutes, avec des cuillers en bois, dans une jatte d'eau peu appétissante où nageaient d'autres petits morceaux de pain.

Les femmes étaient en longues chemises descendant presque aux talons, et les hommes en pantalons, bottes, chemises rouges, les cheveux ceints et la barbe blonde. Je regardai et ne vis, comme mobilier, que deux mauvais plats, des cruches de terre, une sorte de marmite, l'image de rigueur, deux escabeaux, et le banc autour de la cabane. Il n'y avait littéralement pas de quoi se retourner, car, le four déduit, il ne restait pas trois mètres sur quatre pour la famille ; c'est peu.

En hiver, afin de conserver la chaleur, mais sans doute aussi pour contribuer à la détérioration des bois, on établit un réchaud de fumier tout autour de l'habitation jusqu'à la hauteur de la fenêtre ; et j'ai vu beaucoup de maisons où, par la chaleur qu'il faisait, au mois d'août, on avait oublié de l'enlever !

Les murs des cabanes sont faits avec des moitiés de pins sciées en deux et jointées assez hermétiquement avec des étoupes. Le plafond est également en bois, ainsi que le plancher. Enfin, ces cabanes sont des boîtes où l'on étouffe. Il n'y a que deux fenêtres par habitation.

Les séparations des cours étaient en clayonnages d'osier ou de saule marsault, car les bois deviennent rares et chers. On m'a assuré que lorsqu'il faisait très-froid, on réunissait à la famille les volailles, les porcs, les chèvres et surtout les agneaux. Rien de tout cela ne m'étonne plus !

Les instruments agricoles étaient encore consolidés par des cordes, comme près de Twer ; tout est provisoire.

En rentrant, on me proposa de me rafraîchir avec du quass, boisson nationale, et j'acceptai ; ce n'est certes pas bon, mais l'eau étant détestable et les claires fontaines inconnues, il faut bien boire quelque chose. On a donc imaginé le quass.

Il y en a de bien des variétés et de qualités bien diverses; mais, à moins qu'il ne soit trop épais, il fait encore plaisir. Bien entendu que ce n'est pas par goût, mais par nécessité.

Si les Russes m'entendaient, que diraient-ils, moi qui leur ai affirmé que je trouvais cette boisson exquise, et eux qui ont pour l'art de la fabriquer des prétentions excessives? On en met même en bouteilles. Vous pourrez, chère Madame, juger, d'après la recette, de l'excellence de ce breuvage, ou du moins vous en faire l'idée.

Quand vous trouvez que votre quass est médiocre, on appelle son cuisinier, car il n'y a pas de cuisinière : « Cuisinier, faites-moi de bon quass. » Aussitôt, il appelle ses aides, celui qui plume la volaille, celui qui approvisionne d'eau et de bois, et leur dit : « On va faire du quass, mais du bon! Toi, va chercher de l'eau; toi, tu la feras bouillir, puis tiédir. Pour moi, je vais préparer les proportions. Il me faut, pour 24 litres d'eau, 3 kil. 500 de drèche pulvérisée, 10 litres de farine de seigle. Je prendrai votre eau tiède, j'arroserai ces substances, je battrai fortement jusqu'à ce que le tout fasse pâte; vous m'aiderez, car c'est fatigant; puis, la partageant dans trois ou quatre vases, je la mettrai au four à la même température que le pain. Ne l'oubliez pas; je vous en charge; ne la laissez pas brûler; elle y restera quatorze heures. Lorsque ce sera fait, je verserai cette sorte de bouillie dans un baril contenant 50 litres; j'ajouterai trois cuillerées de levain de bière (qui est imbuvable dans le pays), plus une demi-livre de farine de froment et de l'eau. Nous laisserons dans un endroit chaud vingt-quatre heures; après, nous filtrerons et aurons tout ce qu'on peut imaginer de supérieur pour délecter le palais. Ce sera légèrement acide, jaune pâle, peut-être avec goût de fumée, mais cela ne nuit pas; ce sera liquo- reux et très-épais. Le maître sera content; il boira quelque chose de substantiel! »

Voilà la recette exacte, mon excellente amie. Es- sayez-en, vous verrez, et acceptez en même temps l'hommage de mes sentiments les plus profondément respectueux.

L. F.

LETTRE XXIX

A MADAME X***.

M. et Mme de K***. — Ma réception. — Un intérieur de maison. — Les nobles qui ramassent des pommes. — Une cuisine et un chef russe.

Près de Toula, 18 août 1869.

CHÈRE MADAME,

Je suis dans l'enthousiasme des bonnes journées que je viens de passer. J'ai un pressentiment que je ne retrouverai point dans tout mon voyage de moments pareils. Comme vous partagez si bien tout ce qui m'advient de pénible ou d'heureux, je vais me hâter de vous dire tout ce qui m'est arrivé, tout ce que j'ai ressenti, tandis que j'ai encore la mémoire fraîche et que je suis rempli de gratitude.

J'arrivai, il y a quelques jours, devant une habitation. Mon charriot contrastait étrangement avec une sorte de belle victoria, attelée de trois chevaux qu'un cocher ne pouvait maintenir. Le propriétaire allait

partir. Je me présentai ; il me fit un accueil excellent.
Il me témoigne ses regrets de s'absenter quelques
heures, et m'engage, pendant ce temps, à visiter tout
ce que bon me semblerait. J'étais déjà fort aise :
j'avais ma pleine liberté ! Bientôt il revient, me prie
de le suivre pour me présenter à sa femme. J'étais
noir de poussière, mais de ce noir, à un degré qu'on
n'obtient qu'en Russie. Je me faisais pitié à moi-
même.

Mme de K..., étant un peu souffrante, ne devait pas
s'absenter.

Les formalités d'usage remplies, le mari nous
souhaite de bien nous entendre et nous quitte.

Mme de K... était jeune, jolie, spirituelle et parlant
admirablement le français. Nous mîmes bientôt toute
froideur de côté, et je commençai à raconter de mon
mieux tout ce que je supposais qui pouvait l'intéresser. Il faut toujours payer son écot en ce monde.

Bientôt on m'engagea à aller me reposer. Je n'en
fis rien, et j'employai le temps à me blanchir un
peu. On parut m'en savoir gré ; mais comment faire
autrement, en vérité ? Le dîner, tête-à-tête, se passa
fort bien ; la soirée, sur la petite terrasse, fut charmante, gaie comme je n'aurais osé l'espérer. Le
mari, vraiment, nous l'avions oublié ! quand tout à
coup il entra comme un trouble-fête, au moment où
nous riions aux éclats d'une folie dite par l'un ou par
l'autre. Mais il fut bientôt de la partie ; et, le soir,
il me remercia de tout son cœur d'avoir guéri sa

femme. A n'en pas douter, elle s'était amusée, et cela lui avait fait du bien.

Assurément, la sainte Vierge m'avait favorisé et avait voulu que, pour moi, sa fête ne fût pas inaperçue, car c'était le 15 août que ceci se passait.

Je ne sais pas si, pendant cette soirée, j'ai beaucoup profité au point de vue agricole, mais le temps a fui bien rapidement. Encore quelques soirées comme celle-là, et je trouverai la Russie un pays charmant!

L'heure de se retirer arrivée, je sortis avec M. de K...; mais presque aussitôt il me dit : « Je pensais vous donner l'appartement destiné aux étrangers, mais ma femme a donné l'ordre de vous préparer un lit dans le salon. Faites comme moi : soumettez-vous; elle a décidé qu'il n'y avait rien de trop bon pour vous. » Je dois avouer qu'en me parlant de sa soumission, il n'avait point l'air à plaindre du tout. Oh! les femmes, lorsqu'elles veulent avoir une attention! et comme elles devinent!... je ne sais ce que Mme de K... n'a pas inventé!

Pauvre petite femme! elle toussait quelquefois; c'est, assurément, le seul souvenir pénible que j'aie gardé de mon séjour chez elle.

On me mit donc des draps bien blancs, mais étroits, sur un excellent canapé, et je dormis fort bien. Le lendemain, debout de bonne heure, ma valise bouclée, il était difficile de voir que le salon avait servi de bonne chambre à coucher.

En un tour de main, le domestique eut roulé les

draps sur un morceau de bois, et les mit dans une armoire.

L'appartement de la maîtresse de maison faisait deuxième salon dans la journée. Il n'y avait point de trace de ce que nous appelons *lit,* mais il y avait deux banquettes étroites et bien rembourrées, entourant presque l'appartement. Je suppose que c'est sur elles que, le soir venu, on déroulait le linge remplaçant les draps.

La chambre était, du reste, décorée avec goût ; et ces banquettes sont la seule différence sensible que j'aie remarquée entre l'ameublement de la chambre et celui du salon.

M. et Mme de K... étaient deux jeunes mariés qui paraissaient s'aimer de tout leur cœur.

Il me faisait plaisir, et peut-être envie, cet excellent mari, assis tranquillement aux pieds de sa petite femme, causant et la regardant travailler. C'était bien naturel.

Leur maison de campagne était en bois et avec un seul rez-de-chaussée, comme presque partout ; ils en possédaient une beaucoup plus grande, mais ils préféraient celle-là.

Il y avait deux petits pavillons en saillie ; un formait antichambre. Leur yvan y couchait, et, comme un chien de garde, n'en bougeait jour et nuit ; dans l'autre, demeurait la femme de chambre.

Le corps de logis principal comprenait une vaste salle à manger, avec terrasse sur le jardin, cabinet

de travail, petit salon, chambre à coucher. Le tout
était arrangé comme une bonbonnière.. L'intérieur
était frais et coquettement disposé. Mais ils n'avaient
songé qu'à eux, les égoïstes ! Après tout, n'avaient-ils
pas mille fois raison ?

Autour de l'habitation, on avait là, comme partout,
fait très-peu pour l'agrément ; il y avait seulement de
magnifiques tilleuls à petites feuilles, dont l'écorce
est employée à faire des cordages, des sandales, des
sacs, etc., et un immense verger rempli de petits
pommiers rachitiques, mais d'un très-grand rapport,
paraît-il.

On attira mon attention sur les ramasseurs, composés d'hommes, femmes et enfants ; on m'assura que
c'était le seul travail qu'on pût obtenir de ces gens-là.
Je me récriai, et voici l'explication qu'on me donna.
Ces gens étaient d'anciens nobles formant une caste à
part ; ils avaient perdu leurs titres parce qu'ils avaient
cessé de servir leur pays pendant trois générations ;
et la misère étant venue, ils en étaient réduits à l'état
où je les voyais. Quoique n'étant pas serfs, mais bien
propriétaires, quelques-uns même, qui avaient deux
ou trois esclaves, avaient été encore rendus plus
pauvres par l'abolition du servage.

Ces gens se marient entre eux, conservent leur
dignité, et la font surtout consister à ne jamais travailler pour de l'argent. Ainsi, ils n'auraient fait aucun
des travaux de la récolte à l'entreprise ou à la journée ; mais quant à la cueillette des pommes, comme

ils sont gourmands, ils consentaient à la faire à la condition qu'on leur en abandonnât une portion. Où l'orgueil va-t-il se nicher? D'autres, plus riches, se moquent d'eux, qui, dans les mêmes conditions, en feraient sans doute autant.

Je vous fais grâce de tout ce que j'ai appris au point de vue agricole, ou vous me le demanderez d'une manière spéciale. J'ai admiré les huit beaux chevaux d'attelage de M. K..., surtout deux paires de fous les mieux dressés et les plus gracieux qu'on puisse imaginer. Enfin, mon souvenir est tel, que je me souhaite tout semblable à mon hôte, et rien de plus. Je me réduirais même : je supprimerais le cuisinier, un empoisonneur de premier ordre, qui, à mon départ, avait eu, paraît-il, une discussion avec une bouteille de snapp; assurément, il avait eu le dessous, comme on en eut la preuve par l'heure avancée à laquelle il servit le festin, et par les entr'actes démesurés qui suivirent.

Il offrit d'abord un potage aux gardons, du bœuf salé, une marinade à l'oseille, plat nouveau pour moi, un poulet brûlé, coupé en quatre, etc., etc.

J'ai vu sa physionomie; qu'en dirais-je? Elle ne m'a pas séduit; il avait voulu se couvrir de quelque chose qui avait été blanc, mais cela ne lui allait pas. Nous visitâmes son antre, isolé de la maison principale à cause du feu. Mme de K... me conduisait. C'était la première exploration qu'elle y faisait, et tout ce que je voyais lui paraissait presque aussi nouveau qu'à moi.

Les dames russes ne se mêlent pas de diriger la cuisine. Du reste, comment surveiller un chef? De là résultent les affreux gargotiers qui pataugent sans guide.

Une fois entré, je ne remarquai rien qu'un four où l'on faisait cuire tous les mets et, entre autres, du pain de seigle tous les jours. C'est le cuisinier qui en est chargé. J'ai aperçu quelques pots en terre, et pas une casserole, une chaudière que j'aurais certes utilisée pour une métairie en Dordogne, plus deux marmites; tout cela d'une propreté plus que douteuse. Il n'y avait ni armoire, ni buffet, par conséquent, rien dedans.

Enfin, il me fallut partir. Mais quel souvenir je conserve de M. et de Mme K...! quel accueil charmant et simple! A tous les deux, je souhaite une lune de miel prolongée. Pauvre petite femme! lorsque je voulus prendre congé d'elle et que je lui baisai respectueusement la main, comme elle me le rendit prestement et gentiment sur le front! Si c'est une coutume russe, elle est excellente. Comme je voyage, vous le savez, Madame, pour signaler les bonnes choses, je note celle-ci d'une façon spéciale, et, assurément, il ne dépendra pas de moi de la voir importer. Si je l'oublie, veuillez me le rappeler à mon retour en France, et si vous voulez m'en donner l'autorisation, je vous ferai la démonstration exacte de la façon dont les choses se sont passées. Je compte si peu sur votre curiosité, que je n'espère guère; et je pense qu'il me faudra, Madame, me contenter de vous assurer des sentiments de la plus respectueuse affection de votre très-obéissant serviteur.

L. DE FONTENAY.

LETTRE XXX

A M. PÉPION.

La flore des terres noires. — Les vaches du pays. — La sacca en travail. —
Un vrai propriétaire et ses lamentations. — Les paysans et la rossade. —
Organisation de la propriété et sa culture.

Le 18 août 1870.

Mon cher Pépion,

J'ai voyagé tout le jour au travers des terres noires, dans mon charriot, enveloppé d'un nuage de poussière comme je n'en ai jamais vu. Je crois que les roues de ces véhicules ont une spécialité pour la soulever.

J'ai herborisé à plusieurs reprises; et sur les bords du chemin, dans cette fameuse terre noire, j'ai trouvé l'euphorbe, le liseron ou volubilis des champs, beaucoup de renouée, l'atriplex, une sorte de menthe, la ravenelle, la camomille, beaucoup de mille-feuilles, des bluets, de la flécle, des pieds-d'alouette, de la persicaire, du chiendent, du trèfle hybride et le grand trèfle commun sauvage.

Je m'arrêtai pour voir un troupeau : il y avait vaches, porcs et moutons, le tout réuni, suivant l'habitude ; ils pacageaient sur des éteules de seigle. On ne voyait guère que de la prèle, et à mon grand étonnement, les vaches la mangeaient fort bien.

Ces vaches étaient assez bonnes, elles étaient de tout pelage, et on eût pu les vendre sur les marchés d'Angers et du Mans sans attirer l'attention ; elles ont seulement la tête plus décharnée et l'encolure plus fine que nos races françaises.

A quelque distance, dans un champ, j'aperçus un groupe informe ; je criai : « Stoï ! » Mon char s'arrêta, et j'allai voir. Je distinguai alors quatre chevaux, deux hommes, quatre machines inouïes et deux poulains. Je reconnus deux des machines pour des sacca déjà décrites. Un cheval traînait librement cette sorte de patte de homard, qui retournait une largeur de 37 centimètres sur 7 ou 8 de profondeur. La terre n'était pas plus consistante que du sable ; elle était retournée et divisée par les pointes ferrées. Le travail n'était pas mauvais.

J'essayai moi-même l'intrument, mais il faut une grande habitude, et je ne fis qu'un travail médiocre. Il faut toujours soutenir légèrement ; le cheval marchait très-vite, et l'ouvrier labourait par jour 55 ares.

Un avantage de la palette mobile, faisant versoir et s'appliquant sur une des dents de la sacca, c'est que la changeant à volonté, elle remplace l'effet de la charrue de Brabant, c'est-à-dire qu'on verse toujours la terre du même côté.

Derrière l'homme dirigeant la sacca, marchait un cheval dont il tenait le licol, et qui traînait une petite herse en bois. C'était la herse la plus énergique, c'est-à-dire celle où les dents en bois dur étaient maintenues entre trois gaulettes, par un nœud également en bois.

Par le fait, cette herse ayant plus d'un mètre de large, passait au moins deux fois sur chaque raie de labour. Un poulain suivait, par amour de l'art, sans doute ; et quand ce premier convoi était passé, l'autre venait immédiatement.

Avant de se servir des herses, on est obligé de les mettre dans l'eau, pour serrer les nœuds et les rendre moins cassants.

Dans ces sables, sur un labour frais qu'on étendrait avec le pied, elles étaient suffisantes. On semait du seigle plus épais qu'en France ; mais il se trouvait bien enterré par cette double façon, à la sacca et à la herse. Un roulage, je crois, en conservant la fraîcheur, eût fait le plus grand bien.

Il est à regretter que la charrue ne soit pas usitée, surtout les trisocs ; mais il ne faut pas s'illusionner : la révolution dans les cultures ne serait pas si complète, car la sacca donne presque assez de labour. Des pelversages seuls pourraient être d'un avantage sensible. Ce qu'il y a de surprenant, c'est de voir ces plaines immenses légèrement ondulées, mais d'une façon monotone, cultivées à perte de vue, sans qu'on voie trace d'habitation. Ce résultat est dû assurément à la facilité de culture et à l'étendue qu'on peut exploiter avec un seul cheval. Puis, comme il ne pousse pas de bois naturellement, que le maigre gazon est facile à détruire, que sur ses débris on obtient plusieurs récoltes abondantes, on a tout cultivé, et, une fois le travail fait, il faut si peu de peine pour ensemencer, et on a tant de chevaux, qu'on a continué.

Ce qui contribue à rendre le pays si monotone, ce sont les productions qui ne sont nullement variées. Ainsi, si vous passez devant la sole de seigle d'une commune, vous en verrez de tous côtés, à perte de vue. Chacun est forcé de semer la même chose que son voisin; on suit la même règle pour la jachère et les graines de printemps.

C'est ce qui me désespérait lorsque je m'arrêtais dans un village ou une ville. Si je voulais sortir pour juger de l'agriculture, je tombais d'abord sur un grand espace vague, puis sur une seule culture, dont, malgré tout mon zèle, je ne pouvais voir le bout. Aussi, après avoir cherché en vain trace de clôture, d'assainissement, d'un travail d'amélioration indiquant que l'intelligence ou le capital avait passé par là, je revenais tristement, sans avoir rien observé que l'immensité, toujours l'immensité !...

J'arrivai chez un propriétaire cité comme administrant fort bien, mais ayant encore les idées arriérées et regrettant l'ancien régime. Il faisait valoir lui-même, comme presque tous les propriétaires russes. Cependant, il n'avait pas de chevaux, tous ses labours étant faits à prix fixe par les paysans voisins ; mais il se plaignait des difficultés qu'il éprouvait: Elles n'étaient pas moins grandes au moment de l'enlèvement des récoltes, et je le trouvai dans un grand embarras.

Comme nous nous promenions dans son jardin que les grandes herbes avaient envahi, je lui demandai s'il était partisan de l'affranchissement ; quels en avaient été les effets, et quelle sorte de gens étaient les paysans.

« Les paysans russes, Monsieur, ce sont des brutes ! On ne peut rien en faire sans la *rossade*. Ah ! l'empereur nous a perdus en leur donnant la liberté ! Que voulez-vous que je devienne ? Nous sommes ruinés, Monsieur ! Voyez mon jardin : je ne puis avoir personne pour le nettoyer ! Autrefois, Monsieur, c'était propre, et cela ne me coûtait rien, parce qu'ils craignaient la rossade ; mais maintenant, ils ne craignent plus rien. Ils sont insolents, Monsieur ! ils ne veulent rien faire ; ils se grisent, et voilà ! Tant qu'ils ont du pain, ils ne veulent pas bouger et restent couchés sur leur four. Si on les demande, ils disent qu'ils sont fatigués. Ils se grisent, Monsieur, c'est affreux ! Ils sont comme des bêtes immondes ! »

Le pauvre homme ! on voyait que cela partait de source, et que l'indignation l'étouffait. Vraiment, voilà un propriétaire qui se plaint nettement ! Mon hôte me dit ensuite que, ne pouvant plus y tenir, il allait essayer de donner toutes ses terres à moitié; que le seul moyen pratique pour trouver du monde et achever de rentrer sa récolte était de donner une grisade générale; que le lendemain il allait essayer de ce procédé.

Aux grisades, les paysans viennent en foule; on leur donne du snapp (eau-de-vie de grain) et des concombres salés. Ils boivent et mangent. Souvent, le premier jour, ils ne sont pas assez gris; ils s'en vont et ne promettent rien. Ils reviennent une deuxième fois, et si le snapp ne manque pas, presque toujours ils concluent. Mais si vous en refusez, vous perdez toute votre première dépense.

Lorsqu'ils ont promis de venir, ou s'ils passent un marché, on peut y compter. Du reste, l'ancien ou le chef des paysans est là, et le ferait exécuter. Il a encore le droit de faire donner la rossade (vingt coups de verges); il n'y manque pas. Tous les dimanches, entre trois et quatre heures, on pouvait voir ce spectacle.

Justement, l'ancien arrivait pour parler à M. K...; juge et propriétaire paraissaient fort bien s'entendre. On m'expliqua que lorsqu'on devait administrer la rossade, le patient était prévenu d'être exact au rendez-vous; là, on lui simplifiait son costume, on le faisait mettre à genoux, demander grâce et pardon, ce qu'il est d'usage de refuser; alors on le frappe, aussi fort que possible, avec des verges de bouleau sec. Il y a un bois dur de la steppe dont il est défendu de se servir.

Si le patient crie, tant mieux! La plupart du temps, l'opération terminée, il se relève en riant, se secoue, remercie (c'est de règle), puis va prendre du snapp pour se réconforter.

En me donnant ces détails, l'eau paraissait en venir à la bouche de ce bon propriétaire, si désolé d'être privé de ses anciennes prérogatives, puisque sans elles, assure-t-il, on ne peut rien! Puis il ajouta :

« Si vous voulez rester jusqu'à demain, vous ver-rez certainement la grisade et la rossade. » Malheu-reusement, mon temps était compté; je dus remer-cier.

J'aurais été bien aise de voir un peu la grisade, mais de ne pas y prendre part, car je suis persuadé qu'on ne sert aux amateurs que des substances de se-cond choix.

Cependant, M. K..., comme toutes les personnes que j'ai pu questionner, s'accorde à dire que pendant la moisson et les semailles, les paysans travaillent énormément. Mais, en automne, ils se grisent de la façon la plus complète. En hiver, ils se chauffent sur leur four, et ne sont guère traitables qu'en avril; alors, comme la cigale, il faut aller à l'emprunt.

La culture, chez M. K..., était bien simple : 1º sei-gle; 2º avoine et blé noir; 3º jachère. Sa terre était très-bonne; il avait quantité de meules de grain près de chez lui, sans compter d'immenses étendues de ré-coltes qu'il ne pouvait arriver à faire rentrer.

Pour ces trois années de culture, il ne donnait que trois labours à la sacca, qu'il payait 1 rouble 50, soit 6 fr. par 1 hect. 09, et 1 rouble le deuxième labour (4 fr.).

Il n'avait pour animaux qu'un troupeau de vaches, qui vivait à la vaine pâture, et qu'on renfermait le soir dans des cours attenantes à de grands hangars fermés de deux côtés et ouverts à tout venant.

Malgré la sécheresse, la place n'était pas abordable : on enfonçait, il fallait voir ! Pas le moindre atome de litière ! et cependant, la paille ne manquait pas. Mais la manipulation du fumier paraît être aux Russes ce qu'il y a de plus onéreux.

Sachant que M. K... voulait donner ses terres à moitié, je lui demandai quelles conditions il imposerait pour la paille. Il me répondit : « Aucune. »

Les paysans emportent leur part et la brûlent pour se chauffer, au moins pour les deux tiers.

Il nourrissait comme il suit les domestiques qu'il employait :

Le matin : pommes de terre et sel;

Midi : soupe aux choux aigres et gruau;

Souper : même ordinaire qu'à midi.

On ne met de viande dans la soupe qu'une ou deux fois par semaine; cependant, elle ne coûte que 7 kopeks, soit moins de 28 centimes la livre. Mais aussi, quelle viande !

On emploie encore de la graisse de porc, qui vaut

60 centimes la livre; une livre suffit pour dix personnes.

Je pense qu'on doit aussi donner un repas de pain et de sel, car c'est l'usage d'en étendre sur le pain, dont on n'a pas ôté le son, pain si noir, si mal cuit, que les chiens de France le refuseraient! On le mange ainsi, sans autre accompagnement.

Cette nourriture s'estime, par an, de 36 à 40 roubles, soit de 144 à 160 fr., et le prix en argent à payer à un domestique est de 200 fr.

Le seigle vaut 9 fr. l'hectolitre, et on en récolte de 16 à 20 hectolitres.

L'avoine vaut 6 fr. l'hectolitre, et son produit est de 30 à 36 hectolitres.

Le blé noir vaut 12 à 14 fr. l'hectolitre, et on en récolte de 8 à 10 hectolitres.

Le tout, par dessiatine ou 1 hect. 09.

On compte 32 fr. de frais pour ensemencer et récolter 1 hect. 09 de seigle; le prix de la semence est en plus. L'expédition d'un hectolitre de grain à Pétersbourg coûte 4 fr.; M. K... paie les hommes 2 fr. 40, et les femmes 1 fr. 20. C'est le chemin de fer qui occasionne ce prix élevé, car l'administration paie un homme 3 fr. 60, et une femme 1 fr. 80.

Ce propriétaire assure que ses terres ne lui rapportent net que 28 à 32 fr. pour 1 hect. 09.

Mais il me paraît impossible qu'il obtienne si peu. Voici, d'après moi et les chiffres qu'il a fournis, les comptes pour trois ans :

Frais de récolte, labours, semaille d'avoine et de seigle.   64 fr.

Il y a, de plus, le battage et le prix du grain semé :

Avoine semence.................................   18 fr.

Seigle (98 kil.) de 12 fr. à.......................   15

Battage.......................................   25

      Total des frais pour deux ans.............   122 fr.

1re *année*. Produit en seigle, 16 hect. à 9 fr..   144 fr.

2e   —   —   en avoine, 30 hect. à 6 fr..   180

      Total de la recette.............   324 fr.

      Total de la dépense............   122

          Reste.........   202 fr.

En divisant par 3, on a un produit net de 67 fr. par 1 hect. 09, ce qui est très-beau, quand on pense que ces terres ne s'achètent pas plus de 50 à 80 roubles, soit 200 à 260 fr.

À bientôt la suite. Crois, mon cher ami, à ma sincère affection.

            L. DE F.

LETTRE XXXI

A M. PÉPION.

Du rendement moyen d'une propriété par hectare — Du mode d'exploitation et du peu d'embarras qu'il nécessite. — Motifs qui arrêtent la culture intensive. — Le cheptel d'une ferme de 250 hectares. — Son alimentation. — Détails de culture.

Environs de Toula, 20 août 1869.

MON CHER PÉPION,

Je vais, cette fois, te narrer tout ce que j'ai remarqué dans une belle propriété. L'étendue cultivée est de 250 dessiatines de 1 h. 09, plus 20 dessiatines de médiocres prairies, tellement éloignées que je n'ai pu aller les voir.

Tableau de rendements et du prix des grains.

ANNÉES	CULTURES.	DESSIA-TINES.	PRIX de l'hectolitre.	NOMBRE d'hectolitres par dessiatine.	PRODUIT TOTAL en argent.
1862	Seigle............	72	6 fr. 80	15,80	7,724 fr.
	Avoine	70	3 20	24	5,376
	Blé noir.........	13	10 »	6	780
					13,880 fr.
1863	Seigle............	66	7 fr. 10	12,50·	5,857 fr.
	Avoine...........	63	2 40	30	4,488
	Blé noir...... ..	6	6 »	2	72
					10,417 fr.
1864	Seigle............	50	4 fr. 60	20	4,600 fr.
	Avoine...........	57	3 »	9	1,560
	Blé noir.........	8	5 20	16,50	686
	Pommes de terre.	6	1 20	85,50	624
					7,470 fr.
1865	Seigle	56	6 fr. 40	18,50	6,656 fr.
	Avoine...........	62	4 50	19	5,274
	Blé noir.........	11	6 80	18	1,360
	Pommes de terre.	4,50	1 20	75	403
					13,693 fr.
1866	Seigle	71	7 fr. 60	11,20	6,080 fr.
	Avoine...........	55	3 60	18	3,564
					9,644 fr.
1867	Seigle	70	11 fr. »	10	3,400 fr.
	Avoine...........	66	5 »	11	3,620
	Blé noir	10,50	7 »	14	980
					8,000 fr.
1868	Seigle	65	10 fr. »	19,20	12,480 fr.
	Avoine...........	52	6 »	18,25	5,700
	Blé noir.........	10	9 »	7,60	684
	Pommes de terre.	6	1 20	70	804
					19,668 fr.

Ce sont là des produits bruts. La dessiatine vaut
1 hect. 09, et le tchelwert 2 hect. 09. Pour simplifier
mon travail, j'ai négligé quelques fractions ; mais
ayant eu soin de compenser, tu peux regarder les
chiffres comme très-exacts.

On peut marchander le labour, le fauchage, le battage du grain et la mise en grenier pour 6 roubles,
24 fr. par dessiatine.

On sème : 2 hect. 25 de seigle ; 4 hect. 50 d'avoine.

Soit donc à retrancher du produit de la première
année 1862 :

Façon culturale.......................	3,420 fr.
Semences : seigle, 161 hect. à 6 fr. 80....	1,094
— avoine..................	1,008
— blé noir..................	260
Total des dépenses........	5,782 fr.

Recettes..............	13,880 fr.
Dépenses	5,782
Reste net........	8,098 fr.

Divisant ce total par 250 hectares, il reste net par
hectare 32 fr. 20.

Soit par hectare 32 fr. 20.

En continuant le calcul, on trouve :

1863. Produit net à l'hectare	22 fr. 75
1864. — —	13	»
1865. — —	33	80

1866. Produit net à l'hectare	....	19	»
1867. — —	....	5	90
1868. — —	....	54	50

Soit, pour une moyenne de sept ans, 25 fr. 88 à l'hectare.

Ces terres coûtent d'achat de 200 à 350 francs. Le produit est environ de 10 0/0. Les impôts et frais divers, fort peu considérables, doivent être couverts par les produits des bestiaux, qui ne paraissent pas dans ce compte et vivent sur la jachère.

J'ai supposé que tous les travaux étaient exécutés à prix fait; mais M. de K... les fait tous exécuter à l'aide de la corvée. Il a abandonné aux paysans, suivant l'ordre du gouvernement, une part de la propriété, 3 hectares environ par âme, mais pour cela on lui est redevable de quarante journées d'homme et d'un cheval si on l'exige, et de trente journées de femme dont on peut exiger les 3/5 en été, et les 2/5 en hiver.

Si l'assemblée des paysans décide qu'il y a lieu de payer en argent, alors le propriétaire reçoit 9 roubles, soit 36 fr. Il est inouï que partout les paysans n'aient pas profité de leur droit, car leur journée ne leur ressort pas à plus de 60 centimes, quand dans le pays on paie 1 fr. 60 à 2 fr.

Grâce à ce système, M. K... qui a deux fermes distantes de quatre kilomètres, a fort peu de peine. Il donne l'ordre de labourer quand il le juge convenable;

12.

on ensemence, on récolte pour lui, sans qu'il ait rien
à payer. Le battage des grains est fait à l'aide d'une
informe et grossière machine, égrenant environ
40 hectolitres par jour, et tout le service en est fait
par des femmes, même l'engrenage.

M. de K... entretenait dix chevaux, spécialement
pour ses battages et pour conduire ses grains à la
ville.

Rien n'est donc plus simple que la culture dans ce
pays, et comme le fumier est accessoire, tandis qu'un
seigneur a des journées de redevances, ou qu'il trouve
à faire exécuter ses travaux à des prix aussi modiques
sur des terres relativement très-bonnes, rien ne peut
l'empêcher d'augmenter les ensemencements. C'est à
cela que l'on doit de voir toutes ces immenses plaines
cultivées sans interruption.

On laisse tous les grains dehors; les meules sont
longues et carrées, et assez bien faites. Il est curieux
de voir les petits charriots, attelés d'un cheval, arrivant à la file, chargés de cinquante-deux très-petites
gerbes, et retournant au trot.

M. de K... n'a donc, comme la presque totalité des
propriétaires russes, aucun matériel agricole. Chaque
paysan amène ce qu'il lui faut pour travailler.

On ne retire du sol que ce qu'il veut bien donner.
Ici, cependant, on rendait un peu du fumier recueilli
forcément. On tenait la main à ce que la patte de homard passât à temps pour préparer la terre; aussi,
appelait-on cela un établissement hors ligne. Mais il

faut rendre cette justice au propriétaire, qu'il ne s'en glorifiait pas.

Ainsi, point de prairies artificielles, pas de labours profonds, pas de semailles soignées, rien enfin ! C'est simple; mais, pour être juste, c'est peut-être ce qu'il y a de mieux à faire.

En effet, au prix où est la viande, l'engraissement des animaux ne serait pas payé. La laine ne peut compenser les frais de l'élevage des moutons. Si on emploie des engrais artificiels pour augmenter les récoltes, en trouvera-t-on d'assez bon marché, et les frais de transport n'en rendraient-ils pas l'usage impossible ? Quel engrais appliquer, quand l'hectolitre d'avoine vaut 3 fr., et que le transport à Pétersbourg coûte 4 fr.? Pourquoi, alors, faire de haute agriculture, se lancer dans des frais qui ne seront jamais remboursés ?

S'en abstenir n'est qu'une preuve de bon sens. Essaiera-t-on l'emploi d'excellents instruments? Les frais actuels sont impossibles à diminuer, et les augmentations de produit ne couvriraient pas les dépenses.

La seule spéculation que se permettait M. de K... consistait dans la culture des pommiers.

En voyant 7 à 8 hectares de verger, contenant des arbres rachitiques et tous petits, je ne pus m'empêcher de sourire; mais je fus obligé de cesser quand le propriétaire m'assura qu'ils lui rapportaient de 6 à 8,000 fr., et qu'il vendait ses récoltes à l'avance, pour trois ans.

Si j'étais dans le pays, à coup sûr j'en planterais d'autres. Mais c'est une opération délicate : un tiers des sujets avait gelé l'année précédente. C'étaient les premiers arbres fruitiers que je voyais depuis la Prusse.

A la ferme principale se trouvaient des vaches laitières ; on en tirait un très-maigre parti. Je n'ai jamais vu de veaux si misérablement tenus !

La succursale de la ferme entretenait des moutons russes blancs et noirs, quelques génisses et taureaux de un à deux ans, fort maigres.

Tout cela passait la nuit sous des hangars pouvant se fermer complètement l'hiver et entourant des cours où les animaux se tenaient à leur volonté. Les toitures étaient toujours pitoyables, et les cours avec peu ou point de litière, bien qu'il y en ait d'énormes quantités de perdues. Jamais je n'ai vu faire les paillers avec si peu de soin, de sorte que la paille donnée aux bestiaux l'hiver est le plus souvent avariée.

Les balles de seigle, orge et avoine, sont conservées ; c'est la seule chose que j'aie vu ramasser soigneusement. Les cultivateurs les humectent ; ils y ajoutent un peu de farine et les bêtes les mangent avidement.

Les pommes de terre étaient destinées à une féculerie du voisinage, et ne servaient nullement pour les vaches.

Le cheptel se composait de soixante-dix bêtes à cornes, cent cinquante moutons et dix chevaux.

La vacherie donnait environ 400 livres de beurre,

et le produit du reste du troupeau, vente de veaux, génisses, etc., était évalué à 400 fr. Les moutons rapportaient 240 fr.

Le produit moyen par tête bovine était de 11 fr. 40. Le fumier de ces animaux ne pouvait engraisser que 20 hectares de terre.

On n'élève que le tiers des veaux ; le reste est vendu au boucher.

Les génisses ne vêlent pas avant trois ans. Je ne sais comment on s'y prend, car il y a des taureaux de deux ans dans le troupeau.

Les vaches ressemblent à celles des pays maigres, entre le Mans et La Flèche ; il n'y a pas la moindre homogénéité, et on laisse tout aller à la grâce de Dieu, sans soins ni projet arrêté.

Je n'ai pas remarqué une bonne vache laitière ; mais, avec une nourriture pareille, n'ayant que les mauvaises herbes qu'elles peuvent attraper dans les chaumes de seigle, la meilleure vache tarirait.

Le beurre de Russie est très-médiocre : il est blanc et a souvent mauvais goût ; roulé en petits pains semblables à une boule de savon noir, moins la nuance exacte, il est peu appétissant, car il est trop visiblement manipulé.

Les moutons, à partir d'octobre, reçoivent de la paille. Sitôt l'agnelage, qui a lieu en décembre, on donne de l'avoine non battue et des balles de seigle.

De mars jusqu'au mois de mai, on consacre de 32 à 40 kilos de foin par brebis. En hiver, une vache reçoit : farine d'avoine, 750 grammes; 50 grammes de sel; 2 kil. 500 de foin; 2 kil. 500 de paille d'avoine, et de la paille de seigle à discrétion.

Je ne sais si tout cela est aussi mathématiquement exact qu'on me l'a dit. Les Russes sont si apathiques, que j'ai peine à croire qu'il y ait chez eux rien de régulier.

L'assolement invariable était : 1° seigle semé en août; 2° avoine ensemencée du 15 mai au 2 juin et récoltée en août; blé noir paraissant beaucoup moins vigoureux qu'en France, et, par exception, quelques pommes de terre; 3° jachère; mais on ne la commence qu'en juin, pour laisser du parcours aux troupeaux.

C'est sur elle qu'on applique le peu de fumier disponible, soit au premier ou au deuxième labour, en l'étendant fort mal. On est si peu organisé pour les charrois un peu considérables, que rien n'est plus cher que le transport de ce fumier. Pour le porter de un à deux kilomètres, on ne paie pas moins de 60 fr. par hectare. Les distances sont tellement grandes, les chemins si mauvais par les temps mouillés, et le tirage qu'on demande aux chevaux si insignifiant, que ce prix de transport n'a rien qui m'étonne. Aussi, trouve-t-on beaucoup plus simple de se contenter de la vaine pâture pour les bestiaux, et de prendre au sol ce qu'il veut bien donner naturellement depuis un temps immémorial, sans que la fertilité paraisse diminuer sensiblement.

Dans cette rotation de trois ans, on ne donne, le

plus souvent, que trois labours et deux hersages ;
savoir : un labour en juin pour la jachère, et un
deuxième en août par lequel on enterre le seigle. Au
mois de mai qui suit la récolte du seigle, on jette de
l'avoine sur le chaume, et on enterre à la sacca ;
on herse quelquefois, et voilà toute la besogne faite
pour trois ans ! Ce n'est pas compliqué, et c'est général. Il faut avouer que la moyenne des récoltes des
paysans n'atteint pas celles de M. de K... que j'ai
citées.

Ses terres étaient très-bonnes et un peu plus soignées. J'ai vu des récoltes de seigle, sur des étendues
immenses, qui devaient être pitoyables comme rendement. Mais Dieu rétribue encore bien les Russes pour
la fatigue qu'ils se donnent.

Les animaux doivent avoir de la peine à trouver à vivre
du mois de juin au 1er août, car tout est ensemencé
ou en jachère. Je sais que la végétation est si rapide,
que dans les jachères ils doivent toujours trouver
quelques plantes adventices.

La croissance se fait bien rapidement, puisqu'on
m'assure que de l'avoine peut être semée jusqu'au
2 juin, et que tout est mûr le 20 août. Deux mois et
demi, c'est inouï ! Je n'avais point d'idée d'une rapidité de végétation semblable.

Je me rappelle avoir visité, dans une autre ferme,
un champ de seigle enfoui au semoir trois jours
avant. Le matin, c'est à peine si le grain perçait, et
le soir il sortait de terre de plus d'un centimètre.

On ne se doute pas, dans cette contrée, de ce que peut être l'engraissement des animaux; du reste, il n'y a pas un seul bœuf dans tout le nord de la Russie, et quant aux mauvais taureaux de deux ans qu'on livre au boucher, pour les engraisser, on leur fait manger du foin et quatre hectolitres d'avoine, puis on les vend.

Pour les porcs, c'est encore moins compliqué. Aussi, le lard n'est pas connu, et ce que l'on sert comme jambon n'est pas mangeable.

A bientôt, mon cher ami; crois à ma sincère affection.

L. DE F.

LETTRE XXXII

A M. PÉPION.

Encore le produit d'un hectare. — Les jours fériés. — Le charriot des paysans.
— Prix divers. — Budget d'une famille. — Encore une cabane. — Manière
de connaître la moyenne de la récolte.

Le 20 août 1869.

MON CHER PÉPION,

Je te continue les renseignements pris dans la
ferme de M. de K...

Voici comment il me compte le produit et les dépenses d'un hectare pour trois ans.

En achetant un corps de ferme, on paie l'hectare
de 200 à 360 fr.

Labours pour seigle et avoine, récolte, etc.	48 fr.	»
Fumier, charroi......................	60	»
Impôt, trois ans	3	60
Semences	40	»
Total...............	151 fr.	60

13·

Récolte : seigle, 20 hect. à 8 fr..... 160 fr.
—   avoine, 25 hect. à 5 fr.... 125

Produit............. 285 fr.
Dépense 151

Reste......... 134 fr.

Il vient environ 44 fr. par hectare et par an, ce qui est encore fort beau.

Après m'avoir donné sa moyenne, je ne sais pourquoi M. de K. m'a cité un tel compte, qui ne doit pas être loin de la vérité dans la plupart des cas.

M. de K... m'assure, ce que d'autres personnes avaient fait avant lui, qu'une des calamités qui pèsent sur l'agriculture russe, c'est l'abus des fêtes. En voici le tableau :

En avril.............. 11 jours.
En mai............... 4
En juin 4
En juillet............ 2
En août............. 6
En septembre......... 6
En octobre 3

36 jours.

En y ajoutant les dimanches, on a un total de 66 jours à retrancher des sept mois de travail. On ne peut se faire une idée du préjudice que causent surtout les fêtes de Pâques. Elles tombent en avril et durent onze jours de suite, au moment des semailles, dont l'époque est si restreinte. Les paysans tiennent essentiellement à observer toutes ces fêtes.

On veut absolument me faire admirer les charriots des paysans et leur utilité. Ils se composent de quatre roues basses et mal arrondies ; elles sont faites d'un seul morceau, avec des brins de chêne pliés. L'acquisition des différentes pièces qui le composent se fait dans les foires ; un charriot complet ne se trouve pas.

Les quatre roues sans fer valent.....	20 fr.
La caisse	12
Le fer...........................	40
Les accessoires	16
Total.............	88 fr.

Les moyeux saillissent d'au moins 50 centimètres ; le tirage se faisant de très-bas, il y a une très-grande perte de force. Les essieux sont presque toujours en bois, et nécessitent un graissage continuel au goudron. Le pot et le petit balai pour le mettre sont des auxiliaires indispensables en voyage.

On m'a raconté que dans le midi de la Russie, on était moins soigneux : tous les chars doivent crier. D'après un dicton populaire, les voleurs seuls graissent leurs roues pour les empêcher de crier.

Le charriot se compose de ces quatre roues grossières, d'une sellette sous laquelle se trouve l'essieu, d'une barre qui relie le train de derrière à la sellette de devant, et dans laquelle passe la cheville ouvrière, et c'est tout.

Entre la roue et l'essieu, se trouvent des morceaux de bois en bouleau replié, qui servent de brancards, et durent, depuis le premier coup de collier, jusqu'à trois mois. Entreprendre un voyage avec un appareil semblable est inquiétant. La caisse, qu'on superpose, a la forme d'une demi-barrique coupée longitudinalement, et, le plus souvent, le fond en est garni avec de l'écorce de tilleul pour remplacer les planches.

Les Russes sont dans l'admiration des services que leur rend ce petit appareil. Il est demi-cylindrique, et sert d'abord à mener les gens couchés sur le foin ou sur la paille, le tout sans danger quand ils ont bu, et qu'ils reviennent de la fête ou du marché.

Il sert à mener le foin et les gerbes; cinquante-deux petites gerbes font un chargement. Si on conduit le grain à la ville, le fond est tapissé d'une toile grossière, qui est remplie et maintenue croisée par-dessus à l'aide de chevilles en bois.

Je suppose qu'il sera arrivé à plus d'un charretier de semer son chargement la nuit, car les Russes voyagent également la nuit et le jour, et la moindre atteinte à la toile peut amener ce résultat. En outre, quel embarras pour charger et décharger!

Lorsqu'on veut fumer 1 hect. 09, il faut faire quatre cents voyages pour l'engraisser convenablement. Je n'ai pu vérifier le fait, mais c'est le chiffre qu'on m'a donné. Il ne faut pas s'étonner si le transport du fumier est une chose si chère.

Ce à quoi le charriot se prête le mieux, c'est à conduire de longues pièces de bois. On désunit alors les deux trains de la voiture; les pièces servent de trait d'union, et les arbres se transportent ainsi très-bien. Il y a loin de là au tombereau perfectionné écossais, auquel tant d'améliorations successives ont été faites !

Voici des prix divers que j'ai recueillis :

Un bœuf de dix-huit mois à deux ans, 48 à 60 fr. — Un veau de six semaines, 8 à 12 fr. — Une peau de veau, 4 fr. — Une peau de vache et bœuf, 16 à 32 fr. — La viande, première qualité, à Toula, 36 centimes la livre. — Un cheval de travail, 60 à 120 fr. — Un poulain de trois à six mois, 60 cent. à 2 fr. — Un poulain d'un an, 12 à 24 fr. — Un cheval et sa charrette, 160 à 200 fr. — Le froment de printemps, l'hectolitre, 12 à 16 fr. — L'impôt, par dessiatine, tout compris, 48 à 64 cent. — Une journée de paysan travaillant à la corvée, 60 cent. — Un domestique nourri, 200 fr. — Une servante, 100 fr. — La nourriture, 120 fr. — Le labour, la récolte et le battage de 1 hect. 09, 24 fr. — On paie, pour le transport de 52 gerbes à deux kilomètres, 60 cent. — Une journée d'homme et cheval, 3 fr. — Pour transport de grains à vingt kilomètres, par 100 kilog., 58 cent. — Pour transport de grains à trente kilomètres, par 100 kilog., 1 fr.

On sème, en froment de printemps, à l'hectare, 2 hectolitres; en seigle, 2 hectolitres 25; en avoine, 4 hectolitres 50; en blé noir, 2 hectolitres; en pommes de terre, 12 à 16 hectolitres.

Les prairies donnent (mais je n'y crois pas) 5,880 kilogrammes à l'hectare.

Le froment de printemps produit de 8 à 18 hectolitres à l'hectare.

En fauchant des sarrazins, qui étaient maigres, on prend une largeur d'andain que j'ai trouvée de 1^m 70, 2^m 35, 2^m 50. Le travail était assez bon, malgré cette largeur extraordinaire.

Un homme laboure à la sacca 55 ares par jour; au deuxième labour, 75 ares.

On paie le premier labour 6 fr., le deuxième 4 fr.

Le battage de 52 gerbes au fléau coûte 60 centimes; pour l'avoine, 40 centimes.

A la machine, en fournissant les chevaux, 12 centimes.

La nourriture des domestiques consiste :

Une ou deux fois par semaine, du mouton ou de la vache salée. Tous les jours du gruau, des concombres et un peu de beurre. En hiver, des choux aigres, de l'oignon et le pain de seigle à discrétion. Le froment de printemps commence à être cultivé, mais ce n'est que pour les besoins de la maison.

Budget d'une famille composée de deux vieillards, deux fils, deux femmes, six enfants, douze au total :

1o Farine de seigle, 2,880 kil........	120 fr.
2o Avoine aux chevaux.............	120
3o Foin......................	120
4o Paille....................	120
A reporter........	480 fr.

	Report.........	480 fr.
5°	Bois.....................	40
6°	Impôts...................	48
7°	A l'ancien................	24
8°	Conscription.............	16
9°	Assemblée territoriale..........	12
10°	Assurance.................	8
11°	Berger communal.............	8
12°	Au prêtre.................	8
13°	Redevance pour terrain........	104
14°	Vêtements, entretien...........	240
15°	Gruau....................	72
16°	Goudron pour charrette.........	8
17°	Maréchal.................	8
18°	Entretien d'équipage...........	40
19°	Réparation à la maison..........	40
	Total...........	1,156 fr.

Récolte sur 9 hectares 81 ares :

Paille........................	54 fr.
Seigle, 30 hectol.................	272
Avoine, 60 hectol.................	180
Foin et lin.....................	100
Travail des fils..................	280
— des femmes...............	80
Charrois en hiver.................	80
Bénéfices sur location de terre.......	160
Total...............	1,206 fr.

Une personne que je crois sérieuse m'a dicté ces chiffres; cependant, quelques-uns peuvent donner lieu à contestation.

Je visitai encore une cabane de paysan.

L'appartement n'avait toujours que 3 mètres sur 4, plus le four qui occupait 1^m 65 sur 1^m 70. Les fenêtres avaient 40 centimètres sur 50. La hauteur du plafond, formé de planches, était de 2^m 20; et dans une partie de l'appartement, je remarquai une disposition que je trouvai ensuite partout. A 45 centimètres du véritable plafond, il y en avait un deuxième formant comme emplacement de tiroir, s'étendant sur la moitié de l'appartement. C'est là où les membres de la famille, qui ne trouvent pas de place sur le four, se glissent pêle-mêle. On assure qu'il n'en résulte pas d'inconvénients au point de vue moral.

C'est bien utiliser l'espace.

Il y avait encore autour de cette cabane un réchaud de fumier.

Je remarquai le grenier communal, où chaque paysan est forcé de verser, après la récolte, un hectolitre de seigle et deux d'avoine par âme. Si le grain n'est pas jugé nécessaire dans le courant de l'année, quand arrive la récolte, on le rend au propriétaire, moyennant une même quantité de grain nouveau. Les Russes sont si peu prévoyants, que cette mesure est des plus sages; elle rend de grands services au printemps. C'est le moment où il est avantageux de traiter avec les paysans.

On fait souvent, à cette époque, les prix pour la récolte, et l'on paie d'avance. Les conditions sont trictement exécutées.

Deux femmes ratellent et lient une dessiatine de grain par jour; elles portent les liens pendus à leur dos. Ce travail me paraît exagéré.

Tout le grain est mis en diziaux, en forme de croix; le grain traîne à terre et peut être avarié.

Un bon système, lorsqu'on élève les meules de grain, consiste à faire jeter à part une gerbe de toutes les voitures, chargées régulièrement de cinquante-deux. On obtient ainsi le compte des gerbes, et, en les battant, on a une moyenne exacte de la récolte.

Comme je te l'ai dit, les femmes sont chargées du battage à la machine; celles que je vois sont gaies, actives; et pourtant, le travail est pénible, car la machine lance le grain en l'air, comme si elle battait à contre-sens, et la poussière est insupportable.

Elles ont des robes en cotonnade, de couleurs variées et encore assez fraîches; leurs pieds et leurs jambes sont nus; elles portent un mouchoir rouge lié derrière la tête, et, comme ornements, des colliers en verroteries formés de grosses perles en verre, à grains rouges, verts, blancs et bleus. Ces jeunes filles ont en outre un sarreau blanc avec bordures rouges découpées, s'attachant au-dessous des seins.

Crois, je te prie, aux sentiments affectueux de ton ami.

L. DE F.

13.

LETTRE XXXIII

A M. PÉPION.

Les juges de paix et un jugement en Russie.

20 août 1869.

Mon cher Pépion,

Je viens d'assister à une séance de justice de paix. Enfin, je crois avoir découvert une institution répondant bien mieux aux besoins actuels, et une organisation supérieure à ce que nous possédons en France.

A mon point de vue, un homme revêtu des fonctions de juge de paix doit être aussi parfait et donner autant de garanties de confiance que la nature humaine peut le permettre. Il doit être intègre, ferme, avoir l'esprit juste et jouir de la confiance générale.

Il a, en effet, à concilier, dans les affaires litigieuses et importantes, où l'on est de bonne foi, et où, des deux côtés, les parties désirent voir la difficulté simplement tranchée. Il a besoin d'une grande intégrité et d'une grande indépendance pour être au-dessus de toute influence. Enfin, il lui faut une fermeté sévère pour tancer les gens et punir les fautes qui, forcément, demandent son intervention.

En sommes-nous là en France? Que nous en sommes loin!

Qu'est-ce qu'un juge de paix pour nous? Ce n'est qu'un officier ministériel, quand il devrait jouir de la plus complète indépendance, et ne devrait pas avoir le moindre rapport avec l'administration.

Comment les nomme-t-on? Je veux bien croire que l'administration y met tous ses soins; mais, la plupart du temps, on nommera des étrangers au pays, qui n'en connaissent point les usages, qui ne sont connus et appréciés de personne. On nommera un juge de paix à l'instigation de telle ou telle influence; on donnera cette fonction en dédommagement de malheurs personnels. Enfin, cela se donnera souvent comme l'on donne un bureau de tabac, c'est-à-dire comme une récompense, une indemnité ou un secours; mais on ne s'occupe point assez si celui qu'on nomme a le bon sens nécessaire, s'il réunit toutes les conditions énumérées plus haut. Il faut, avant tout, qu'il soit dans le sens du gouvernement, comme si les opinions avaient quelque chose à voir dans cette affaire. C'est ainsi que les administrés sont forcément sacrifiés à l'administrateur, qui relève déjà d'une influence quelconque. Une fois dans cette voie, il n'y a plus de limite, et j'ai connu un mauvais juge qu'on laissait dans sa position parce qu'il avait trois filles.

J'apprécie les âmes charitables, mais je trouve que c'est aller trop loin que de faire la charité aux dépens des affaires d'autrui.

Je ne m'étendrai pas davantage ; mais il y a de grandes misères auxquelles souvent on pourrait remédier, si on prenait les dispositions nécessaires. Cependant, un bon juge de paix est de première utilité partout, surtout dans les campagnes.

Chacun assure que la vie y devient intolérable à tout propriétaire qui veut y cultiver. Il y a beaucoup de vrai ; le manque de parole est passé en habitude. Les difficultés avec la main-d'œuvre sont sans nombre et sans cesse renouvelées. Vous engagez un domestique ; vous donnez un travail à l'entreprise, et, pour le moindre motif, votre domestique rompt son engagement ; on laisse votre besogne inachevée ; enfin, on vous aura nui d'une façon plus ou moins grave. Dans ces cas-là, ce n'est pas de la conciliation qu'il faut ; c'est une juste sévérité, qui remédie à l'abus et serve d'exemple au public.

Il ne faut pas oublier que ce sont ces coups d'épingle qui rendent la vie insupportable.

La tâche, comme on le voit, est grande, belle et de première utilité. Si on veut qu'un homme seul y suffise dignement, il faut, au moins, mettre tout le soin possible dans le choix qu'on en fera. Un juge de paix doit, avant tout, jouir de la confiance générale et doit être l'élu de tout le monde.

Les Russes, après le décret qui rendit les serfs à la liberté, traversèrent une période d'anarchie, si je peux m'exprimer ainsi. On avait brisé, détruit ce qui existait, et certes, ce n'était pas à regretter. Mais aucun projet pour remplacer n'était prêt ; on resta donc quelque temps sans qu'il y eût rien d'organisé. Alors, certains hommes instruits et consciencieux, qui avaient étudié l'Europe, émirent leurs idées et comparèrent. L'empereur eut le mérite d'apprécier, de sanctionner; il en est sorti une institution qui donne satisfaction à toute la Russie, et ce peuple a ainsi profité de l'expérience des autres. On décréta que ceux qui devaient être jugés et accordés devaient avoir, au moins, le droit de choisir leur conciliateur. Il fut donc décidé que chaque corps, savoir : la noblesse, les paysans et les marchands, éliraient des représentants formant une assemblée ; que cette assemblée choisirait un juge de paix pour trois ans, mais que ce juge devrait posséder une certaine quantité de terre dans le pays, et avoir fait telles études et présenter telles garanties.

Il faut rendre cette justice à la Russie, et c'est peut-être ce qui l'a sauvée, c'est que les gens les plus honorables, les plus capables, ceux dont la position était la plus élevée, se sont immédiatement dévoués et se sont proposés aux électeurs, qui n'ont eu qu'à choisir.

Ainsi, qu'on remarque bien la filière par laquelle passe l'électeur. Chaque homme vote pour envoyer à l'assemblée cantonale ceux de ses pareils qu'il juge les plus propres à le représenter. Il le fait avec connaissance de cause, car il sait quel est celui de ses voisins auquel il confierait sa bourse et le soin de la défendre.

Cette première assemblée d'élite choisit alors dans son sein, ou même en dehors, le juge de paix : c'est presque sous sa responsabilité. De plus, il faut que l'élu remplisse telles et telles conditions ; enfin, s'il mécontente le pays, au bout de trois ans la voix des électeurs en fait justice. Si, malgré cela, il y a encore des misères, ce qui est possible, le gouvernement a la conscience d'avoir pris toutes les précautions. On ne peut donc plus s'en prendre qu'à l'imperfection humaine.

En France, c'est toute autre chose : un juge de paix veut-il être indépendant, on le brise. Dans cette fonction, le préfet installe un fonctionnaire venu de loin, qu'on ne connaît nullement, et qui, dans la mesure des droits qu'on lui laisse, condamnera, tranchera sans contrôle.

Tu vois que j'en avais gros sur le cœur à te dire ; c'est que, comme tu n'en doutes pas, j'aime mon pays, et lorsque je découvre des abus criants, dont je connais toute la portée, je dis franchement ma pensée, pour y remédier dans la mesure de mes forces.

Mon exorde achevé, voici ce que j'ai vu. La séance eut lieu sur le perron de M. de K... Il se passa au cou une chaîne d'or magnifique, dont les anneaux avaient forme de coquilles et soutenaient une superbe médaille°du même métal. Il se leva, ouvrit la fenêtre de son cabinet, et la séance fut ainsi ouverte.

Le juge se rassit alors, et tous les plaideurs restèrent debout sur le perron, en demi-cercle, la tête découverte.

Les parties étaient accompagnées de l'ancien de leur village, en robe longue et noire, casquette de même couleur, plate et en drap. Ils portaient une médaille d'argent pendant sur la poitrine comme une médaille de religieuse.

Chaque plaideur avait des cheveux longs et blonds tombants, taillés en enfants d'Édouard, de plus une grande barbe et sa pelisse. Les uns avaient des bottes énormes, d'autres des sandales de tilleul et les jambes entourées de linge.

On montra d'abord un plan au juge ; on discuta, mais on ne prononça pas un mot plus haut que l'autre. Que dit-on ? Pour cela, tu es trop curieux : vas-y voir. Tout ce que je puis t'assurer, c'est que ces huit ou dix personnes réunies ont été si calmes, et ont si peu mérité l'amende à laquelle ils sont condamnés quand ils élèvent la voix, que je n'ai pu deviner quelles étaient les parties adverses.

Au bout d'un quart-d'heure, le gagnant ou le perdant, je ne sais lequel, fit le tour de l'assemblée et donna une poignée de main à tout le monde, le juge excepté. Quelques-uns hésitèrent fortement avant de répondre à cette avance ; enfin, ils touchèrent la main; et tout fut terminé.

Une femme vint ensuite ; elle se prosterna d'abord, frappa la terre de son front; le juge ne put l'en empêcher. Cette formalité remplie, elle fit sa plainte, puis nous fermâmes la fenêtre. Je puis bien en parler, puisque j'étais dans le cabinet. Je trouve cette invention de fenêtre excellente. Quand le juge en a assez entendu, il la ferme, et la séance se trouve levée aussitôt.

Réfléchis à tout cela ; fais-en ton profit, et à mon retour en France, aide-moi à faire valoir les motifs qui demandent une organisation nouvelle dans le service de la justice de paix.

Je veux les juges élus par tous, et mieux par une élection à deux degrés ; c'est la seule rationnelle.

Qu'ils soient responsables de leurs actes et rééligibles tous les trois ans.

Qu'ils soient complètement indépendants, aient une rémunération large et suffisante, et ne doivent leur position qu'à leurs électeurs. Qu'une certaine instruction, une certaine fortune territoriale soit exigible pour pour être élu. En Russie, il faut être propriétaire de 200 hectares ; en France, on pourrait diviser par dix. Ou enfin, ceci est à examiner. Fais-le en m'attendant, et crois à l'affection inaltérable de ton ami.

L. DE F.

LETTRE XXXIV

A M. DE SAINTE-MARIE.

Situation des serfs en Russie avant l'émancipation.

Août 1869.

Monsieur le Directeur,

L'empereur Alexandre a frappé un grand coup en abolissant le servage en Russie. Il est vrai qu'une partie des nobles même avait compris que la situation n'était plus tolérable; que, malgré la grande quantité d'intérêts froissés, la liberté devait être proclamée.

A très-peu d'exceptions près, les propriétaires que j'ai consultés — et je me suis presque toujours adressé à l'élite de la société — affirmaient qu'ils étaient enchantés de cette détermination, quant au fond; mais ils prétendaient qu'on eût pu la rendre moins onéreuse.

Voici quelle était la situation avant l'émancipation, du moins telle que je l'ai comprise :

Les nobles seuls avaient le droit de posséder des serfs et une terre. Si une famille restait trois générations sans servir le pays, elle était rayée des registres de noblesse.

Quand un officier atteignait le grade de colonel, on l'anoblissait.

Dans la carrière administrative, on pouvait également recevoir une pareille récompense.

Tous les villages, tous les habitants des campagnes relevaient donc ou de la gestion des biens immenses de la couronne, ou d'un propriétaire noble, puisqu'eux seuls avaient le droit de posséder.

A quel temps remonte cette organisation ? On n'est pas d'accord là-dessus ; on prétend que dans le principe, il n'y avait qu'une classe d'*évorovïé* ou de serviteurs qui portaient le nom de serfs. Ils descendaient des anciens prisonniers de guerre.

Les paysans étaient libres ; mais comme ils ne tenaient nullement au pays qui les avait vus naître, et qu'ils avaient conservé des habitudes trop nomades, n'aimant que l'imprévu et l'incertain, des provinces se trouvèrent dépeuplées, et les villes furent bientôt encombrées

Pour y remédier, le tzar Bori Godounoff, le 1er novembre 1601, rendit un décret par lequel le droit de changer de résidence fut interdit, et les paysans furent ainsi attachés à la propriété sur laquelle ils se trouvaient à ce moment. La liberté ne leur était pas retirée, si on peut s'exprimer ainsi ; mais peu à peu, les seigneurs les considérèrent comme leur propriété absolue. Loin de les employer exclusivement à la culture des terres, ils les utilisèrent à des industries, sans compter la quantité qu'ils s'en réservaient pour leur service personnel. A l'un, ils disaient : Tu seras bottier ; à un autre, cocher ; à celui-ci, cuisinier, et ainsi du reste. Le propriétaire envoyait apprendre le métier désigné dans une ville, puis, l'apprentissage terminé, il rappelait son ouvrier, qu'il occupait alors chez lui sans rétribution.

La police ne donnait pas une autorisation d'absence de plus d'un an. Nul ne pouvait donc se soustraire à l'autorité du maître.

A tous ceux que le seigneur ne pouvait occuper pour son service sans les payer, et à la charge seule de les nourrir, il donnait en terrain l'équivalent de leur entretien ; mais il retenait une partie de leur temps et de celui de leurs animaux, pour cultiver sa propriété.

Habituellement, le temps réservé par le maître était fixé à trois jours par semaine ; mais certains propriétaires demandaient beaucoup plus.

Le maître était tout-puissant ; il avait droit de faire frapper du knout ou des verges, jusqu'à ce que la victime restât sans connaissance. Si un propriétaire avait à se plaindre d'un serf, il pouvait demander qu'il fût envoyé en Sibérie ; et, sans autre forme, il était expédié.

Pour la conscription, le gouvernement indiquait le nombre de soldats à fournir. Le seigneur désignait ceux qui devaient partir.

La. plupart des nobles n'habitaient pas leurs terres; beaucoup même ne les avaient jamais vues. Dans ce cas, au lieu de les faire cultiver pour leur compte et de demander des journées, ils mettaient tous leurs paysans à l'*obrock*, c'est-à-dire qu'ils laissaient à leurs serfs la jouissance de la terre, ou la liberté d'entreprendre un commerce, de quitter la propriété, etc., à la condition que le village paierait telle somme dont tous étaient solidaires.

Ce système était surtout en usage dans le nord de de la Russie, où la terre est plus pauvre et où les habitants cultivent fort peu. C'est dans cette région que les propriétaires ont le plus perdu à l'émanci- pation, parce qu'ils prélevaient tant par âme, sans s'occuper de la propriété. C'était presque une rente par tête.

La position du paysan russe était donc celle-ci : il ne pouvait s'absenter sans l'autorisation du maître, sous aucun prétexte ; il n'avait aucun moyen de se racheter malgré lui. On a vu des seigneurs refuser le droit de rachat à quelques-uns de leurs serfs deve- nus de riches négociants, et profiter de leur position pour les pressurer, en les menaçant de les faire rentrer dans la cabane abandonnée.

Les propriétaires des contrées plus méridionales ont moins souffert : ils avaient affaire à une popula-

on plus agricole, qui avait basé ses moyens d'exis-
ence sur les produits du sol.

Ainsi, les paysans russes étaient à l'*obrock*, ou bien
ls devaient fournir toutes les journées requises.
Quelle perte de temps dans les propriétés très-com-
munes de 12,000 à 15,000 hectares, lorsqu'il fallait
rriver au lieu désigné! Heureusement que les Russes
ne craignent pas les campements en plein air.

Le serf ne pouvait rien posséder, et quoiqu'on ne
ie changeât pas souvent de cabane; il devait sentir
l'instabilité de sa position en y joignant son insouciance, le peu d'idée de confortable, le climat qui
l'engourdit pendant un hiver de huit mois ; on comprend
qu'il s'en soit tenu au strict nécessaire. Du reste, il était
bien livré à ses propres forces, car où prendre des modèles d'amélioration et de perfectionnement ? Le plus
souvent, dans ces pays perdus, campé pour ainsi dire
au milieu du désert, qui avait-il pour le guider ? Un
intendant fort avide et grossier. Lors même que le
propriétaire y habitait, il était encore aussi rare qu'il
s'occupât de ses affaires et de ses serfs. Je crois
cependant qu'il se trouvait quelquefois des âmes
charitables et de bonne volonté ; mais quelle énergie,
quel ensemble de qualités eût-il fallu pour arriver à
un résultat sensible !

Du reste, puisque les Russes se trouvent bien
comme ils sont, pourquoi s'apitoyer sur leur sort ?
On est surtout à plaindre par comparaison, et quand
on entrevoit beaucoup mieux. Mais je ne crois pas

que les Russes aient une grande idée de la perfection
et désirent autre chose que de dormir chaudement
sur leur four et de boire du snapp. Tout le reste leur
est égal; ils le prouvent et n'ont pas l'idée du mieux!

Les maîtres ne poussaient leurs paysans à aucune
amélioration agricole; ils n'en éprouvaient pas le besoin : ils avaient une main-d'œuvre gratuite au-delà du
nécessaire. Pourquoi auraient-ils perfectionné? Pour
gagner du temps : ils n'y voyaient nul avantage.

Du reste, la situation du serf était terrible! Il devait se dire : « Si j'améliore quelque chose, si je me
donne beaucoup de peine, on peut m'en priver. »
Ce n'était guère tolérable; et comme le maître ne se
souciait pas de faire beaucoup de dépense, les villages restaient avec l'apparence misérable qu'ils ont
encore.

Les seigneurs avaient groupé leurs paysans par
villages autour de leur propre habitation. Mais s'ils
avaient l'avantage et la gloire d'être de petits souverains, ils en avaient aussi les charges. Ainsi, toute
discussion leur était soumise, à eux ou à leurs délé-
gués; quand il arrivait un accident, une perte de
bestiaux ou un incendie, ils devaient secourir les
malheureux. Quand venait le printemps, et lorsque
les paysans manquaient de pain, ils étaient tenus de
les nourrir, de les aider. Les serfs venaient les trouver et
leur disaient : « Pascha! mon père, j'ai besoin de cela
pour vivre. » Et il fallait fournir; c'était obligatoire.
Que de misères, cependant, ne devaient pas exister! Ce

levait être pitoyable, surtout dans les propriétés abandonnées aux intendants. Comme compensation, Il y avait de nombreuses exceptions formées par les familles de seigneurs comprenant leur tâche, et voulant la remplir. Elle était lourde pour ceux-là. Ce sont eux qui ont vu le plus favorablement l'émancipation. Mais, en revanche, ce sont leurs paysans qui, se trouvant heureux, ne demandaient aucun changement, et même, en beaucoup d'endroits, ont maudit ouvertement la liberté qu'on leur imposait; le seigneur russe n'était pas féroce comme on peut se le figurer, et usait rarement de ses droits dans toute leur rigueur.

« Qu'allons-nous devenir? s'écriaient les paysans. A qui nous adresserons-nous quand nous serons dans la misère, puisque nous n'avons plus de père? » Ils considéraient que leur maître leur devait tout. On m'a cité des villages où, au moment de l'émancipation, quand les seigneurs les ont réunis pour leur annoncer la liberté, dont ils ne comprenaient pas la portée, ils se sont mis à genoux, en masse, en suppliant leur seigneur de les regarder toujours comme ses serviteurs dévoués.

Telle était donc, en résumé, la situation des serfs en Russie; ils dépendaient complètement de leurs maîtres; cependant, ceux-ci, depuis quelques années, ne pouvaient séparer les familles et les vendre à d'autres propriétaires. Les maîtres étaient tenus de les soutenir, de les assister, et on a des exemples de

nobles envoyés par l'empereur Nicolas en Sibérie,
pour avoir abusé de leurs droits vis-à-vis de leurs
serfs. Mais avec une autorité si complète et tant de
perversité dans l'espèce humaine, que de misères
cachées ! que de turpitudes n'en résultait-il pas !
L'empereur de Russie le comprit, et, ne considérant
que la justice, il a illustré son règne par une grande
action, foulant aux pieds et méprisant les conséquences qui pouvaient lui rendre fatale cette glorieuse
résolution.

Veuillez agréer, Monsieur le directeur, etc.

L. DE F.

LETTRE XXXV

A M. DE SAINTE-MARIE.

L'émancipation et ses conditions.

Août 1869.

MONSIEUR LE DIRECTEUR,

Lorsque l'émancipation fut proclamée, elle jeta un grand trouble dans les esprits. Presque personne ne comprit la nouvelle loi. Aucune organisation n'avait été préparée. La plus grande confusion régna. La proclamation de la liberté ne fut guère simultanée. On m'a cité des villages, se touchant presque, où il y eut des différences de seize jours dans la promulgation de la loi. Les paysans couraient de tous côtés pour avoir des renseignements, et quoiqu'on ne pût généralement les satisfaire, ils ne commirent presque aucun désordre, et pensèrent que ce qu'ils avaient de mieux à faire était de dormir, de boire et d'être insolents.

14

La loi disait que les propriétaires avaient perdu tous droits sur leurs serfs, et qu'ils étaient tenus de leur céder de 3 à 6 hectares par individu mâle existant au moment du décret;

Que chaque paysan gardait sa cabane, et qu'on lui attribuerait son lot de terre parmi celle qu'il cultivait. Il devait rester dans la situation où il se trouvait; s'il avait plus que le maximum de terrain fixé pour la, province, il devait rendre l'excédant; s'il avait moins que le minimum, on complétait.

Le décret disait en outre que le propriétaire ne pouvait refuser de mettre aussitôt le village ou le paysan en jouissance définitive de sa terre, moyennant l'indemnité, fixée à 150 roubles par âme.

Si le propriétaire, au contraire, l'exigeait, le gouvernement remboursait à la place des paysans; mais alors il ne payait que 120 roubles; encore, comme c'était en bons en papier, on ne touchait que 85 p. 0/0.

Lorsque le paysan ne voulait ou ne pouvait pas se racheter, il payait une rente de 6 p. 0/0, soit environ 9 roubles ou 36 fr.

Si le gouvernement, forcé par le propriétaire, avait remboursé en son nom, il profitait de la réduction, et ne payait plus que 28 fr. environ.

Les communes qui le préféraient restaient encore à la corvée et payaient par âme, pour leur rente, quarante journées d'homme et de cheval, et trente de femme.

Je ne puis dire en quelle proportion en sont les

choses en Russie maintenant ; je sais que beaucoup de paysans sont encore restés à la corvée ; mais cela tend à diminuer.

C'est dans le gouvernement d'Arkhangel que l'on a donné la plus grande étendue de terrain ; on a accordé par âme près de 8 hectares, soit une valeur de 75 fr. par hectare environ.

Dans le gouvernement de Nowgorod, la part a été de 6 hectares.

Dans celui de Toula, où la terre est beaucoup plus riche, on a fixé 3 hect. 30, et le minimum 1 hect. 09.

Le propriétaire avait droit de ne donner que le quart du maximum ; mais alors il ne lui revenait aucune indemnité. Enfin, les choses ont été calculées de telle manière, qu'au bout de quarante-neuf ans après le décret, les paysans seront délivrés de toutes charges, excepté ceux qui restent volontairement à la corvée, et dont la rente ne s'amortit point.

Ainsi, chaque paysan russe, grâce à la libéralité de l'empereur, mais un peu en puisant dans la bourse de la noblesse (et c'était lui faire payer d'un seul coup un lourd impôt), s'est réveillé un matin citoyen libre et, pour la plupart, propriétaire de 6 hectares. Un père qui avait cinq garçons se trouvait à la tête de 30 hectares, avec une rente à servir seulement de 216 fr., amortissement compris, ou avec le droit de se racheter pour 900 roubles ou 3,600 fr.

La position faite aux paysans paraît superbe, et ils

l'ont senti. Avec des conditions pareilles, ils n'ont, pour ainsi dire, que faire du propriétaire; leurs terres doivent leur suffire pour vivre et les entretenir. Si l'on joint à cela leur goût d'inertie, leur peu d'exigences des choses de la vie, on trouve très-naturel qu'ils restent chez eux, et qu'après cette mesure, les bras mercenaires manquant, il y ait eu un grand tiraillement en Russie, et que les propriétaires aient été fort gênés.

Dans le midi, où la terre est encore meilleur marché, on en a donné une plus grande étendue; les paysans ont amplement de quoi se suffire; aussi, les terres des propriétaires doivent souvent rester incultes.

Il me semble que si l'on avait seulement accordé la liberté, plus un bail assez long, laissant chaque paysan, avec une rente modérée, en possession de ce qu'il cultivait, on serait arrivé à de meilleurs résultats. Les propriétaires auraient été moins à la merci de leurs anciens serfs, et les dispositions de ceux-ci à la paresse moins favorisées, car ils eussent été obligés de louer des terres pour vivre. Peu à peu, ainsi, on eût atteint le but qu'on se proposait.

Mais il y avait un grand écueil qui eût pu amener un bouleversement dans l'empire : le serf, attaché à la terre, comprenait qu'on ne pouvait l'en séparer, et qu'elle lui appartenait aussi bien qu'au seigneur; que, dès lors, on n'avait pas droit de l'expulser. On a reculé devant cette considération, et on n'a pas

voulu se jeter sur les bras une telle masse de prolétaires. Les propriétaires, comme nous les compre-
nons, ont dû être sacrifiés. Puis, comment priver le
gouvernement de l'impôt payé par les paysans? Une
foule de questions complexes se présentaient.

Si les choses étaient restées telles qu'on peut les
comprendre de prime abord, la situation des paysans,
théoriquement parlant, était admirable. Mais comment assurer l'assiette de l'impôt et empêcher le dé-
peuplement des campagnes? Pour y remédier, on décréta que les propriétaires n'avaient plus la moindre
autorité sur leurs serfs, mais que ceux-ci restaient
agglomérés par commune, et responsables les uns
des autres; en un mot, que le gouvernement d'un
seul était remplacé par celui de tous; que la liberté,
dans ce cas encore, n'était qu'une chimère. Ainsi,
les trois hectares de terre ne furent pas donnés à
chaque particulier, mais bien à la commune. Comment faire la division, chacun voulant avoir sa part
le plus près de lui possible, et dans les meilleures
terres?

Jusqu'ici, les difficultés présentées par tout ceci
ont été telles, qu'on y a renoncé, et qu'on ne m'a pas
cité de commune ayant fait ce partage.

Il faudra cependant y arriver, et ce ne sera qu'à
partir de ce moment, lorsque chaque paysan sera
véritable propriétaire, et pourra vendre et s'en aller,
que le fait de l'émancipation sera accompli.

Je ne vois pas, jusqu'ici, une grande amélioration

14.

au régime précédent. Le propriétaire ne peut plus
faire fouetter, il est vrai ; mais l'ancien du village
peut encore faire donner vingt coups de verge. Le
propriétaire ne peut plus exiger qu'on ne quitte pas
sa propriété ; mais la commune est là qui répond so-
lidairement des rentes à payer et des impôts, et qui
interdit tout départ de la commune, si ce n'est sous
bonne caution et si le paiement de la rente n'est bien
assuré. Les paysans qui ont de l'argent auraient bien
droit d'acheter ; mais le partage individuel n'étant
pas fait, il faudrait abandonner leur cabane ; ils ne
peuvent rien acheter autour. Il arrive quelquefois que
les paysans ne veulent pas de leur terre ; c'est surtout dans le nord que ce cas se présente ; alors, on
ne peut les y forcer, et, par ce fait, ils deviennent
libres d'aller où ils veulent, s'ils trouvent quelqu'un
de la commune acceptant la part d'impôt qui leur est
afférente.

Nos communistes devraient aller voir là pratiquer
leur système, et juger de son excellence. On a partagé les terres, mais on en a la jouissance seulement.
On ne peut ni vendre ni acheter. Sans cela, il y a bien
longtemps que la valeur de quelques cabanes aurait
été convertie en snapp, et que les parts ne seraient
pas égales.

Comme personne ne tient à travailler pour les autres, et que les terres sont souvent diversement remaniées, il en résulte que le démon de la propriété,
qui pousse à l'amélioration de chaque chose, n'a rien

à y voir, et que tout reste dans ce déplorable état. Améliorer ! pour qui et pourquoi ? Il faut joindre à ces motifs huit mois d'engourdissement ! Dès lors, rien ne peut étonner.

Veuillez agréer, je vous prie, Monsieur.....

LETTRE XXXVI

A M. DE SAINTE-MARIE.

Effets de l'émancipation.

Août 1869.

MONSIEUR LE DIRECTEUR,

Les effets produits par l'émancipation ont, tout d'abord, été déplorables. Les propriétaires, du nord de la Russie surtout, ont accusé une réduction d'au moins moitié dans leurs revenus. Puis les paysans, ayant mal compris la loi, ont cru qu'ils étaient libres de tout se permettre. Beaucoup de terres restèrent incultes. La crise tend à s'atténuer; les paysans ont recommencé à travailler, et beaucoup louent des terres pour un ou deux ans, et même acceptent de les cultiver à moitié.

La main-d'œuvre a considérablement augmenté, et dans les steppes, près du Volga, on a payé la récolte d'un hectare de blé 55 fr., il y a deux ans, quand,

[habituellement, cela valait 16 à 18 fr. Il est vrai que
[le fait est exceptionnel, mais il n'en est pas moins
[inouï. On commence à se plaindre fortement des do-
[mestiques; on n'en trouve plus, dit-on, et une fois
[cette génération passée, on en sera fort inquiet. Ils
[sont aussi exigeants qu'en France, pour le moins.
[J'ai assisté à une scène de ménage où la maîtresse
[de maison priait son mari d'en finir avec le cuisinier,
qui, depuis quarante-huit heures, refusait de préparer à manger pour sa femme de chambre. Le mari
répondit qu'il n'y avait pas grand mal, puisque c'était
en carême. L'artiste eût, à mon sens, mérité quelques coups de verges; et pourtant, dans cette maison,
pas plus qu'ailleurs, on ne se plaignait de l'affranchissement. Les récriminations amères font exception.
On compred que le temps est passé où, en Europe
du moins, quelque avantage qu'on pût en retirer des
deux côtés, l'homme ne peut plus être, sous un prétexte quelconque, la propriété de l'homme, sans
appel.

C'est déjà bien assez que dans cette même Europe,
et dans certaines conditions, même relativement élevées, règne l'esclavage le plus complet. En effet, on
n'a pas le moindre droit de critique ni d'observation;
il faut se soumettre, sous peine de perdre sa position;
et la nécessité impérieuse, qui est là derrière nous,
nous rend, quand même, esclaves.

La plupart des propriétaires sont enchantés d'être
débarrassés de leurs serfs, même au prix onéreux où

on l'a fait, car ils étaient presque de petits rois ! et il
paraît que cette position du petit au grand n'est plus
enviée. Il fallait administrer, organiser, civiliser (dans
ce dernier cas, les roitelets en question en ont pris et
en ont laissé). Il fallait enseigner les métiers, les arts;
comme c'était un peu neuf pour ceux chargés de
l'enseignement, on n'était pas arrivé à l'idéal, tant
s'en faut; or, tous ces embarras réunis rendaient le
métier de roi peu agréable. Joignez à cela les dissen-
sions intestines, les organisations des ménages, les
soins des pauvres, des malades, des enfants, et une
foule de petites misères, et l'on arrive à un total de
détails fort ennuyeux, empoisonnant la vie des bons
administrateurs qui ont pris leur tâche au sérieux. Je
comprends les regrets des paysans perdant ces bons
maîtres; mais eux, quel allégement n'ont-ils pas ressenti d'être déchargés d'un fardeau aussi lourd !

Les propriétaires véritables, ceux qui aiment sincèrement la campagne, ont été trop durement frappés par cette mesure arbitraire, moins dans le tort
matériel qu'en se voyant enlever tout le charme de
leurs immenses propriétés; par la création à leur
porte de cette multitude de prolétaires, bons pour
empoisonner leur vie et saccager leur domaine; en
leur ôtant le plus grand agrément de la campagne,
celui d'être maître chez soi.

Ce sénateur russe connaissait bien peu la situation, quand cette raison ayant été soulevée au conseil de l'empire, il prit la parole et dit : « Qu'ob-

ecte-t-on? C'est absurde, c'est insensé! Est-ce qu'à
Pétersbourg, plusieurs personnes ne peuvent demeurer dans un même hôtel, et ne s'y trouvent pas bien?
Comment, à la campagne, où ces propriétaires ont
un château pour eux seuls, un voisin au bout de
leur jardin les gênerait! Allons donc! ce n'est ni logique, ni soutenable! » J'en demande bien pardon à
M. le sénateur; mais quand on jouit de 5 à 20,000
hectares, il est dur de ne pouvoir se créer un parc,
ou de renoncer au moindre embellissement; de ne
pas être chez soi en un mot, et de voir sa vie em-
poisonnée par ces petites taquineries sans fin, ces
discussions continuelles qui sont inévitables quand
on a des voisins à sa porte.

Ajoutez que les Russes sont voleurs, et que ces
multitudes de serfs affranchis, ne perdent pas l'occasion de faire payer cher à leur propriétaire les petites
haines qui surgissent infailliblement contre lui. A
mon sens, je trouve qu'on a perdu et gâté ces habitations, en établissant les paysans, pour toujours,
souvent à moins d'un jet de pierre. Quand ils étaient
serfs, ils dépendaient; c'était tolérable, et la verge
était là; mais maintenant, quel frein à opposer?

On avait bien, paraît-il, à la rigueur, le droit de
transporter les cabanes dans un angle de la propriété,
si les terres étaient de qualités au moins égales; mais
les frais et les difficultés ont arrêté et empêché presque tous les propriétaires d'en agir ainsi, surtout
dans un moment de perturbation semblable. Si le

goût de la campagne et du beau prend aux Russes, c'est le maître qui sera obligé de chercher à s'établir autre part, dans un endroit isolé.

En résumé, les revenus des propriétés, en général, ont diminué d'une façon très-notable, puisque maintenant il faut payer et payer cher pour faire exécuter des travaux qu'on faisait autrefois gratuitement. De plus, il a fallu rémunérer cette armée de serviteurs fainéants qui encombraient les habitations.

De ce côté, c'est un grand service rendu à toute la nation, que de laisser des bras disponibles, et d'apprendre à chacun le prix du temps. Quant au résultat général, on ne pourra guère l'apprécier qu'au bout de quarante-neuf ans, lorsque les terres appartiendront définitivement aux paysans; mais cela se fera sans secousses. Successivement, beaucoup de villages se rachèteront. Ce qui arrête, c'est la difficulté de diviser les terres d'une façon qui satisfasse tout le monde, et que tout le monde soit en état de se racheter. Lorsque l'émancipation sera vraiment effectuée, que chacun pourra vendre ou acheter à sa guise, alors je crois aux progrès et aux améliorations agricoles. Le sentiment du travail pour soi et de l'organisation dans sa demeure, d'un bien-être que rien ne pourra troubler, se fera sentir.

En attendant, les paysans iront toujours en faisant la loi aux propriétaires, et la main-d'œuvre continuera d'augmenter. Pour la France, c'est la seule partie de l'émancipation qui puisse la toucher au point de vue

) de ses intérêts matériels, la seule qui puisse peut-
)être contribuer à empêcher la Russie de nous livrer
) ses blés des steppes du midi à des prix si excessive-
) ment bas. Je ne doute pas que d'ici à peu de temps,
) les frais de récolte et de battage ne soient à peu près
) les mêmes que chez nous ; mais beaucoup d'autres
) considérations rendront la lutte impossible. J'aurai
) l'honneur de vous les exposer, Monsieur, lorsque j'au-
) rai pu compléter mes renseignements.

Veuillez agréer, etc.

LETTRE XXXVII

A Mme LA COMTESSE DE L'***.

Une grande habitation. — Quelques médisances.

Août 1869.

CHÈRE MADAME ET EXCELLENTE AMIE,

J'ai vu un grand château! L'accueil y a été bon, mais les seigneurs russes, en voulant donner de l'eau bénite de cour, ne savent pas s'y prendre et restent superbes. On me conduisit à l'appartement des étrangers, détaché de l'habitation principale, comme c'est l'usage presque partout en Russie; on trouve cela très-bien. Je ne puis être de cet avis. C'est vouloir tenir l'invité en dehors de soi. Comment! vous ne pouvez même pas l'accepter dans la famille pour quelques heures et lui faire partager votre toit, bon ou mauvais!

La chambre qu'on me donna était très-convenable, mais elle confinait à une cage où étaient renfermés les coqs et les poules, dont les chants précurseurs de l'aurore m'inspirèrent les réflexions précédentes. Que ce soit sans rancune, mais je ne mettrai pas mes hôtes, vinssent-ils de Russie, sous ma volière. Ouvrez donc votre fenêtre le matin pour avoir de l'air ! Quel contraste avec la France ! A la campagne, presque toujours nous réservons nos meilleurs appartements aux étrangers qui, venant rarement, les laissent inoccupés ; mais l'intention subsiste. C'est exagéré, mais c'est préférable.

Le matin, le maître de la maison vint me chercher d'une façon aimable, pour me présenter à sa femme, dont on m'avait vanté le charme et la grâce.

On échangea des banalités, et je remarquai qu'elle faisait bien faiblement exception à la façon dont les femmes saluent en Russie. Elles le font aussi gauchement que possible ; leur peu de grâce en tout est inouï. Pour s'habiller, elles se fagotent, et elles feront bien de copier un peu nos Parisiennes.

Je n'ai vu dans ce château que les appartements du rez-de-chaussée ; ils étaient très-beaux, meublés richement et avec goût. Rien ne m'a paru saillant. Le mobilier était copié à peu près sur celui de nos plus belles habitations. Celle-ci était bâtie en pierre, et avait un étage. La salle à manger était longue et étroite ; le comte S... et sa femme se faisaient vis-à-vis. Il y avait, comme toujours, trois fois plus de domestiques qu'il ne fallait, et deux ou trois à la porte d'entrée. On avait un cuisinier français. Les honneurs

qu'on me fit ne furent pas grands ; cependant je reconnais que c'était difficile, et comme on me plaça
auprès de la sœur de la maîtresse de la maison, poste
d'agrément et de confiance, je ne me plaignis pas
trop. C'est une ressource, quand il y a une jeune
fille et un Français ; mettez-le à côté d'elle, et il ne
réclamera jamais.

La jeune personne fut aimable, mais elle avait une
charge bien grande : elle devait préparer la tasse de
thé de tout le monde. Dans le cas présent, c'était une
véritable besogne, car nous étions bien quinze à table,
et ce service, quand on a de l'appétit, doit être bien
gênant.

Après le repas, on proposa d'aller pêcher. Nous
traversâmes un assez beau parc pour gagner les
bords du petit lac qui séparait le château de la ville.
Ce parc était bien planté, mais on n'avait pas cherché
à l'étendre. Nous trouvâmes au bord de l'eau un vieux
serviteur avec au moins vingt lignes qu'il avait préparées. C'était son unique occupation, et je faillis me
brouiller aussitôt avec lui, parce que je touchai aux
gaulettes qu'affectionnait Mme S.... Naturellement, je ne
pouvais choisir ce qu'il y avait de plus mauvais pour
offrir à ma voisine de table. Quelques instants après,
on eût pu voir toute l'assemblée dans la quiétude
occasionnée par un bon déjeûner, assise mollement
sous les saules dont les branches flexibles retombaient
dans l'onde tranquille. Tout était calme ; les assistants
n'étaient pas d'une gaîté folle. La plus grande émo-

tion, que dis-je? la plus grande impassibilité se peignait sur les visages quand les bouchons s'agitaient. Et au moins, les pauvres petits poissons tirés du sein de l'onde ne pouvaient reprocher qu'on insultât à leur infortune. La comtesse S... surtout était superbe de dignité. Pendant quatre heures, j'eus l'honneur d'attacher quelques vers aux lignes de mes voisines, et je pus rester dans des idées assez noires. Ce n'est pas étonnant : j'aime les choses utiles ou amusantes, et l'étude de la pêche de la perche chaude, faite presque en silence, n'était pas dans mon programme.

La société se sépara ensuite ; les hommes voulurent se baigner. Je me promenai sur les bords de l'étang, rêvant à la France, lorsque je m'aperçus qu'il était cinq heures moins quelques minutes, moment de dîner. J'allai donc vite pour m'habiller ; mais en vain je me presse ; on me prévient à l'heure juste. Bientôt j'arrive tout essoufflé ; la famille était à table, le maître de maison me dit que dans la salle seulement on s'est aperçu de mon absence. Il y avait trois étrangers. Je me confondis en excuses. Après tout, on ne m'avait dit, je crois, que la vérité ; mais c'est justement ce qui me paraissait étrange.

Je dînai peu, je causai peu et, en somme, fus médiocrement satisfait de ma journée de château.

Le lendemain, la pêche fut moins longue. En me servant de la carpe, on me dit que je le mettrais sans doute sur mes notes. Je balbutiai, ajoutant qu'en tous cas, je n'avais l'habitude d'en prendre que de bonnes lorsque j'étais reçu comme je l'étais. Le comte S... fut charmant; ce n'est certes pas de lui dont j'ai voulu parler, lorsque je trouvai les notes suivantes sur mon calepin : « Je ne sais, depuis que je suis ici, je n'ai que des pensées d'aigreur ! » D'où cela dépend-il? De peu de chose sans doute : un instant d'amabilité sincère de la maîtresse de maison eût changé tout cela. Ceci ne lui était pas possible sans doute ; mais alors, pourquoi en avoir la réputation? Oh! les femmes! il y en a pourtant qui devinent si bien, et qui, de mieux, savent trouver le baume qui convient à la souffrance ! Les autres sont coupables, à moins de nullité, en ne voyant pas ce qu'elles peuvent faire de mal. Une grande dame peut souvent s'attirer les sympathies et conquérir un dévoûment avec si peu de peine! Quand elle ne le fait pas, si c'est par ignorance, je l'absous; sinon, je sens très-vivement, et je suis impitoyable.

Je vous date ma lettre de je ne sais trop quel endroit. Comme vous le voyez, je suis assez mal disposé ; je ne serais ce soir qu'un moraliste bien sombre, et comme il n'entre pas dans mes plans de vous faire redouter l'arrivée de mes lettres, je vais vous dire adieu, et ma première missive vous apprendra, je pense, mes impressions sur la foire de Nijni.

Veuillez agréer, chère Madame...

L. DE F.

LETTRE XXXVIII

A M. PÉPION.

L'exploitation du comte Bobrinsky.

Août 1869.

MON CHER PÉPION,

Je viens de visiter la plus grande exploitation que j'aie rencontrée; c'est celle du comte Bobrinsky. Il m'avait promis à Pétersbourg un excellent accueil; il m'a tenu et au-delà sa promesse, et je garde un excellent souvenir de toutes ses attentions pendant mon séjour chez lui. Le comte Bobrinsky cultive 5,000 hectares, divisés en quatre fermes dirigées par des régisseurs qui ne vivent guère qu'à cheval. Comment surveiller autrement une exploitation de 1,100 à 1,200 hectares? Ces régisseurs laissent, paraît-il, beaucoup à désirer, et le comte se plaint surtout de la façon effrontée dont ils mentent.

On cultive 500 hectares de betteraves blanches de

Silésie, destinées à alimenter une sucrerie établie sur la propriété, et montée sous la direction du comte B... Pour s'assurer le succès, ce seigneur n'a pas craint de travailler pendant deux ans comme ouvrier dans une fabrique de Prusse. C'est une preuve de grande énergie et de courage.

La propriété n'est composée que de terres noires, mais ce sont les plus riches que j'aie rencontrées jusque-là. Les plantes qui y poussent naturellement indiquent des terrains légers de première qualité; ce sont : 1° une plante dite vulgairement queue de renard; 2° la renouée, en grande quantité; 3° l'atriplex; 4° la guimauve; 5° le liseron; 6° un millet; 7° la chicorée sauvage, qui vient fort haute; 8° le chiendent, très-abondant; 9° l'ortie commune (jointe à des framboisiers, elle couvre tout un vallon); 10° le plantin. On ne trouve presque pas de graminées sur le bord des chemins. Les gazons sont inconnus dans les terres noires. L'oignon venait sans engrais dans les champs.

Les terres de la propriété sont divisées en deux catégories : 1° celles qui ont pu recevoir du fumier et des labours très-profonds; 2° les autres sur lesquelles on répète seigle et jachère.

Voici l'assolement perfectionné auquel tout le domaine finira par être soumis : 1re année, betterave; 2e, avoine; 3e, betterave; 4e, jachère; 5e, betterave; 6e, avoine; 7e, trèfle; 8e, trèfle.

Le comte B... a tout un outillage de culture étranger.

Il laboure avec une charrue légère sans avant-train, sur laquelle il attelle deux chevaux. Il assure faire un hectare par jour; c'est beaucoup. Il se sert des herses Howard, du semoir Garett; il en était à l'essayer, mais je ne doute pas qu'il ne l'accepte, ces terres légères et sans obstacles étant le triomphe des instruments perfectionnés, même de ceux en fonte.

On fume à 66,000 kilog. par hectare, et chaque charriot, copié du système allemand, porte 660 kilos.

M. B... s'applaudissait beaucoup de ces labours profonds de 0,35 cent. sur 0,30 cent. de largeur, donnés avec la charrue Ransome renforcée et attelée de bœufs. La terre noire n'ayant guère que 0,30 cent. de profondeur sur sa propriété, il mélangeait avantageusement quelques centimètres d'argile avec le sol, ce qui ajoutait à sa consistance. Grâce à ces labours profonds, on épargnait beaucoup les façons, et la terre s'y prête si bien que, pour huit années, on ne donne pas un labour par culture. Trois labours profonds, un ordinaire et sept scarifiages, suffisent parfaitement. Le scarificateur, attelé de quatre à six chevaux, cultive quatre hectares par jour.

La sole de betterave, fumée, est labourée profondément à l'automne.

On sème au printemps les betteraves sur un scarifiage. L'année suivante, l'avoine est semée sur un autre scarifiage; on ajoute le trèfle qui dure deux ans, et pour quatre années de récoltes, il n'y a pas d'autres façons! Pour semer la betterave, après le scarifiage

15.

on herse une fois, on passe le semoir, et on roule. Les récoltes sont souvent très-bonnes; mais cette année, la sécheresse était si grande, qu'elle était fort médiocre. Les betteraves étaient binées à la main et assez mal éclaircies. En vingt-cinq journées par hectare, les femmes donnent trois façons et éclaircissent. On les paie de 0 40 c. à 0 fr. 72 par jour, rarement plus. Les binages reviennent donc de 16 à 25 fr., et on se procure des femmes autant qu'on le veut.

Je comprends que le comte B... tienne peu, dans ces conditions, à employer la houe à cheval : les lignes sont peu espacées, et il y aurait une certaine difficulté.

Les paysans, ses voisins, lui fournissent quelques betteraves; mais ils les cultivent en billons.

Encore cette fameuse question de la culture des racines à plat et en billons! Qui a tort, dans ce cas, du maître ou du valet? Je ne sais; mais les betteraves des valets étaient bien mal tenues. On ne les leur paie que 16 fr. des mille kilos rendus à la fabrique; c'est peu. A ses fermes, le comte les paie environ 20 fr. Pour le binage de la betterave on emploie une razette, qui m'a paru fort bonne : elle est mue par un mouvement de va-et-vient. La lame coupe dans les deux sens. J'en ai rapporté une; je crois l'idée excellente, surtout pour la culture en billons, et très-pratique avec de légères modifications.

La cassonnade est vendue de 1 fr. 25 à 1 fr. 75 le kilog., suivant la qualité.

Pour toutes les cultures, on entretenait 300 chevaux et 110 paires de bœufs. Les bœufs viennent du midi de la Russie; ils sont forts, ont la poitrine profonde, mais ils paraissent légers dans leurs quartiers de derrière. Ils ont les cornes en l'air comme des cerfs; beaucoup sont de nuance rouge foncé, quelques-uns pie rouge, et il en avait trois ou quatre avec robe grisâtre. Ces bœufs étaient en bon état et vaudraient en France près de 400 fr.

Attelés avec un grand joug qui ne fait que les unir, sans les empêcher de tirer isolément, ils marchent avec une vitesse très-grande, qui m'a frappé, et labourent 60 ares environ par jour.

En été, les bœufs vivent au pacage; on les relaie au bout de trois heures alternativement, de sorte que chaque paire travaille six heures. A midi, on leur donne du vert ou du foin de trèfle. La nuit, les gardiens couchent, comme leurs bœufs, à la belle étoile.

Ces bœufs, achetés 240 fr., sont revendus, après avoir mangé des pulpes trois mois, 480 fr. à Moscou; ils donnent environ 414 kilos de viande.

Le comte B... n'a pas conservé de moutons; l'hiver est trop long; la nourriture, pendant ce temps, est chère, et la viande de mouton est trop peu estimée en Russie.

Les étables où l'on rentre les bœufs sont construites en pierres et couvertes en tôle. Il y a deux rangées de poteaux au milieu. Comme les animaux y sont libres, ils peuvent se frotter à l'aise. Je ne vois, pour leur donner à manger, que des auges grossières, démolies, et tout cela me paraît bien négligé. La quantité de trèfle perdue est considérable ; il est impossible qu'il en soit autrement.

L'écurie des chevaux n'est pas mieux tenue. Quelle différence avec l'Écosse ! On les laisse sur le fumier ; leurs râteliers, leurs mangeoires sont pitoyables ! Assurément, on ne les nettoie jamais. Le foin leur est jeté à discrétion ; cependant, ils ne doivent, dit-on, en recevoir que 6 kilog. chacun, et 8 litres d'avoine. Ils travaillent onze heures. On les ferre, en été, des deux pieds de devant, et en hiver des quatre pieds. En hiver, on supprime le foin et la moitié de l'avoine.

Les chevaux sont attelés avec des bricoles ; ils sont divisés par troupes de huit, et conduits au travail par trois hommes. Le gardien d'écurie couche littéralement sur une planche. Les journaliers sont payés, en été, 2 fr., sans être nourris. Les domestiques travaillent onze heures en été, et sept ou huit en hiver. Les sept mois d'été sont payés 260 fr., et les cinq d'hiver 120 fr., soit 380 fr., mais la nourriture est comprise.

On prépare des cabanes pour les légions de femmes qui viennent de tous côtés pour le binage des betteraves ; mais, paraît-il, leur cuisine est simple : elles ne mangent guère que du pain noir et du sel, et leur lit est le plancher. Il est convenu qu'on peut mettre

les hommes à l'amende ; mais, souvent, ils ont aussi
des gratifications de 20 à 25 fr.

Les fumiers, là comme ailleurs, sont fort négligés ;
on n'en comprend pas l'utilité, et on ne fait rien pour
en augmenter la masse.

Le comte B... me vanta beaucoup sa méthode de
récolter son foin de trèfle, dont il prend indifférem-
ment la graine sur la première et la deuxième
coupe.

Sitôt le trèfle coupé, il le met en tas de 2 mètres
en tous sens ; il y fait monter une femme, mais elle
ne doit pas fouler les bords. Les tas doivent être dé-
faits au bout de trente-six heures. S'il survient de la
pluie, elle ralentit la fermentation.

On dispose alors le foin en lignes pour l'aérer ; et les
feuilles tiennent si bien, qu'on peut y faire passer la
faneuse. Si la journée est belle, il est sec le soir, et
il faut s'arranger pour tout enlever ; sinon, la rosée
le détériorerait.

Plus le trèfle est aqueux, moins les meules doivent
être grosses. Le foin, naturellement, est brun, et ce
système n'est guère que la répétition de la méthode
dite foin à la *klap-mayer*.

Le comte était enchanté de ses résultats et me fit
voir du foin, traité par cette méthode, dans un grenier. Puis ayant demandé à l'intendant où était le
reste de la provision, on nous conduisit avec aplomb
à une grosse meule, et on me pria de considérer. Ce
fut bientôt fait : je constatai que le régisseur mentait

effrontément, que ce foin n'avait pas été séché autrement que par la méthode ordinaire; mais je me gardai bien de ne pas paraître convaincu. C'était beau! car je passais volontairement pour un ignorant. Mais à quoi bon faire un coup d'éclat? Je me suis rappelé ce que disait le comte : « que le défaut capital de ses intendants était leurs mensonges effrontés. »

Voici la composition d'un pâturage naturel, rencontré isolé sur la propriété :

Trifolium pratense très-abondant; *trifolium repens;* le thimothé, le fraisier argenté, la renoncule, un *ervum,* un fétuque, la brunelle, la lampsane, la canche, la prêle, l'*achillia millefolium.*

Le trèfle et le fraisier dominent. La nature de l'herbage rappelle un peu celle des pays froids. Les bœufs qui pacageaient étaient en bon état.

L'impôt municipal est de 7 à 8 p. 0/0, soit 64 centimes par hectare.

L'impôt du gouvernement est de 12 fr. par tête de paysan. La commune le répartit comme elle le veut.

L'impôt du sucre est de 12 p. 0/0 de la valeur brute.

La patente, pour les marchands de première catégorie qui déclarent un chiffre d'affaires élevé, est de 2,400 fr., et de 300 à 400 fr. pour la deuxième.

Il y a, en outre, des centimes additionnels pour les besoins des villes. La viande de mouton, pour les domestiques, ne coûte que 20 à 24 centimes la livre.

Le comte de B... faisait tuer, pour sa consommation personnelle, de petites vaches du Don, assez grasses, dont la viande était fort bonne.

Voici le personnel d'une ferme de 1,100 à 1,200 hectares :

Un intendant...............	3,600 fr.
Un comptable............	1,200
Un contre-maître ....,	720
Un garde-magasin	480
Un maréchal et son aide....	400
Un charpentier...........	480
Un menuisier............	480
Deux gardes de nuit à 280 fr..	560
Un domestique d'intendant..	320
Un chef bouvier...........	400
Premier aide..............	360
Deuxième aide............	280

Ceci n'est que l'état-major ; ensuite il y a les charretiers et les bouviers, proportionnellement aux charrues employées. Bien des détails m'ont paru imparfaits ; mais, en somme, Bagarohï est une exploitation régulière, magnifique. Comment suffire à tout, quand on est si mal secondé ? Il faut assurément une grande énergie et une grande capacité au comte Bobrinsky, pour être arrivé aux résultats obtenus, et j'emporte de lui et de son accueil un excellent souvenir.

Avant de te quitter, j'oubliais de te dire que j'avais vu, en août, du seigle levé au bout de trois jours.

Quelle rapidité dans la végétation! comme Dieu a
bien tout proportionné! Admirons ses œuvres, et de-
mandons-lui de nous revoir le plus tôt possible.

Crois, mon cher ami, à ma sincère affection.

L. DE F.

LETTRE XXXIX

A Mme LA COMTESSE DE L***.

La foire de Nijni-Nowgorod.

Nijni-Nowgorod, 1er septembre 1869.

CHÈRE MADAME ET BIEN EXCELLENTE AMIE,

Mon entrée dans cette ville, célèbre par la foire qui s'y tient, foire qui est la plus grande du monde, n'a pas été brillante. Une des roues de mon drowsky ayant quitté brusquement sa position habituelle, j'ai trouvé la secousse désagréable, et cependant, je suis heureux de m'en être tiré sain et sauf.

La foire était dans son plein.

Aussi, que de tribulations! A l'hôtel, on ne voulait pas de moi; on ne voulait même pas souffrir mes bagages un instant! Je m'emportai net. En Russie, c'est utile, paraît-il, car on garda mes bagages, et l'on me donna un homme pour demander un logement.

J'en trouvai un convenable; mais payer dix francs

par nuit pour une sorte de paillasse dure, et une serviette pour mettre dessus, c'est cher !

Mon quartier-général une fois établi, et non sans
peine, je me rendis à la foire. C'est curieux : 1° par
l'immense poussière qui ne cesse d'y régner ; tout le
monde sera d'accord là-dessus ; j'y ai été quelquefois
aveuglé complètement : impossible de marcher et de
respirer ; le mistral ne doit rien être auprès de cela.
2° Si on passe le long des boutiques des marchands
de peaux, qui se font un couloir en toile de tilleul
pour éviter les mouches, on trouvera que cela infecte
immensément ; il y a courage à poursuivre son chemin ; aussi, les paroles engageantes de ces Messieurs
restent sans effet, et c'est déjà bien assez que, par
égard, on ne se tienne pas le nez en passant devant
leurs antres ; j'affirme que leurs magasins y ressemblent.

Il y a, après cela, un bazar énorme où, le soir, on
fait de la musique, au son de laquelle on vole à plaisir l'étranger acheteur.

Après avoir été saisi par ces choses principales,
on admire les porteurs de bonnets en peau d'astrakan
et leur air mouton ; ce sont des Arméniens, je crois.
Ledit bonnet vaut au moins 30 fr. ! C'est chaud, noir
et comme un petit manchon posé sur la tête.

Puis on remarque les estimables Tartares, au costume persan ; des espèces de Chinois qui, au moins,
en portent la calotte et s'occupent de thé. Les magasins de thé ne manquent pas.

On emballe ces feuilles précieuses dans du papier blanc qu'on recouvre d'une feuille de plomb ; pardessus, on met deux enveloppes en grosse toile de tilleul, puis une peau de bœuf. C'est assurément fait avec soin ; mais ces ballots cubiques ont une curieuse apparence. On voit aussi immensément de bouilloires à thé, dites samawares. C'est le premier luxe que les paysans russes se donnent, lorsque l'opulence envahit leur cabane.

Si l'on se hasarde vers l'île du Volga, où se tient le marché aux fers, on en voit une masse extraordinaire ; mais on paie sa visite en enfonçant d'un demi-pied dans le sable.

Lorsqu'on retombe dans le quartier des fourrures, un peu moins nauséabondes que les peaux communes, on voit partout quatre hommes tenant chacun un des quatre coins d'une peau de renard, et occupés à la battre. Ce n'est pas un travail momentané ; c'est continuel. Ces peaux sont d'une nuance claire et presque blanche ; mais que fait-on de toute cette masse ? Assurément, le commerce qui prime tout à Nijni est le commerce des peaux de mouton et d'autres animaux ; elles y forment de véritables montagnes.

Il y a, dit-on, de belles quantités de poisson salé ; je me contente d'imaginer ce que peut en être l'odeur, et le préfère.

Comme accessoire, on voit, vers le soir, et se promenant au son de toute sorte de musique, et à la lueur d'une demi-illumination, une quantité de belles personnes que Messieurs les Arméniens, Tartares, Russes, Persans paraissent fort admirer. Enfin, on quitte la foire en plaignant les pauvres gens forcés d'habiter, par une chaleur semblable, dans les petits réduits perchés au-dessus de leurs magasins.

Si je n'ai pas fait d'emplettes de toutes sortes, ce n'est pas la faute des vendeurs, qui vous harcèlent de mille manières pour vous exciter à faire des acquisitions. C'est pis que le zèle des dames de la halle d'autrefois. Quant aux expressions, je n'ai pu en juger ; je les suppose plus courtoises.

La foire dure deux mois ; assurément, c'est un grand brouhaha très-original, mais on en est bien vite fatigué.

Nijni se partage en deux parties d'une façon très-distincte : d'un côté est la foire et son immense étendue, avec de grandes avenues bordées de cabanes ; le Volga, qui est là fort peu majestueux, fait la séparation ; de l'autre côté, se trouve la ville haute, couronnée par un Kremlin. Elle est assise au sommet d'un coteau si élevé et si ardu, qu'il faut près d'une demi-heure, en partant du bord du fleuve, pour le gravir en voiture.

On traverse le Volga sur une sorte de pont de bateaux ; il est toujours fort encombré, et des Cosaques à cheval en font la police. On les regarde d'autant plus volontiers, malgré leur tenue négligée, que sur le pont on a un peu d'air et que l'on n'y est pas aveuglé par cette indigne poussière.

En quittant le pont, l'attention est vite attirée par l'étalage des marchands de citrouilles du pays, dites pastèques; ils sont au milieu de leur marchandise comme dans une forteresse. Je n'ai jamais vu de si beaux tas de ces produits, qui sont verdâtres à l'extérieur, et roses en dedans. Cela m'a d'autant plus frappé, que c'était la première fois que je voyais cette denrée livrée au commerce.

J'ai goûté à cette cucurbitacée, qui fait le délice de tout vrai Russe : c'est spongieux, fade, ou d'un goût que je n'apprécie pas. Les amateurs achètent une pastèque entière, la mettent sous le bras, et commencent l'ascension de la ville haute ainsi munis. En arrivant au sommet du coteau, tout est absorbé.

J'allai rendre visite au gouverneur dans son Kremlin; il fut fort gracieux.

Nous passâmes la soirée sur une magnifique terrasse, d'où l'on dominait la foire et le Volga; c'était vraiment beau! Il m'expliqua que ce que je prenais pour de la brume, à l'horizon, n'était qu'une épaisse fumée produite par la combustion d'une forêt de 40,000 hectares. A la pureté de l'air, j'aurais dû m'en douter. La chaleur était accablante. Pour nous rafraîchir, il fit apporter du champagne frappé, le mélangea avec des citrons, de l'eau et du sucre, et m'en offrit. C'était fort bon.

Ce gouverneur arrivait de France. Il me dit qu'il avait été peiné de voir qu'à Paris, cette politesse française, si réputée, avait fait place à une sorte de genre tout contraire, qu'on tenait à affecter, et qui, certes, n'était point à notre avantage. Je fus, hélas! obligé de me joindre à lui et de déplorer amèrement cette trop grande vérité.

Tels sont à peu près, chère Madame et excellente amie, tous les souvenirs qui me restent de Nijni-Nowgorod. J'ai peut-être été un peu trop réaliste; mais enfin, je vous dis tout ce qui m'a frappé. Si vous voulez des descriptions parlant davantage à l'imagination, on assure qu'il y en a de fort belles. Mais celle-ci aura toujours un mérite: c'est qu'elle aura été faite spécialement à votre intention.

Veuillez agréer, Madame et bien excellente amie, l'assurance de mes sentiments de la plus respectueuse affection.

L. DE F.

LETTRE XL

A M. DE SAINTE-MARIE.

La navigation commerciale sur le Volga. — Droits d'entrée pour une bouteille de champagne. — Organisation politique et administrative des provinces russes. — Organisation des paysans. — Les élections. — Les juges
de paix.

Nijni-Nowgorod, 2 septembre 1869.

Monsieur le Directeur,

Enfin j'ai traversé le Volga, cette grande artère de
la Russie! Dans ce moment, ce large fleuve est réduit à sa plus simple expression.

La sécheresse prolongée rend la navigation fort
difficile. Cependant, elle n'est jamais arrêtée complètement que pendant la saison des glaces.

Grâce à la grande idée qui a présidé à la réunion
de la mer Caspienne à la mer Baltique, en canalisant
et utilisant les rivières, tous les gouvernements qui
avoisinent le Volga ont été appelés à envoyer leurs
produits sur les grands marchés européens, et leur

richesse a été assurée à tout jamais. A Rybinsk se présente seulement un grand écueil. En quittant le Volga, il faut décharger les grandes barques qui l'ont remonté, et diviser les chargements. Mais enfin, on. arrive par eau d'Astrakan à Saint-Pétersbourg.

J'eus la bonne fortune de considérer le Volga du haut d'une terrasse appartenant à un directeur d'une compagnie de navigation. Il y en a cinq ou six, car le commerce est immense et le comporte bien, puisque, sur le parcours du fleuve, on compte 500 bateaux remorqueurs, qui peuvent traîner après eux 300,000 pounds, soit près de 5,000,000 de kilos chacun; c'est à n'y pas croire! Je n'ai pas calculé au moment, et le regrette; je rapporte ce que le directeur m'a dit en français.

Un renseignement que j'ai contrôlé, autant qu'il m'a été possible, en consultant diverses personnes, c'est le prix de transport de 16 kil. 376 de blé, de Saratoff à Saint-Pétersbourg. Il en coûte au plus cher 36 kopecks, qui au pair égalent 1 fr. 44, soit 8 fr. 71 par 100 kil., qui, à cause du discrédit du papier russe, n'équivalent pas à plus de 7 fr. 50 au maximum. Ces chiffres me paraissent encore énormes! Les bénéfices des gens qui transportent doivent être considérables; mais comme il est toujours facile de connaître ces renseignements par la voie administrative, je n'ai pas cherché à les vérifier aussitôt, et c'est en faisant les transformations des mesures russes en mesures françaises que ces chiffres m'ont paru étonnants.

J'appris là, d'un marchand de vin, qu'une bouteille de champagne coûtait 4 fr. 40 de droits pour entrer en Russie, et le vin en barrique par 16 kil. 376 coûtait 8 fr. 80, soit environ 53 c. le litre. Qu'on joigne à ceci le port, les frais de toute nature, et l'on verra comme la France est favorisée, comme on entend le libre échange!

Je ne crois pas cependant, grâce à la difficulté de la navigation de Rybinsk à Saint-Pétersbourg, qu'on ait à craindre une concurrence redoutable de ce côté, d'autant plus qu'avant tout, il faut que Pétersbourg et le nord de la Russie soient alimentés, et que les pays environnants ne suffisent pas. Pourtant, je ne voudrais rien affirmer; je n'ai point étudié le commerce de Pétersbourg; ce que je puis assurer, c'est que tous les grains remontent le Volga, au moins depuis Saratoff, et la communication ouverte entre le Don et le Volga à Starizine ne fait pas arriver, paraît-il, de grandes quantités de blé à la mer Noire. Mais, à un moment donné, malgré les frais occasionnés par le transbordement, par ce tronçon de chemin de fer, on pourrait faire arriver des blés à un prix réduit jusqu'à Taganrok.

J'ai attendu jusqu'ici pour vous exposer, Monsieur le directeur, avec le moins d'erreur possible, l'organisation politique et administrative du territoire russe. Beaucoup de personnes ne refusent pas de donner des renseignements, mais elles les donnent à la légère, ne craignent pas d'affirmer des chiffres faux,

16

et de remplacer ce qu'elles ne savent pas par leur appréciation personnelle; c'est ce qui rend ma tâche plus difficile. J'aimerais beaucoup mieux trouver des gens qui me diraient : « Monsieur, je sais ceci, mais je ne sais pas cela. » J'en suis fort loin; rien n'arrête les Russes! tous les chiffres leur sont bons. Sans doute, ils se figurent que c'est la seule manière de paraître instruits.

La forme du gouvernement de la Russie est beaucoup plus libérale qu'on ne le pense. La décentralisation a eu lieu. La Russie est divisée en gouvernements qui veillent à leurs affaires et s'administrent eux-mêmes.

Le suffrage universel est admis, mais on l'organise de façon à ce que si chaque citoyen contribue à nommer les administrateurs du pays, il le fait dans la mesure de ses connaissances, et n'agit pas en donnant sa voix, comme une corneille qui abat des noix; et on n'exigera pas d'un paysan, qui promène sa patte de homard, traînée par un cheval, de ci, de là, dans les terres noires de la Russie, qu'il se prononce personnellement pour envoyer à l'assemblée législative du pays le prince un tel, ou M. X..., qu'il ne connaissait même pas de nom avant. Qu'est-ce que cela lui fait?

Tout citoyen russe est électeur à dix-huit ans. Ils font l'élection eux-mêmes de tous ceux qui les gouvernent directement.

Ils ont d'abord un grand bailli pour plusieurs villages, ensuite un starst ou maire qui administre au moins 2,000 paysans, et enfin, dans chaque village, il y a ce qu'ils appellent un ancien pour 100 âmes. Le starst reçoit de 800 à 2,400 fr.; il a un secrétaire payé de 4 à 500 fr.; il est élu pour trois ans. Il a droit de faire donner vingt coups de verges et de condamner à sept jours de prison, sans appel, et à 20 fr. d'amende. Quant aux anciens, en se réunissant trois, ils forment un jury qui peut, lui aussi, faire administrer vingt coups de verges, et ils ne s'en privent pas! Le syndic est assez juste. Pour soumettre l'affaire à un juge de paix, il faut que les deux paysans y consentent; sans cela, la cause est appelée devant leurs juges directs.

En remontant l'échelle, on trouve l'assemblée territoriale, qui ensuite, en se démembrant, forme l'assemblée provinciale.

Pour être électeur à l'assemblée territoriale, il faut posséder 250 hectares, ce qui est peu en Russie. Ceux qui n'ont pas cette quantité se réunissent plusieurs et envoient un des leurs.

Les paysans font de même, et les marchands aussi. Enfin, les choses sont arrangées de telle sorte, que ces électeurs doivent désigner, chacun dans leur classe, douze propriétaires, douze paysans, deux prêtres et trois marchands, total trente. D'autres personnes ont doublé ce nombre, en gardant la même proportion.

Lorsque cette réunion rationnelle est faite, on se réunit quinze jours en septembre. Cette assemblée est gratuite et règle sans appel les affaires du pays.

Elle choisit d'abord un conseil composé d'un noble, d'un paysan et d'un marchand, qui sont aussi élus pour trois ans, et sont chargés de faire exécuter ce que l'assemblée décide ; mais ils reçoivent chacun 8,000 fr.

L'assemblée, entre autres travaux, désigne un juge de paix, un arbitre, et enfin dix de ses membres qui iront la représenter à l'assemblée provinciale.

Le juge de paix, lui aussi, est élu pour trois ans.; il reçoit de 6,000 à 10,000 fr., mais il a tous les frais à sa charge, entre autres son greffier. On cherche pour cette position les hommes les plus honorables et les plus indépendants. On exige qu'ils possèdent au moins 200 hectares, qu'ils aient reçu une instruction déterminée, et, je pense, qu'ils aient le sens droit.

Il faut rendre cette justice à la noblesse russe : après l'émancipation qui lui était si préjudiciable, quand elle a vu le chaos où tout se trouvait, elle s'est dévouée pour remplir de son mieux toutes ces pénibles fonctions. Ce n'est pas par intérêt, car, paraît-il, les frais absorbent presque tout le traitement, mais pour remplir leur devoir et être utiles à leur pays; certes, ils ont bien contribué à conserver l'ordre et la tranquillité en Russie.

On nomme un juge de paix par 100,000 hectares; cela lui fait un arrondissement un peu étendu. Le juge de paix a dans ses attributions toute affaire criminelle : vol sans effraction, injures, violences. Il condamne, avec appel, jusqu'à un mois de prison et à 400 fr. d'amende, mais sans appel jusqu'à 120 fr. d'amende. L'arbitre règle les discussions administratives entre les propriétaires et les paysans, et elles ne manquent pas au moment de l'abandon forcé des terres.

Je quitterai Nijni très-prochainement ; la portion de la Russie que j'ai parcourue, de Moscou à Nijni, est extrêmement pauvre. J'ai trouvé des sables presque arides et de mauvaises forêts de pins, une assez grande étendue de terres tourbeuses. Il faut, lorsqu'on est à Nijni, prendre sa direction vers le midi pour retrouver les terres noires.

C'est près de cette ville que j'ai commencé à voir des ravins complétement comblés avec des fumiers et les balayures des rues. Cela m'a paru inouï ! et certes, en portant ces engrais dans les terres qui avoisinent la ville, on obtiendrait de belles betteraves à sucre, ce qui pourrait bien être encore un produit contre lequel l'industrie française aurait à lutter plus tard.

Veuillez agréer, je vous prie, Monsieur le directeur, l'hommage de mes sentiments les plus profondément respectueux.

L. de F.

16.

LETTRE XLI

A M. PÉPION.

Les troupeaux dans la plaine. — Le blé noir. — Aspect d'une gare et du pays aux environs de Nijni.

Près Nijni-Nowgorod, 2 septembre 1869.

Mon cher Pépion,

En quittant l'exploitation du comte B..., j'ai d'abord rencontré dans la plaine un troupeau de deux cents porcs au moins, autant de moutons, et cent cinquante bêtes à cornes. Tout cela parcourait ensemble les immenses chaumes de seigle et d'avoine, sous la garde de deux bergers, sans chiens, mais munis d'un gros fouet à manche très-court et ayant au moins quatre mètres de longueur. Tout cet amalgame rappelle un peu les troupeaux de l'Évangile. Mais je pense que nos pères engraissaient les victimes destinées à les festoyer, et l'on eût ici en vain cherché le veau gras.

Les porcs étaient de très-bonne qualité, blancs et noirs, se rapprochant des berkshire; les autres étaient blancs. Tous les adultes auraient été acceptables dans les marchés du centre de la France. Je ne trouvais pas de différence entre les truies portières de ce troupeau et celles de races croisées que nous entretenons dans les métairies de la Dordogne. J'ai vu des porcelets, n'ayant pas plus de trois semaines, qui suivent leurs mères et paraissent souffrir, mais ils cherchent les grains de seigle avec avidité. Il faut bien qu'ils finissent par se développer, puisque les porcs adultes sont bons. Beaucoup d'entre eux ont une corde au cou; j'ignore dans quel but. Les moutons sont bons; ils ont la laine cotonneuse, presque comme des chèvres cachemires. Ceux d'une nuance noire dominent. Les agneaux sont sans doute nés en décembre, car ils sont relativement très-forts.

Les vaches sont, pour la plupart, de robe rouge foncé, rouges, blanches, brunes, brunes avec train de derrière plus noir. Leur taille est peu élevée. Enfin, ce sont toujours les races mêlées de nos pays maigres de France, sans caractère très-distinctif, si ce n'est la tête plus maigre, plus décharnée; bref, elles sont telles qu'on peut s'attendre à en trouver vivant exclusivement sur des chaumes de seigle et sur des jachères de terres siliceuses.

Beaucoup de veaux de l'année sont en souffrance; on ne voit pas de taureaux âgés de plus de deux ans. Je ne suis pas surpris qu'à ce moment de l'année

surtout, les moutons et les porcs soient relativement
en bon état; ce genre de pacage, où le grain domine,
et qu'ils peuvent ramasser épi par épi, et même,
pour les porcs, grain à grain, leur convient essentiellement. Mais les bêtes à cornes, qui ont besoin
d'une nourriture plus abondante, plus aqueuse, souf-
frent beaucoup par cette chaleur. Du reste, les épis
faciles qu'elles pourraient ramasser, leurs actifs compagnons ne les laissent pas.

Plus loin, je vois environ cinquante chevaux au pacage; ils ont les jambes de devant liées. Deux gardiens à cheval les surveillent, et bientôt je les vois ramener au galop vers le village, ce dont ils s'acquittent
très-joliment, sans qu'on leur délie les jambes.

Je n'ai jamais vu de si maigres blés noirs qu'en
Russie; ils sont d'une petitesse incroyable, à peine
vingt centimètres de hauteur. Le grain est rougeâtre,
et la plante pousse peu d'abondance; ce qui le prouve,
c'est qu'on sème 2 hectolitres par hectare, et qu'en
France 60 litres suffisent.

En traversant ces plaines, j'ai trouvé encore souvent
des pièces de seigle qu'on n'avait pas récoltées, parce
qu'elles étaient trop misérables; et j'ai pu juger,
d'après les éteules, que les rendements de 6 à
10 hectolitres à l'hectare devaient être très-communs.

Ayant gagné une ligne de chemin de fer, j'attendis
jusqu'à deux heures du matin. Il n'y avait pas d'autre
train, par vingt-quatre heures, allant vers Moscou.

Tout y sentait un peu le sauvage. Une quantité de

mougiks étaient couchés comme des chiens à la porte de la gare, sans s'occuper de la fraîcheur de la nuit. Ils avaient un bonnet roux ou blanc, de longs cheveux, une longue barbe, une sorte de lévite rouge ou grise, des linges ficelés aux jambes et des sandales.

La gare se remplit de bonne heure, car, en Russie, c'est un point de réunion. On arrive au moins deux heures avant le train. Tout le monde vient accompagner celui qui se met en route; et puis c'est une petite diversion. Quelle quantité d'oreillers! Une dame est arrivée dans un équipage à trois chevaux, escortée d'une nombreuse famille : marmots de huit ans, filles de douze à quinze ans; je croyais que tout cela partait; point : elle faisait seule le voyage avec son fils aîné.

Bientôt elle s'approche de moi, et me demande de lui changer un billet de 50 roubles qu'on lui refusait au guichet. Éventant une médiocre affaire, j'affirme que je n'ai que 12 roubles et mes regrets en plus. « Monsieur, c'est justement mon affaire, me répondit-on; je vais à Moscou; là, nous descendrons dans le même hôtel, et je vous rendrai aussitôt. »

Pris au traquenard, il fallut m'exécuter. Je tremblai pour mes fonds, pensant qu'une grande dame, partant pour mettre son fils à l'École des cadets, avec 50 roubles de valeurs douteuses, et n'ayant pas la monnaie de 10 roubles, pouvait paraître suspecte.

On me proposa de voyager en troisième. Pour ne

pas perdre mon argent, j'y suivis la dame en équipage.

J'avoue que je fis un voyage parfaitement désagréable. Tu ne saurais t'imaginer quelles sont les conséquences des waterclosets attenant aux wagons de troisième classe, occupés par une société mélangée. Je n'y serai pas repris.

Enfin, à Moscou, voyant qu'on allait me promener au travers de la ville, je fus assez maussade, et je rattrapai mes fonds.

Sur la route de Nijni, la couche arable, quand elle existe, est très-mince; le terrain est sablonneux. Les forêts, fort chétives, sont composées de pins et de bouleaux. On voit un peu de seigle, d'avoine et d'orge; le tout, ainsi que quelques parcelles de froment de printemps, est très-maigre et d'une taille lilliputienne. En approchant de Nijni, les terres deviennent d'une pauvreté extrême; il n'y a pas plus d'un quart des terres en culture, et peu à espérer du reste.

En quittant cette ville, je repris le charriot de poste et suivis une de ces grandes lignes qui traversent la Russie; je ne puis appeler cela des routes. Il n'y a ni empierrement ni fossés; c'est un espace à peine limité qui a de 100 à 120 mètres de large, et dont la direction est indiquée par des poteaux qu'on trouve espacés de 500 mètres environ. Ils sont indispensables pendant la neige; car une fois dans la steppe infinie, on est perdu et bien perdu, et on pourrait aller loin sans trouver cabane ou être humain. L'or-

dre supérieur a dû être donné de planter deux lignes
de bouleaux. Dans quelques parties de la Russie, cela
a été exécuté et a donné, malgré la négligence, un
résultat excellent; mais, dans la plupart des cas, le
travail n'a pas été fait, ou c'est avec si peu de soin,
que tout a été détruit. C'eût été pourtant une bonne
leçon donnée aux propriétaires! Outre que maintenant, le prix des bois ayant augmenté, le gouvernement se serait créé une ressource énorme, en même
temps que les hommes et les animaux, voyageant le
long de ces lignes, eussent été un peu abrités du soleil si piquant.

Ainsi : bon exemple, profit, service aux voyageurs,
ornement de la Russie, que fallait-il donc de plus pour
engager le gouvernement à veiller à ce que ses ordres
fussent exécutés? Mais non; l'honnêteté et l'activité
ne sont pas les vertus dominantes en Russie. Il n'y
aurait rien de surprenant quand des fonds destinés à
ce travail eussent été accordés, qu'on eût fait la plantation, vaille que vaille, en économisant une partie
de l'argent, et que les brins de bouleau qui auraient
menacé de grandir eussent été enlevés par les paysans, tellement le pillage est à l'ordre du jour en ce
pays.

Tous les grains sont coupés à la faucille. Je mesure un froment de printemps barbu, qui donnera
au plus 10 hectolitres à l'hectare, et qui n'a que 40
à 50 centimètres de hauteur. Les faucilles dont on
se sert sont dentelées et ressemblent à celles que

nous avons en France. Le travail est fait par des femmes, qui lient à mesure ; elles vont vite, mais le chaume est toujóurs très-long. Pour remplacer l'effet de la moyette, on réunit sur deux rangs vingt petites gerbes debout, se touchant, et l'on couche un autre rang dessus, horizontalement.

Plus loin, je trouve du seigle en dizeaux, en forme de croix ; la dernière gerbe est à cheval, ce qui couvre un peu mieux.

Toute la Russie met ses grains en dizeaux, mais on ne connaît que ceux en croix ; les gerbes y sont amoncelées grossièrement par quinze et vingt ensemble.

Encore quelques jours, et je gagnerai Kazan et, de là, je serai bientôt dans les steppes ; mais tu auras encore beaucoup de renseignements avant ceux-là.

Tu ne dois pas te plaindre ; je te fais voyager sans poussière, sans soif, ni faim, ni puces ! Il faut épargner ses amis le plus qu'on peut et leur faire, autant que l'on peut, suivre des chemins couverts de roses. Les renseignements, quelque minimes qu'ils soient, me coûtent plus à prendre qu'à te transmettre, car il ne faut pas oublier que je ne parle pas le cosaque comme ma langue maternelle.

Crois, mon cher ami, à ma sincère affection.

L. DE F.

LETTRE XLII

A M. PÉPION.

Conditions de culture et mode d'exploitation d'une propriété près de Nijni.
— Renseignements agricoles et prix divers. — Une vacherie. — Les
calamités qui accablent les propriétaires russes.

Entre Nijni et Kazan, 5 septembre 1869.

MON CHER PÉPION,

Je suis dans une assez belle habitation, brûlée deux fois depuis dix ans. En France, ce serait extraordinaire; en Russie, c'est commun.

C'est un grand bâtiment en bois peint en rouge, avec soubassement et entresol ; je ne sais pourquoi on n'ose pas élever davantage les maisons en Russie. En Suède, on le fait bien !

Partout on trouve une terrasse où l'on ne se tient que trop tard le soir, surtout la tête découverte.

On se plaint fortement des domestiques et de leur rareté ; ce n'est donc pas seulement en France que

17

cela laisse à désirer ! Les cuisiniers surtout inquiètent : il ne s'en forme plus.

Le village qui touche l'habitation est fort riche, quoiqu'il ait été aussi détruit deux fois ; il est situé près du Volga, et les paysans gagnent beaucoup en faisant du commerce, et en aidant à la navigation sur le fleuve. De plus, leurs terres sont très-fertiles. Les cabanes ne m'ont pas paru plus confortables qu'autre part.

Le propriétaire, après avoir rendu aux paysans ce que la loi leur accordait, a divisé en deux portions égales, d'un seul tenant, les terres qui lui restent ; une partie est cultivée gratuitement par les paysans pour la jouissance de l'autre. M. Krowino m'a lu son bail.

Les paysans, en échange de la jouissance, doivent donner un labour à la sole de jachère au mois d'avril ; il est estimé 6 fr. l'hectare, et un hersage 2 fr.

En juin, un deuxième labour par lequel on enterre le fumier, estimé 5 fr. avec le hersage, le tout par 1 hectare 09 ; enfin, un troisième en août, qui sert à couvrir le seigle.

Après le seigle enlevé, on laboure en automne, puis au printemps on herse, et on sème l'avoine pour les mêmes prix. Le pacage est abandonné aux paysans. Soit donc un total de façons, pour deux récoltes, de 31 fr.

La récolte du seigle et du froment coûte de 10 à 14 fr., l'avoine, 8 fr. ; la rentrée du grain, 1 fr. 20 ; le battage, 10 à 14 fr., et la conduite du fumier et épandage, 48 fr., soit un total de 108 fr. Outre ces façons, les paysans doivent encore donner des labours à la fouilleuse. Mais j'ai vu le petit instrument, et on ne s'en est pas servi dix fois! c'est donc dérisoire.

Les paysans doivent faire les travaux du maître avant tout. Ils doivent fumer tant d'arpents avec le fumier pris chez lui, et tant d'autres avec celui pris à telle distance. On conduit le blé à 60 kilomètres sans rétribution, et l'on doit commencer à le battre le 1er novembre.

Comme on le voit, en divisant par 3 la jouissance des terres laissées aux paysans, on arrive à un équivalent d'environ 86 fr. de fermage par hectare. M. Krowino leur abandonne la jouissance de 40 hectares de prés pour un nombre de journées fixées, en échange des transports divers. Il ne se plaint pas de ses contracteurs qui remplissent bien leurs engagements; mais il s'est aperçu qu'il laissait la part trop belle aux paysans, et il veut faire exécuter les travaux avec les instruments du pays, et à tant par hectare (1).

M. Krowino est dans des conditions exceptionnelles : le Volga, dans les inondations, vient toucher ses terres ; il peut amener pour presque rien tout le fumier provenant d'une station de chevaux de halage. Puis à Nijni, dans une halle ou monument pu-

---

(1) En effet, supposant un rendement en seigle de douze hectolitres à l'hectare, et de dix-huit hectolitres d'avoine, comptant le seigle à 10 fr. et l'avoine à 6 fr., on a un total de 228 fr., ce qui indemnise trop largement les paysans.

blic, les pigeons ont entassé tant de colombine, qu'on a proposé 6,000 fr. pour la faire jeter au Volga. M. K... s'est fait accorder trois ans et a promis de l'enlever gratuitement. Que venait donc faire à Pétersbourg cet industriel français, qui voulait se mettre fabricant d'engrais de commerce?

Le prix d'un hectare aux environs de Nijni est de 128 fr.

Un domestique se loue 280 fr.; nourriture, 160 fr.; total : 440 fr.

Une femme se loue 72 fr.; nourriture, 160 fr.; total : 232 fr.

La journée d'un cheval et d'un homme, sans nourriture, vaut 3 fr.

Le labour d'un hectare : premier labour, 4 fr. 50 ; deuxième labour, 3 fr.

Je ne m'explique pas ces prix, puisque, d'après son bail, ces travaux ont une autre valeur.

On sème 120 litres de lin à l'hectare, vers le 10 juin; vers le 25 août, on récolte en moyenne 480 litres de graine.

Le froment de printemps, semé le 25 mai, est récolté le 2 août, soit deux mois pour germer, croître et mûrir. On sème 2 hectolitres 20 litres, et on récolte jusqu'à 22 hectolitres.

On sème à l'hectare 2 hectolitres 34 litres de seigle, du 10 août au 10 septembre, et on récolte 14 hectolitres. La récolte d'orge est de 14 hectolitres pour 2 hectolitres 86 litres de semence. En avoine, la sé-

mence est de 3 hectolitres 12 litres, et on récolte 24
hectolitres. L'avoine vaut maintenant 7 fr.; le froment, 16 fr. l'hectolitre. Les récoltes des paysans ne
donnent pas plus de trois à quatre pour un. L'impôt
est de 88 à 92 centimes par hectare. Le foin vaut
40 centimes les 16 kilos 376, soit 2 fr. 25 les 100 kilos.
On peut faire faucher, faner, sécher, mettre en
meule un hectare de foin naturel pour 12 fr. Une
prairie est louée facilement 36 fr., et on peut en vendre le fonds assez souvent 80 fr. l'hectare. La récolte moyenne est de 5,000 kilos.

Les plus mauvais prés donnent 2,000 kilos. Dans
ces prairies baignées par le Volga, le foin est très-
grossier.

Du reste, il est reconnu que toutes les propriétés, dans
ce pays rapportent, au minimum net 10 p. 0/0. On fabrique beaucoup d'eau-de-vie avec le seigle; un hectolitre
produit 50 litres du liquide dit schnapp, d'une valeur
de 30 fr. Il y a encore 1 à 2 fr. de résidus. C'est
une très-avantageuse manière d'utiliser ses grains;
mais il y a des droits et beaucoup de formalités.

Pour moudre, on prend par hectolitre 1 kil. 908;
mais les clients apportent leur blé au moulin, et on
ne le blute pas.

Tous les propriétaires s'applaudissent beaucoup des
bénéfices qu'ils réalisent avec leurs minoteries primitives. M. K..., accuse 400 fr. de produit par mois; il
a pourtant très-peu d'eau, et sa chaussée n'est faite
qu'avec des fascines et du fumier.

On nourrit les domestiques en leur donnant par tête, et par mois, 25 kilos de farine de seigle ou de froment; farine de blé noir, 29 litres; des concombres salés, des choux salés, et 2 fr. 40, pour acheter de la viande et de l'huile. La viande vaut de 20 à 24 centimes la livre. On donne environ 30 litres de lait. Il y a deux jours par semaine où l'église défend d'en manger, et cette prescription est suivie.

Les chevaux de luxe de M. K... reçoivent 9 litres 75 d'avoine; farine d'orge, 2 kil. 800, et du foin à discrétion.

La vacherie était ainsi construite : un carré de 33 mètres dans un sens, et de 23 dans l'autre. A est une porte immense et de la largeur de la cour qui n'a que 5 mètres; les hangars B, qui l'entourent complètement, en ont 8. Ce sont bien de véritables hangars, car ils ne sont clos qu'extérieurement. Et veaux, vaches, taureaux, tout est réuni ensemble. La vacherie est toujours d'un maigre produit; cependant, le beurre vaut à Nijni jusqu'à 2 fr. le kilog. et ne descend pas au-dessous de 1 fr. 80.

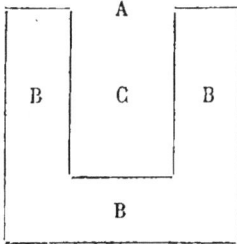

On achète les veaux de quinze mois 20 fr.; en les gardant deux ans, on les vend 140 fr. Ce serait une bonne spéculation sans l'épizootie.

On ne laisse pas téter les veaux, et les corbeaux vivent familièrement dans la basse-cour.

Je mesure encore un labour à la sacca : la largeur
est de 35 centimètres, et la profondeur de 8 centimètres. La herse en bois a 80 centimètres sur 1 mètre.

Les maisons des paysans sont un peu plus co-
quettes, sans être plus confortables ; il y a quelques
sculptures. Les cours et les hangars, en clayonnages,
sont toujours attenants. Les bestiaux y sont libres et
seulement abrités de la pluie, du vent ou de la neige.

La quantité de canards sauvages que l'on voit dans
les environs du Volga est énorme ; ils ne sont guère
plus fuyards que les canards domestiques ; ils valent,
au plus, 40 centimes.

Les propriétaires de la Russie ont contre eux le
climat, les épizooties, les incendies si fréquents, l'ivrognerie et la paresse des habitants, rendue encore
plus grande parce qu'ils ont de quoi se suffire chez
eux. Mais ils ont pour eux des terrains d'une grande
fertilité, d'une étonnante facilité de culture.

Jamais on n'attèle qu'un cheval ; encore tire-t-il si
peu, qu'il marche à toute vitesse. La végétation est
aussi des plus rapides.

Au climat, on ne peut rien. Les épizooties sont
provoquées par les bandes d'animaux qui vont du
midi à Moscou ou à Pétersbourg. Exténués de fatigues
et de privations, ils tombent malades en route quand
ils n'emportent pas des germes dès leur départ, et le
moindre contact suffit pour empester le pays. Néanmoins, on ne prend pas la plus petite précaution ; on
laisse même sur les routes les animaux crevés, et l'on

cite des propriétés où des troupeaux ont été complètement renouvelés, à deux ou trois ans d'intervalle.
C'est affreux !

Dans de telles conditions, en y joignant le bas prix
de la viande, aucune spéculation ne peut être tentée,
et des pacages considérables doivent être perdus.

Les incendies sont à l'état de fléau en Russie; mais
on ne prend pas la moindre précaution. Tantôt, c'est
en chauffant le fameux bain russe que le feu prend,
tantôt par tout autre motif; et comme aucune de ces
dures leçons ne produit d'effet salutaire, que les villages se reconstruisent sur le même emplacement que
celui incendié, sans qu'on sépare davantage les cabanes, c'est toujours à recommencer.

Quant à l'ivrognerie, c'est dans le sang. M. K...,
qui avait le droit de faire vendre de l'eau-de-vie avec
profit, a cependant, sur la demande de ses paysans
dégrisés, fait supprimer les débits, et a perdu à cela
2,000 à 3,000 fr. de rente; mais ce cas est fort rare.
Cependant, il y a chez lui, depuis ce temps, amélioration, et ses paysans ne se grisent plus que les jours
de foire, ou lorsqu'ils sont en voyage.

J'ai recueilli pas mal d'échantillons de grains que
j'aurai grand plaisir à te remettre.

Ton ami dévoué.

L. DE F...

LETTRE XLIII

A MADAME X***.

Les bords du Volga. — Les œufs à la coque. — Un jour de naissance : le menu. — Des costumes. — La pêche aux écrevisses. — Le sterlet. — Le dîner à bord. — La prière du vrai croyant.

Sur le Volga, près de Kazan, 8 septembre 1869.

CHÈRE MADAME,

Veuillez prendre votre carte; cherchez-y le Volga, puis jetez les yeux sur la rive droite, entre Kazan et Nijni. C'est là que je trace ces lignes au crayon, sur une hauteur qui domine le fleuve.

La vue est très-étendue, mais le paysage triste et sombre. Je ne vois qu'une grande rivière plate, calme, avec des grèves s'étendant au loin; des prairies brûlées par la sécheresse, et inondées pendant la débâcle; des bois de saules, d'aulnes, de trembles, des coteaux à demi-cultivés; enfin, rien de beau, rien de pittoresque.

17.

Appuyé au versant de ce roide coteau, je me plairais cependant là, au moins quelques heures, si on me laissait le loisir de rêver à la France! Je suis arrivé ici, toujours voyageant dans un demi-tonneau en guise de berline, avec la poussière et les secousses dont je vous ai entretenue.

Au premier relai, j'avais faim; j'essayai de parler russe et demandai tchaï et des œufs. Je réussis à force de peine, et on m'apporta du thé et douze œufs à la coque. J'ouvris de grands yeux, et, certain d'en avoir assez, je commençai à me creuser un coquetier dans du pain de seigle peu cuit, puis je travaillai si bien que j'en expédiai quatre! Le maître survint constater le déficit; je payai et m'en allai. Arrivé au terme de mon voyage, je tombai le jour de naissance d'un des enfants, ce qui est célébré avec beaucoup d'apparat en Russie, et je trouvai bon accueil.

Le dîner se composa de la beurrée, comme en Suède, puis d'un très-bon bouillon, de tête de veau mal assaisonnée, de concombres avec du bœuf déplorablement rôti et tout noir; enfin, de vin de Crimée rouge et blanc qui coûtait, paraît-il, 3 fr. la bouteille. C'est affreux de toutes façons! Pas de dessert, mais du café et du vin de Champagne frelaté.

Le lendemain matin, le thé fut servi à neuf heures; on dîna à deux heures; à six heures du soir, nouveau thé, et on soupa à dix heures et demie.

Ce soir-là, on servit du bœuf rôti et du macaroni. Le lit qui me fut donné était assez dur, mais il était garni de draps de lin d'une grande finesse et d'une blancheur éblouissante.

On ne se donne pas cependant grande peine pour soigner le lin. Au mois de septembre, sitôt qu'il est égrené, il est épandu sur des prairies, et on le laisse là jusqu'aux neiges; en un mot, on ne le fait pas rouir.

Je termine ma lettre, chère Madame, en voyageant sur le *parahott* ou bateau à vapeur, que j'ai suffisamment attendu, en compagnie de paysannes qui avaient un mouchoir rouge à fleurs sur la tête et flottant, une robe de cotonnade également à fleurs, un tablier de couleur s'attachant sous les seins. Elles avaient la poitrine découverte, des souliers grossiers et des bas énormes. Les hommes avaient un pantalon bleu glissé dans de grandes bottes, une chemise de coton rose liée par-dessus, à la ceinture, à l'aide d'une corde; une casquette plate et noire ou un bonnet en feutre; ils ont souvent des guêtres en feutre, et portent, comme provision, dans un mouchoir, des morceaux de bœuf peu appétissants.

D'autres, pour passer le temps, mangent des graines de soleil comme des écureuils. Un gamin, pendant que je faisais ces observations, s'occupait fructueusement, et, descendant de grandes balances en filet le long du ponton, les retirait bientôt couvertes des plus magnifiques écrevisses que j'aie jamais vues. Elles étaient plus sveltes que nos écrevisses de France, les pinces plus allongées et les articulations rouges. Dire si elles sont bonnes, je n'en sais rien. On m'en a servi ; j'ai trouvé cela affreux, détestable ! Mais comment trouver des écrevisses parfumées et cuites presque sans sel ? Si elles sont bonnes, le dommage est d'autant plus grand qu'une belle pêche est bientôt faite.

Je vis là, sur un bateau, pour la première fois, le fameux poisson appelé sterlet, qu'on ne trouve que dans le Volga. C'est un monstre tout simplement. Imaginez-vous, Madame, un animal ayant une peau rugueuse, armé de trois arêtes, une sur le milieu du dos, les deux autres fixées aux flancs ; une tête si ef-filée, que le nez se termine en forme d'alène et a bien 10 centimètres de longueur. En relevant cet ap-pareil, on voit un petit trou : c'est la bouche ; les yeux se distinguent à peine. Voilà le succulent, le délicieux sterlet ! Au dire des Russes, rien n'est comparable à ce mets des dieux, surtout mis en potage, lorsqu'ap-paraissent, sur le bouillon, des yeux jaunes.

Je ne fus pas longtemps à apprécier. Étant monté sur le bateau, et ayant rejoint des personnes de ma connaissance, elles me proposent de dîner. Un vieil officier dirigea les apprêts du festin. La beurrée tra-ditionnelle fut servie ; elle était composée de harengs crus, de fromage, de beurre et de caviar, délices des Russes, ce qui donne tout de suite la mesure de leur goût.

Ce caviar est une masse d'œufs de poisson trans-parents et tout noirs ; j'y ai goûté ; on ne m'y repren-dra plus ; heureusement, j'en suis quitte !

On servit ensuite : potage au sterlet, des beefteacks et des sarcelles brûlées ; en plus, une énorme pastèque.

Je vous demande pardon, chère Madame, de vous avoir fait un cours aussi complet de gastronomie ; je sais que vous êtes au-dessus de toutes ces choses, et que vous ne descendez à ces détails si vulgaires que lorsque la plus absolue nécessité l'exige. Pardon encore, mais il faut bien vous dire ce que je vois d'étrange.

Après dîner, nous remontâmes sur la dunette du capitaine. Le soleil était près de se coucher : ce grand fleuve, à rives si plates et à cours si monotone, m'impressionnait toujours fort peu, lorsque mon attention fut attirée par un bon voyageur qui, se séparant de la foule, et ayant un tapis roulé sous le bras, monta sur un des tambours de la machine. Là, isolé, il l'étendit, puis il ôta ses babouches, car il a un costume étrange ; il prend le coutelas qui lui pend au côté, le tient dans ses mains, garde sur sa tête son grand bonnet noir en peau de mouton, se tient debout, regarde le ciel ; met le coutelas en place, se fait des cornets acoustiques avec ses mains ; il se prosterne en tombant rudement sur son tapis, baise la terre, se frappe le front, regarde encore le ciel, tape des mains, s'assied comme un tailleur, et se tient coi ! Bientôt, il recommence pendant un quart-d'heure, puis il replie son tapis, chausse ses babouches et s'en va en invoquant Allah ! Ce personnage devait être un Arménien. Un confrère lui succéda presque aussitôt, et les sept ou huit qui étaient sur le bateau nous donnèrent, successivement, cette petite représentation. J'en ai ri un instant, puis j'ai tout simplement respecté leur coutume. Les gens qui font ce qu'ils croient devoir faire, sans s'occuper de ce qu'on en dira, sont toujours estimables.

Ces bons Arméniens, Tartares, Persans, avaient les ongles très-longs, peints en rouge, et la barbe aussi, ce qui produisait un curieux effet.

Vers minuit, je quittai le bateau avec un propriétaire chez qui j'allais. Nous montâmes dans une espèce de panier suspendu. Les chevaux s'élancèrent, et, traversant les prairies ravinées des bords du Volga, nous arrivâmes, au bout d'une heure de cette allure échevelée, à la porte d'une habitation. On m'y a offert une gracieuse hospitalité, et c'est de là que je clos ma lettre. J'envie son sort, car elle sera rendue à sa destination quand je serai encore errant sur les bords du Volga.

Veuillez agréer, je vous prie, chère Madame, l'hommage de mes sentiments aussi respectueux que dévoués.

L. DE F.

LETTRE XLIV

A M. PÉPION.

Encore une exploitation. — Prix divers. — Conditions de prêt du Crédit foncier russe. — Une ferme-école. — Un grand rucher. — Renseignements.

Kazan, 12 septembre 1869.

Mon cher Pépion,

Encore une exploitation russe! Pardonne-moi si je me répète. Mais pour prouver la véracité des faits, et dire que telle est la situation agricole en Russie, il faut bien les multiplier. L'exemple est encore pris à quelques lieues, dans les terres, sur la rive droite du Volga.

L'hectare vaut ici, en très-bonne qualité, de 160 à 180 fr. On en tire communément de 10 à 15 pour cent net de tous frais. Ici, le propriétaire a passé un marché avec la commune, et, pour 52 fr. à l'hectare, on se charge de faire tous les travaux que nécessite la rotation de trois ans, savoir : seigle, avoine et jachère. On lui rentre son grain, mais on ne le bat pas.

Un quart de la sole de seigle est fumée, et on paie 0 fr. 24 par charriot.

La deuxième sole est divisée en 5 : trois cinquièmes en orge et avoine ; un cinquième en froment ; un cinquième en blé noir.

La jachère n'est faite qu'en juin, pour laisser plus longtemps du pacage aux animaux. Les chaumes ont bien 30 centimètres de haut ; il faut absolument que les bestiaux le brisent.

Seigle, par hectare, semé 2 hectolitres 34 ; récolte moyenne, 15 hectolitres ; prix en 1868, 12 fr. Lin, par hectare, semé 115 kilos ; récolte moyenne, 480 kilos de graine ; 480 kilos filasse. Orge, par hectare, semé 3 hectolitres.

On sème le lin le 15 mai ; on ne le fume pas, mais on prend le terrain qui a été fumé pour le seigle. Il est arraché du 10 au 20 août. Pour ce travail, on donne 20 fr., autant pour le sarclage, et 63 fr. pour égrener et préparer la filasse : soit, avec les deux labours de 8 à 12 fr., un total de 146 fr. de frais par hectare, la semence comprise. La semence vaut 4 fr. les 16 kilos ; et la filasse de 6 à 12 fr., mais ce dernier prix est très-rare.

On cultive dans ce pays beaucoup de pois : les 16 kilos valent 2 fr. 80, soit 17 fr. les 100 kilos. On obtient de 640 à 1,280 litres par hectare. Ils sont blancs, gros et superbes. Ainsi, toute l'opération

agricole, dans cette propriété, consiste à donner 53 fr.
pour trois ans, à faire battre et à vendre les grains;
ce n'est pas difficile, ni embarrassant, et la commune
répond.

Il y a loin de là à nos exploitations françaises. On
avait quelques vaches sur la propriété. On achetait
aussi des bêtes de vingt mois à 36 fr. pour les revendre, deux ans après, de 80 à 120 fr., mais l'épizootie
continuelle tue toute grande spéculation. Les animaux sont très-lents dans leur croissance; cela tient
à l'état de souffrance résultant d'une nourriture
pauvre. Un homme est payé de 1 fr. 20 à 2 fr. 40
par jour; un domestique, 160 fr., mais blanchi et
nourri. Les femmes reçoivent au plus 120 fr. On estime
la nourriture 12 fr. par mois. Un homme amenant
un cheval pour travailler n'est payé que 80 centimes
à 1 fr. 20 au plus.

Le foin vaut sur place 17 fr. les 1,000 kilos. On
peut récolter de 2,400 à 3,200 kilos, soit un produit à l'hectare au maximun de 47 fr. 40.

On paie, pour faucher seulement, 6 fr.

Un homme coupe par jour 1 hectare 09 de blé noir.

Le mètre cube de bois vaut sur place 8 fr.

Nous allâmes voir, toujours comme une grande curiosité, la machine à battre mue par des chevaux, et organisée aussi grossièrement que possible. On me donna
pour motif que la fonte éclate à la gelée, et qu'on est
forcé de la remplacer par des engrenages en bois. Il
y a un bâtiment disposé à côté pour sécher le grain;

c'est, paraît-il, indispensable pour le conserver en tas, de 20 à 30 mètres cubes, comme on le fait. ·

Il en résulte un grand embarras, mais le grain se bat bien mieux. La machine pouvait battre 60 hectolitres en grain chauffé. Beaucoup de propriétaires ne font sécher les grains qu'après le battage, sur des tôles métalliques percées, ce qui est moins embarrassant. Que de paille et d'espaces en bonne terre perdus autour de la grange! Tout est fait grossièrement. Que d'hommes inoccupés qui, aidant à me faire voir la grange, feraient mieux d'en nettoyer le pourtour! Du reste, dans la maison du propriétaire, c'était la même chose : il y avait trois domestiques pour enlever quatre tasses à thé.

Là, comme ailleurs, on trouve les planchettes des gardiens de nuit, dont les tapotements sont si agaçants. Et pour garder quoi? Car que peut-on voler?

Je vois des charriots dont le fond est garni d'écorce de tilleul, ayant 55 centimètres de large.

Les bêtes à cornes sont abritées, comme partout, par des hangars faisant le tour de leurs cours.

Dans les pays de bruyère, ce serait excellent pour les jeunes bêtes, à cause de la grande quantité de litière qui serait parfaitement broyée. On pourrait, en ajoutant des râteliers, donner le fourrage sans entrer. Plus de forme à fumier, très-peu de main-d'œuvre, et une grande facilité pour enlever les engrais.

Les cloisons sont toujours composées de planches

introduites dans des poteaux rainés ; il n'y a ni pointes, ni clous, et c'est très-solide.

J'ai trouvé beaucoup de *trifolium pratense* d'une
très-belle venue. Jamais je n'avais vu de si beaux
échantillons ! Pourquoi ne cultive-t-on aucune prairie artificielle ? Quelle incurie !

J'ai appris dans cette exploitation combien les propriétaires russes étaient endettés, et avec quelle
difficulté on empruntait. Il y a un Crédit foncier
d'établi. Voici un compte représentant des chiffres
réels.

La propriété sur laquelle on voulait emprunter
était évaluée 65,000 roubles ; le Crédit a prêté dessus 26,000 roubles qui, vendus au cours, ne pro-
duiront que 21,884 roubles de capital.

On devient membre de la Banque, et l'on dépose
l'intérêt d'un an à 5 pour cent comme capital.

Soit	1,300 roubles.
Prime à 1 p. 0/0....................	260 —
— à 2, 2.8/16, soit.............	650 —
Amortissement, 5/6	81,25
Frais de taxation	65
Frais de toutes sortes en roubles argent.	2,356,25
Soit en billets......................	2,868 roubles.

Il reste à toucher net 19,115 roubles ; et il faut
payer un intérêt de 735 roubles tous les six mois.
Soit, pour 76,460 fr., on doit payer 6,180 fr. Ce n'est

pas à un agriculteur français que ses bénéfices permettraient de sortir de là.

Je suis venu reprendre le bateau. Les bords du Volga sont toujours insipides : des falaises de sable et d'argile, maigre végétation, coteaux arides ; tout le terrain est de même nuance grisâtre.

Arrivé à Kazan, ce fut un charmant jeune homme de vingt-six ans qui me fit voir la ville. Il me dit qu'il était juge de paix, et possédait 38,000 hectares de terre et de forêts. Ce que j'ai trouvé admirable, c'est que jeune, capable et riche, et aimant les occupations du propriétaire, il fût juge de paix. Il recevait 12,000 fr. Il en donnait 24,000 (6,000 roubles) à son intendant. Mais en Russie, il faut que la noblesse serve le pays quelques années. Je ne saurais le blâmer ; mais c'est sujet à bien des inconvénients, trop longs à te développer.

J'étais avec mon juge à organiser mes journées agricoles pour les jours suivants, et m'informais du directeur des domaines, quand un autre jeune homme vint à entrer. Celui-ci me promit une lettre pour un directeur de ferme-école. Alors, pour acquit de conscience, je lui remis les lettres du gouvernement russe qui m'accréditaient. Cela changea encore visiblement son obligeance à mon égard, car en me les remettant, il me dit : « Monsieur, je serai demain à vos ordres, avec ma voiture ; quelle est votre heure ? »

En effet, le lendemain, il était au rendez-vous en

grand uniforme, avec une calèche à deux chevaux. Je fus très-flatté ; mais ce qu'il y a de triste, c'est que, dans ces occasions si solennelles, on ne voit jamais rien, et qu'on n'apprend pas davantage. Enfin, je ne pouvais pas le lui dire, et je dois lui savoir très-bon gré de tenir un compte si exact des recommandations de ses supérieurs.

A la ferme-école, on nous fit attendre longtemps ; on voulait, sans doute, que tout fût en ordre. Je trouvai une troupe d'enfants au dortoir ; leurs lits étaient à la russe et peu tentants. Tout sentait la peinture dans la maison ; c'est ma principale observation.

Les étables étaient fort grandes ; de grossières mangeoires se haussaient à volonté, et tout était disposé de façon à n'enlever le fumier qu'une fois par an.

Là, plus qu'ailleurs, on fait litière de foin. Les aliments fermentés étaient, dit-on, usités en hiver, mais sur une petite échelle. On se sert de balles, puis de paille hachée qu'on mélange à trois livres de farine contre sept de paille.

Les quelques veaux élevés dans cette ferme l'étaient au baquet : à six semaines on diminue le lait. (Si on les vend pour la boucherie, ils valent 12 fr.) A trois mois, on cesse de donner du lait, et l'on continue de la farine d'avoine pendant un an, mais on ne dépasse pas 1 kilog.

L'assolement de la ferme était de six ans : seigle, avoine, jachère fumée, vesces, sarrazin, pommes de terre ; je n'ai pu vérifier.

Les chevaux de travail recevaient du foin à discrétion et 9 litres 75 d'avoine. Le foin coûte 27 fr. les 100 kilos à Kazan.

La sacca de 12 à 16 fr.

C'est à cette ferme que j'ai trouvé le plus grand rucher que j'aie rencontré : il y avait bien 500 essaims, tous distants de 4 ou 5 mètres, et disposés à l'abri d'un coteau, dans une sorte de verger. Ce serait une très-bonne idée pour utiliser un endroit sauvage.

Le miel est enlevé en août, et pour l'hiver, toutes les ruches sont rentrées dans un appartement spécial ; on n'en perd presque pas. Il est certain que l'apiculture a un grand pas à faire en France.

Les abeilles, en Russie, ont un temps beaucoup plus court pour faire leurs provisions, et elles vivent cependant. Un homme spécial veillait constamment sur le rucher. Les ruches étaient en bois.

Voici quelques renseignements que j'ai obtenus près de Kazan, de propriétaires paraissant sérieux :

Le litre de lait vaut, en ville, de 12 à 16 centimes.

La viande, première qualité, vaut de 40 à 48 centimes la livre.

L'hectare vaut de 120 à 160 fr. On peut trouver 12 fr. de fermage facilement.

Des briques grossières et mauvaises (elles contiennent trop de sable) valent de 32 à 44 fr. le mille ; elles ont 7 centimètres sur 28.

Les 100 kil. de chenevis valent 17 fr. Le tourteau de chenevis est à 5 fr. les 100 kil. En 1868, les

100 kil. de seigle valaient 12 fr. 50; le froment, 17 fr. 50, et il a été à 25 fr., soit environ 20 fr. l'hectolitre. L'hectolitre de blé pèse 81 kil. 88, et le seigle est à 75 kil. 69.

On estime que lorsque le seigle est au-dessous de 8 fr. 72 les 100 kil., on perd.

Le froment, à 12 fr. 50 les 100 kil., est encore rémunérateur, mais c'est la limite. Retiens bien cela. Juge si nous pouvons lutter!

On a vu le seigle à 2 fr. 70 l'hectolitre. L'avoine est fort chère maintenant; elle est à 12 fr. 50 les 100 kil.

Un homme, pour la récolte, est payé 3 fr. 20, et les femmes 1 fr. 60; en d'autres temps, un ouvrier se paie 1 fr., et les femmes 60 centimes. On nourrit ces ouvriers, et on estime la nourriture à 28 centimes.

Les frais de récolte sont de 12 à 16 fr. l'hectare, et, dans les bonnes années, cela monte à 24 fr. Il faut douze journées pour couper à la faucille et lier 1 hect. 09.

Tous les labours, hersages, fauchages, rentrée en grange, se paient de 36 à 44 fr. par 1 hect. 09. Le battage vaut de 12 à 16 fr. par 1 hect. 09. On peut faire mener du fumier à 3 ou 4 kilomètres, à 40 centimes le charriot. Il faut 200 à 250 charriots pour fumer un hectare. Le seigle donne de 1,280 kil. à 1,920 par hectare.

A Kazan, comme dans le nord, les Russes ne savent pas atteler les chevaux; quand un charriot est un peu lourd et que, par exception, trois chevaux ne peuvent l'enlever, on passe une grosse corde par-dessous un charriot vide, on la fixe fortement, et trois nouveaux chevaux sont attelés sur ce charriot. Il est impossible de voir des animaux plus mal à leur aise pour tirer ; aussi, 400 kil. constituent-ils la charge ordinaire d'un cheval.

Adieu, mon cher Pépion ; crois, je te prie, à ma sincère affection.

L. DE F.

LETTRE XLV

A M. LE Vte OLIVIER DE L'ESTOILE.

Le Volga le soir. — Les usages des passagers. — Les chevaux du Don et de Sibérie. — Le pavage en bois debout. — La tarentas perfectionnée. — Une surprise.

Kazan, 10 septembre 1869.

Mon cher Olivier,

Le Volga est beau le soir. Le bateau fend le sillon qu'éclaire la lune; tout scintille, tout miroite, le temps est calme; des milliers d'étincelles, produites par le bois de pin en combustion, s'élèvent de la machine, retombent en pluie de feu et s'éteignent dans le fleuve. C'est tout ce que l'on peut admirer sur le Volga, car les bords en sont insipides.

Enfin le soir, par un beau calme, tu aurais pu rêver à ton aise. Moi, décidément, je crains d'être trop agriculteur. Le bateau est rempli d'étrangers. Ils sont tous couchés, ces excellents Tartares, comme des

18

chiens ou des veaux ! Être assis n'est pas une posture connue d'eux. Enveloppés de leurs pelisses de mouton, ils sont sur les bancs, dessous, dans les couloirs, les coins et recoins, et aussi sur toute l'étendue du pont. On ne peut passer sans marcher sur ces étranges voyageurs. Mais, après m'en être un peu inquiété, je me suis aperçu qu'ils étaient complètement insensibles ; dès lors, ils ne sont plus gênants. Comme les Russes, qui du reste sont là pêle-mêle avec eux, ils ont presque tous deux oreillers recouverts en cotonnade rouge.

Dans les salles basses, les gens plus riches ont encombré leurs places d'au moins trois oreillers ; c'est là tout leur lit !

J'ai couché à côté d'un Cosaque ; il avait deux oreillers blancs, par hasard. Je m'en suis approprié un petit coin ; mais le maître, personnellement, puait immensément ! et pas moyen de m'éloigner ; je serais tombé de Carybde en Sylla, et j'aurais perdu mes oreillers.

Le matin, très-peu font leurs prières, mais on les voit charger leur cigarette avec un ensemble admirable ; après quoi, on va au lavabo.

Les élégants Tartares, même ceux qui habitent sur le pont, ont le plastron décoré de broderies d'assez bon goût, rouges, vertes et noires ; ils ont tous des bottes excellentes et souvent avec dessins.

Quand toute cette multitude de Cosaques, Tartares, Arméniens, musulmans, Persans, etc., ont fini de dormir sur leurs planches et sur leurs oreillers, ils prennent le thé, fument, prennent le thé, fument encore et dorment; mais, dans quarante-huit heures, ils ne bougent pas de leur coin.

Il n'y a là que des descriptions qui ne peuvent que t'intéresser faiblement. Mais en voyant de très-beaux types de chevaux du Don et de Sibérie, j'ai pensé à toi, qui es si amateur.

Les chevaux du Don avaient l'encolure mal unie, mal attachée; une longueur étonnante du tronc, qui forme, avec la croupe, une ligne complètement horizontale jusqu'à l'insertion de la queue. Les hanches paraissent supprimées. L'épaule est très-bonne, l'avant-bras très-fort; les aplombs sont excellents. Les sujets que je vois sont de robe alezane. La taille est moyenne.

Les chevaux de Sibérie sont de très-petite taille : de la nuque à la croupe, la ligne est presque horizontale; l'encolure est d'une brièveté exagérée. Le train de derrière est très-fortement musclé; la crinière est énorme et la tête affreuse. Les tendons des jambes de devant sont très-saillants, très-forts; les paturons le sont également et très-longs. Avec cette conformation, je suis disposé à croire aux tours de force de ces animaux comme résistance à la fatigue. Le propriétaire qui me faisait voir ces chevaux les tenait en boxe, mais ils étaient fort négligés. Les stalles étaient planchéiées, ce qui est sujet à beaucoup d'inconvénients; aussi, il m'est venu à l'esprit qu'on pourrait

remplacer pavés et planches par des tronçons d'arbres
juxtaposés les uns aux autres ; du reste, le tout, appliqué comme le pavage en bois des rues de Pétersbourg, ne serait pas cher ; l'exécution en serait facile
et permettrait d'économiser de la litière, car on ne
craindrait pas de voir autant les chevaux s'abîmer les
pieds en frappant, en été, directement sur le pavé.

Je livre cette idée à ton appréciation, et suis prêt
à t'aider de mes lumières si tu veux tenter l'essai pour
le plus grand confort de tes chevaux favoris. Je crois
même, avec ce que j'ai vu, pouvoir te faire arranger
une stalle propre, saine et économique, sans qu'on
emploie une seule pointe ; donc, plus de piquage à
redouter.

Enfin, j'ai vu en Russie une bonne invention, la
tarentas perfectionnée.

C'est encore la nécessité qui a amené ce résultat.
On s'est aperçu qu'en courant la poste à travers les
champs, aucune voiture à ressort ne pouvait résister ;
qu'on était constamment sous le coup d'un ressort
prêt à se briser et qu'on ne pouvait réparer, et le
charriot de poste était impossible. On a donc cherché
à remplacer la barre qui réunit les deux trains par
plusieurs barres un peu flexibles. En effet, lorsqu'on
voyage dans un charriot de ce genre, on est un peu
moins mal, et les Russes en sont très-fiers.

Le propriétaire, chez lequel j'ai passé quelque
temps, s'était emparé de cette idée et l'avait perfectionnée. Il m'avait conduit chez lui un soir, et nous

franchissions l'espace, au galop de ses chevaux, sans ressentir aucune réaction dure. J'étais dans l'admiration, et le lendemain je fus examiner l'appareil. J'ai les dimensions exactes à ton service; mais je ne t'ennuierai pas de chiffres aujourd'hui. Étant donné les deux trains de voiture, il avait fait percer les sellettes et les avait réunies par huit petites gaulettes en chêne très-flexibles, de 5 centimètres de diamètre. D'un essieu à l'autre, il y avait une longueur de train de 3m 90. Les paniers à compartiments étaient arrangés sur cet appareil, et si quelquefois on est lancé en l'air par les rugosités de ces chemins impossibles, au moins on retombe mollement.

Si quelquefois, devenu impotent, tu éprouves le besoin de voyager malgré cela sur tes terres, et d'avoir une voiture passant partout et résistant quand même, n'oublie pas mes paniers posés sur huit petits chênes.

Voilà tout ce que j'ai à te dire qui puisse t'intéresser; mais tu me pardonneras en faveur de ma bonne intention; et si je devais te dépeindre, à la place, tout ce que j'ai d'affection pour toi, je t'assure que ce serait beaucoup plus long.

Ton cousin qui t'aime de tout son cœur.

L. DE F.

18.

LETTRE XLVI

A Mme LA COMTESSE DE L.***

Kazan. — La Sibérie et les condamnés ; comment on les traite. — L'admiration d'un père. — La soupe aux orties.

Spask, près Kazan, 15 septembre 1869.

CHÈRE MADAME ET EXCELLENTE AMIE,

Je me réclame de votre indulgence. Je ne puis passer facilement d'un sujet à un autre. Je viens de traiter une question agricole ; j'ai peur que ma lettre ne s'en ressente et que l'ennui ne vous prenne en la lisant. Je sens bien que ce défaut me rend plus ennuyeux qu'une pluie à verse. Je le déplore, et je prie les étrangers de me pardonner; s'ils s'y refusent, c'est un petit malheur, car je serai vite oublié. Mais je n'en prends pas mon parti aussi facilement vis-à-vis de vous; aussi, outre votre indulgence dont je suis sûr, que votre bonté habituelle ne vous fasse voir que l'intention qui a dicté ma lettre.

Je viens de quitter Kazan, et cette cité tartare a fait peu d'impression sur moi. Certes, cela ne ressemble pas à une ville française! et si j'avais été transporté directement, les yeux bandés, de Paris à Kazan, j'aurais éprouvé une grande surprise et, peut-être, une vive sensation en voyant à la fois tant de choses nouvelles. Mais, après avoir parcouru la Russie, rien ne m'a beaucoup frappé. Les environs de la ville, que le Volga couvre pendant ses inondations, sont fort tristes; ce sont de pauvres pâturages ravinés, ensablés, brûlés par le soleil. Pas un arbre, rien pour accidenter le paysage. Il y a toujours ces églises russes avec leurs cinq dômes, qui font un curieux effet. J'ai visité cependant avec intérêt une ancienne église d'une architecture particulière, puis une mosquée tartare élevée de quelques marches au-dessus du sol. L'intérieur était d'une forme arrondie; on ne voyait que quelques tapis et des chapelets épandus çà et là sur le sol et destinés aux vrais croyants.

J'ai trouvé sur le bateau un Français et sa femme, venant de Nijni, où ils avaient acheté leurs provisions; ils retournaient en Sibérie, exactement comme un bon ménage parisien pourrait aller de Montmartre aux halles centrales. Ayant quitté la France depuis trente-quatre ans, le mari était employé dans une fonderie. Il allait à Perm, et m'assura que tout ce que l'on racontait sur la Sibérie n'était qu'une fable; que c'était un excellent pays où l'on vivait fort agréablement; qu'on y buvait même beaucoup de champagne. Presque toutes les plantes connues s'y trouvent, et on y voit surtout de très-beaux rhododendrons.

Quant aux mines, ajouta-t-il, l'exploitation, faite par les criminels condamnés aux galères à perpétuité, seule est fort pénible. Ceux condamnés pour crimes politiques ne sont pas dans ces conditions. La mortalité, dans ces endroits éloignés, est infiniment plus faible qu'on ne le dit, et n'a rien d'extraordinaire. Les condamnés sont transportés par bateaux sur le Volga, autant qu'on le peut.

Je ne m'étonne pas qu'un homme rompu avec les habitudes du pays trouve tout cela naturel; ainsi, les condamnés n'y sont guère traités autrement que les Russes ordinaires. Un paysan russe couche sur des planches, sans matelas, ou au grand air, dans quelque coin; il vit d'eau bourbeuse, de pain de seigle, pas cuit, où le son est resté, de concombres salés ou de champignons. Que veut-on de pis pour les émigrants en Sibérie? A part quelques coups de knout, je ne vois pas trop ce qu'on peut leur offrir de moins confortable. Peut-être la provision de concombres ou de champignons conservés manque-t-elle quelquefois; c'est ce qui fait tant crier; cela n'en vaut vraiment pas la peine! Seulement, il faut s'entendre; nous, sensibles Français, nous trouvons affreuse cette manière de vivre; mais, pour les Russes, c'est tout naturel.

Comme je n'ai que des détails très-imparfaits, voici ce que je copie dans l'ouvrage du baron Hu-

guste de Harthausen, publié à Hanovre en 1847.
Si vous désirez avoir beaucoup de détails intéressants
sur la Russie, c'est là que vous les trouverez.

« Peu après notre venue à Stari, arriva un convoi
de condamnés pour la Sibérie. Il en part toutes les
semaines de Moscou. Étant arrivés à l'improviste, sans
être connus de personne, nous pûmes juger de la
manière dont sont traités les déportés en voyage. La
maison destinée à les recevoir était située au milieu
d'une grande cour. A l'intérieur se trouvaient plusieurs
salles spacieuses, garnies de larges bancs servant de
lits, et couverts de paille fraîche. Dans la cuisine, on
voyait préparé le tschi, soupe aux choux aigres, et
le *kacha*, blé noir, nourriture habituelle des condamnés.

« Sur l'ordre du commandant, tous les déportés,
enchaînés par couple, et portant leur bagage sur le
dos, entrèrent dans la cour. Les femmes seules
n'avaient pas de liens ; les chaînes pèsent, en moyenne,
deux kilos ; deux ou trois voitures suivaient, portant
malades et provisions. Il y avait cent trente-six condamnés. On rangea tout le monde, et l'on fit l'appel.
Puis les rangs se rompirent, des groupes se formèrent,
et les éclats de voix retentirent. Ils ne paraissaient
nullement abattus, et étaient plutôt satisfaits qu'indif-
férents. »

Puis il ajoute : « Les exilés ne manquent de rien ;
les Russes sont très-charitables pour les condamnés. »
Le nombre des exilés traversant tous les ans Kazan

était de 60,000; il n'est plus que de 10,000. Autrefois, à peine le tiers arrivait à destination; la perte, actuellement, n'est que de 15 à 25 p. 0/0. Les souffrances ne commencent que de l'autre côté de l'Oural, dans les régions désertes. Là, les condamnés vivent un peu comme ils peuvent; il est impossible de surveiller les maisons d'étapes, et cette agglomération d'hommes produit des maladies pestilentielles.

Le voyage dure habituellement sept mois. Les criminels sont envoyés aux mines de Nertschinsk, à 6,400 verstes de Moscou; la verste est 1 kilomètre 66 mètres. On assure qu'autrefois les condamnés descendus sous terre ne revoyaient plus le jour. Maintenant, ils ne restent sous terre que huit heures par jour. Les condamnés à la déportation sont colonisés dans le sud de la Sibérie, contrée romantique, paraît-il, d'une fertilité étonnante, et dont le climat est très-salubre; on nomme cette contrée l'Italie sibérienne; là, ils sont comme des colons libres et indépendants; ils peuvent faire venir leur famille, et ils sont gouvernés par la commune.

La Sibérie est encore un pays patriarcal, et de mœurs simples. C'est la vieille Russie avec sa franche hospitalité et son esprit de charité compatissante. Tous les voyageurs non prévenus et tous les observateurs impartiaux en font la même description.

Voici, Madame, ce que je puis vous dire sur la Sibérie, pour tranquilliser un peu votre cœur.

J'ai vu moi-même un commencement de convoi de condamnés dans les rues de Moscou; il y avait une vingtaine de prisonniers, attachés deux à deux par de petites chaînettes, et portant tous un petit paquet. La composition du groupe était des plus pittoresques; il y avait des femmes avec des pelisses, d'autres en robes de cotonnade, les jambes nues, des hommes de toutes sortes de costumes, et trois ou quatre individus en capote de soldat.

Quatre soldats, le sabre nu, marchaient aux quatre angles. A tout prendre, je considérai le cortége comme très-original. J'en agrandis les proportions dans mon imagination, et je me persuadai que j'avais vu un convoi de déportés en Sibérie, Je regrette d'être aussi pressé par le temps; j'aurais volontiers été visiter ce pays si diversement apprécié. La vie n'y était pas chère, car il y a dix ans, un Français m'a assuré que la viande coûtait 11 centimes le kilog. Maintenant elle vaut 24 centimes; cela fait une différence avec les prix de Paris et même ceux du bateau à vapeur, où l'on paie 2 fr. 40 une gélinotte achetée 20 centimes aux gens du pays, et 1 fr. 60 deux œufs à la coque peu frais (1). Un jour, comme je m'extasiais sur la manière dont les voyageurs mordaient avec appétit dans des pommes cotonneuses, et d'autres d'un vert à allonger les dents, un d'eux m'assura qu'ayant fait lui-

(1) Mais les Russes paient volontiers et engloutissent la nourriture, sans trop s'inquiéter de la qualité.

même cette observation à un marchand de fruits qui les cueillait encore plus vertes, ce commerçant lui fit cette réflexion : « L'homme qui voit une chose la convoite et se l'approprie, et n'est pas comme le chien, qui rebute après avoir flairé quand cela ne lui convient pas; l'homme qui a une fois payé *mange quand même.* »

Je trouve que cet axiome ne peut être que russe.

Le même bon père de famille s'extasiait sur son héritier, comptant trois printemps : il me citait avec orgueil que le soir d'un jour où on avait congédié sa bonne, on lui demandait s'il la regrettait? Il répondit nettement : « Pourquoi voulez-vous que je la regrette? *Ce n'est qu'une bonne !* » Admiration des parents! Il y a de quoi; le jeune homme ira loin; il ne s'arrêtera pas aux bagatelles de la porte de l'égoïsme, et une reconnaissance modérée, c'est ce qu'il faut dans ce monde. Mais vous connaissez mes principes : j'aurais probablement commencé par administrer le fouet au marmot, ou au moins j'aurais éprouvé beaucoup de chagrin.

Je suis arrivé chez un grand propriétaire qui s'occupe d'arts, et m'a fait très-bon accueil. Il avait de magnifiques salons et quelques très-bons tableaux; il a beaucoup voyagé. Il s'est empressé de me donner tous les renseignements agricoles qui pouvaient m'être utiles. Être un peu soigné m'a fait grand bien, car il y avait deux nuits que je ne m'étais couché. J'en avais passé une en charriot et l'autre sur un escabot, dans une cabane, la tête appuyée sur un sac de nuit odorant.

Mes hôtes voulurent bien me faire goûter à tous les mets les plus russes possibles pour me réconforter ; et ayant entendu parler de la soupe aux orties, je poussai une exclamation ; le repas suivant, on m'en fit servir. C'est assez bon. Voici la recette : vous prenez au printemps la première pousse des orties ; vous les faites cuire dans de l'eau avec un tiers d'oseille. Vous en faites une boule, puis vous hachez le tout.

On met cuire dans une casserole avec un peu de beurre, comme des épinards ; on ajoute ensuite du bouillon, presque de façon à ce que cela reste en purée. Essayez, je vous y engage ; c'est bon, surtout quand on a faim.

Le grand air et l'exercice m'ont fait du bien, peut-être aussi la distraction ; j'ai les idées un peu moins noires que lorsque j'ai quitté la France ; je ne crains pas de vous le dire, à vous, chère Madame, qui me portez un si affectueux intérêt. Je vous en remercie encore, et vous prie de croire aux sentiments de la plus respectueuse affection de votre tout dévoué.

L. DE F.

LETTRE XLVII

A M. PÉPION.

Chez les Tartares. — Renseignements agricoles. — Costumes et mœurs. — Une dent de herse consolidée. — Un grenier russe. — Le menu d'un dîner à la campagne.

Chez les Tartares, 20 septembre 1869.

MON CHER PÉPION,

J'ai quitté Kazan et me suis enfoncé dans le pays, muni de mes recommandations. Après une longue route, j'arrivai chez un propriétaire dont la cour était remplie de gens aux costumes étranges. J'entre; impossible de me faire comprendre. Le père réunit ses cinq enfants et leurs dictionnaires; enfin on saisit le but de ma visite. Il était midi, et il faisait une chaleur étouffante, au moins 25 degrés! Le propriétaire, vrai Russe, prit un manteau de gendarme français, et notre promenade commença. Je suis tellement habitué à me tirer d'affaire, qu'au bout d'un quart d'heure nous nous comprenions passablement, en nous aidant de français, de russe, et en jouant des charades.

M. Anguibal faisait valoir toute sa propriété à l'aide de Tartares ; il était très-content d'eux pour le travail, et leur marchandait tous les travaux d'une culture de seigle ou d'avoine pour environ 29 fr. par hectare. La mesure agraire était changée auprès de Kazan, et la dessiatine valait 164 fr. Dans ce prix, les entrepreneurs devaient couper le seigle à la faucille, et aider à le battre à la machine. Il paie, en plus, 18 fr. environ pour le transport du fumier ; mais on l'utilise peu. La sole d'avoine et d'orge est remplacée à peu près complètement par du blé noir. On sème à l'hectare 1 hectol. 90 d'orge, et on espère récolter 24 hectolitres ; c'est trop, je crois. Le blé noir vaut 9 fr. l'hectolitre. On sème 1 hectolitre 50 de seigle ; le produit à l'hectare est de 16 hectolitres. On sème 3 hectol. 35 d'avoine. On considère le blé noir comme une culture améliorante. Les grains sont tous enterrés sous raie, à la sacca. On se servait de chevaux de Sibérie pour labourer. Ils coûtent de 100 à 120 fr. Ils travaillent sans brides, et sont tenus avec un simple licol, comme, du reste, presque tous les chevaux de paysan. Ces chevaux sont petits, mais ardents et étoffés ; ils ont un excellent tronc. Ils reçoivent du foin à discrétion, 9 litres 75 d'avoine, et 3 litres de son de seigle, d'avoine et de blé noir mélangé.

Les charriots de paysan sont encore plus petits

que dans le nord de la Russie; avec essieux en bois, on les paie 60 à 80 fr.

Les Tartares, employés comme domestiques, reçoivent 120 à 140 fr. et sont nourris.

C'est-à-dire qu'on leur fournit :

Seigle, par mois, 33 kil.; sel, 818 gr.; pois, 4 kil. 500; blé noir, 4 kil. 500; viande, 5 kil.

La viande coûte de 16 à 20 centimes la livre.

La cabane tartare que j'ai vue était pareille à celles des Russes; seulement, la table où ils mangent sert de lit. Le Tartare dont j'ai vu le logement n'avait qu'une femme, mais une jolie quantité d'enfants, qui tous, nus, en chemises bleues déchirées, les cheveux rasés, grouillaient au soleil. Il y avait encore un berceau au milieu de la cabane, suspendu à une perche.

Habituellement, un vrai Tartare a quatre femmes, et sa maison n'a jamais de fenêtres sur la rue, ce qui gêne les curieux. Il construit cinq maisons ou cabanes; la plus grande est pour lui et pour l'élue de la semaine, et elles ont chacune leur tour quand elles ont été bien sages. Le reste du temps, chacune fait son ménage à part, avec ses enfants. Lorsque le Tartare va bivouaquer pour la récolte, il emmène toute la famille, et fait une loge pour lui et la favorite; quant aux autres, elles s'abritent comme elles peuvent.

M. Anguibal était juge de paix : il rentra pour accorder quinze Tartares; c'étaient ceux que j'avais vus en arrivant.

Chacun d'eux portait une calotte de cuir brodée,

grande comme celle d'un prêtre catholique. Il avait
la tête rasée, ainsi que le devant du menton ; le reste
de la barbe avait toute sa longueur, ce qui lui donnait une curieuse physionomie. Ces Tartares avaient
une chemise bleue, une pelisse de mouton qu'ils portent la laine en dedans, même quand il fait du soleil ;
des jambières en feutre, des sandales en tilleul, et,
enfin, une culotte en toile, large et flottante.

J'assistai au jugement, qui fut très-calme. Ces
pauvres diables venaient de plus de douze lieues,
avec leurs petits charriots, dont chacun était attelé
de deux chevaux, et ne servait que pour deux personnes. Pendant la séance, ils se tinrent debout, gar-
dèrent leur calotte de cuir ; mais ils avaient à la main
leur bonnet rond en peau de mouton ou leur chapeau
en feutre gris, également rond et pointu. Les plus
riches de ces Tartares avaient des bottes brodées,
chaussées dans des galoches, le tout orné de boutons
en verre rouge, bleu, vert. Leur pelisse était courte
et recouverte d'une toile où se trouvaient des broderies ; il ne faut pas oublier que la fabrication
des bottes brodées est l'une des spécialités de
Kazan.

M. Anguibal employait les os comme engrais, à
380 kil. à l'hectare ; ils donnaient un très-bon résultat. Pour les pulvériser facilement, on organise un
fourneau dans lequel on place une couche de paille,
puis d'os, et successivement, et l'on met le feu. Au
bout de dix minutes, ils s'écrasent facilement.

J'ai remarqué un mode solide d'insertion des dents dans les herses fabriquées par M. Anguibal. La dent est consolidée de façon à ne pouvoir tourner. M. Anguibal construisait aussi des machines à battre, mais il les faisait payer 1,400 fr.; elles n'en auraient pas valu 700 en France.

Son grenier était dans un appartement, pour ainsi dire, tout entouré de maies de pressoir qui se divisaient en compartiments imitant de grandes caisses de deux mètres de hauteur. Une augette et une chattière se trouvaient à hauteur d'appui, si bien qu'on versait le grain dans chaque casier, et qu'il arrivait, quand on voulait, par cette petite ouverture. Ce système, qui exige peu de place, est presque général en Russie; mais il demande beaucoup de manipulations et exige des grains très-secs.

Dans tout le pays que j'ai traversé depuis Kazan, sur la rive gauche du Volga, je n'ai pas vu de bois; seulement, çà et là, quelques taillis de noisetiers, de chênes, de sycomores, d'ormes à grandes feuilles et de tilleuls de plusieurs espèces. Toutes ces essences étaient réunies. Si on voulait s'en occuper, certes, à en juger par la végétation de ces taillis, on aurait de belles forêts.

A quelques lieues de M. Anguibal, un propriétaire fait tout valoir par domestiques. Je trouve trente saccas rangées et rentrées, car si elles étaient restées dans les champs, on les eût volées. Vingt-deux chevaux sont en liberté dans la même étable. A côté, dans un bâtiment semblable, sont les vaches, au nombre de deux ou trois seulement, car ce propriétaire a eu toutes ses étables ravagées en 1865 et en 1868. L'épizootie est encore dans les environs.

M. S... trouverait facilement à faire cultiver à moitié ; mais il est plus avantageux, d'après lui, de cultiver par domestiques, qui ne coûtent que 88 centimes par jour, nourriture comprise, et le cheval 1 fr.

Les tas de gerbes, arrangés très-soigneusement, étaient longs et établis sur des supports en bois, avec petit couloir au milieu pour la circulation de l'air.

Je fus reconduit par la famille A... en grande pompe. Deux voitures étaient chargées. Le père avait toujours son carrick. Vers trois heures, on m'avait offert un dîner complet ; *on avait mis les petits plats dans les grands.* Il y avait une soupe au bœuf et des petits pâtés au fromage, puis du vermicelle au lait (deux potages et des petits pâtés sont de rigueur dans un dîner russe). On mange de tout ; c'est encore une obligation. Nous eûmes ensuite des côtelettes de veau au sucre et aux petits pois ; c'était détestable ; puis, comme rôti, du bœuf, du veau et des sarcelles, le tout carbonisé (c'est encore une coutume russe). Le dessert était composé de biscuits, avec du lait, liqueur de framboise, eau-de-vie parfumée d'écorce d'orange. Enfin, on avait cherché à me faire bon accueil, et, certes, j'y ai été sensible. Heureusement qu'on ne m'a pas offert de millet accommodé à l'huile de chenevis; c'est, paraît-il, un plat très à la mode dans le pays.

Adieu, mon cher Pépion ; ne doute pas de mon amitié.

L. DE F.

LETTRE XLVIII ·

A MADAME X***.

L'attente au clair de lune. — Le départ des conscrits. — Les vieux soldats.

En bateau à vapeur, près Simbirsk,
22 septembre 1869.

Chère Madame,

Depuis deux jours, le peu de renseignements que j'ai pu recueillir sont bien à moi. Parti à cinq heures du matin sans rien prendre, on m'offrit, vers deux heures, une tasse de café. Je trouvai cela d'une hospitalité un peu maigre. Faute de mieux, pourtant, j'acceptai, et, pensant ne pas avoir autre chose à prendre dans la journée, je mangeai quantité de biscuits.

Une demi-heure après, on annonce que le dîner est servi, un dîner composé de sept plats, avec le double potage obligé ; quelle trahison de ne pas m'avoir prévenu ! Cependant, j'accepte par prévision.

19.

Le soir, j'arrive vers six heures chez un autre propriétaire. On m'avait vanté l'amabilité de la femme de l'Excellence, car c'en était une. Fatigué et voulant m'instruire, j'étais résolu à demander l'hospitalité. Mais bientôt le maître de la maison m'annonce qu'il est âgé et n'a rien à me montrer. En vain je lui remets la lettre du gouverneur ; il reste inflexible. Je le priai alors de me faire chercher des chevaux et de me donner la monnaie d'un rouble qu'on m'avait refusé à l'hôtel.

Une heure après, je prenais congé de mes gracieux hôtes, et suivais la route de Kazan.

Au relais, tout le monde était couché. Mon conducteur frappe, dit quelques paroles au travers des fenêtres, et bientôt me laisse dans mon tonneau devant un portail fermé. Peu à peu, je vois sortir de chaque maison voisine deux ou trois habitants, occupant une de leurs mains dans leurs longs cheveux, et l'autre à calmer leurs démangeaisons sur leur partie la plus charnue. Du reste, je tiens la gageure qu'on ne verra pas un Russe sortant la nuit de chez lui sans se livrer à ces deux genres d'occupation. Le saut du lit n'étant pas pénible, puisqu'ils n'avaient à quitter que leurs planches et se trouvaient tout habillés, je vis bientôt les habitants arriver en foule avec curiosité, comme eussent pu le faire de vrais sauvages. Ils regardaient mes bagages, se penchaient sur le charriot, riaient, causaient, touchaient mon paletot, essayant de tirer quelque chose de moi ; mais ils n'en eurent rien, si ce n'est un murmure accentué, d'autant plus que l'attente commençait à me paraître longue.

Un instant, j'eus peur de ne plus pouvoir reconnaître mon cocher parmi tous ces mougiks, grands et petits. Tout ce que je compris : *Kazan, tri roubla,* ce qui voulait dire : « Pour aller à Kazan, trois roubles. » Je fus beau de défense et d'indignation, seul, à minuit, au clair de lune, au milieu de tous ces barbares, pieds nus. Enfin l'assemblée, de guerre lasse, commença à se dissoudre. Mon cocher revient; il veut se faire payer et me faire descendre, disant que la voiture allait venir : *Tit chass, tit chass.* A mon tour, je répétai : *Tit chass;* en vain on m'apporta une lanterne pour voir mes roubles; demi-couché dans mon tonneau, et ayant froid, je méconnus cette attention, refusai de bouger et regardai lever la lune. C'était pittoresque, et ma situation était curieuse : seul, à minuit, à la porte de ces cabanes, sans pouvoir dire un mot! Quand partirai-je? Où m'emmènera-t-on? Je suis bien à la merci de ces sauvages, et ils me le prouvent Me fâcher! A quoi bon?

Arrivé à dix heures, je ne partis qu'à une heure du matin. J'eus le temps de faire des réflexions sur la vie, et de penser à tout ce qui me reste d'affections au monde; chacun en a eu sa part proportionnelle.

Enfin, on m'amena un petit charriot de paysan dont le fond était garni avec de l'écorce de tilleul. Le fou, car on en avait mis un, ne pouvait rester attelé. Je m'assis sur le côté du charriot et repris la route de Kazan, où j'arrivai vers trois heures du matin.

Mon conducteur ne connaissait pas l'hôtel; nous fîmes tout le tour de la ville, et quiconque connaît les villes russes saura que ce n'est pas une petite affaire. Je me résignais à attendre le jour dans mon charriot, lorsque je prononçai ces mots magiques : « *Gubernator dôm,* maison du gouverneur. » Mon cocher comprit, et nous n'étions pas à moitié route, que je reconnus mon hôtel. Je me couchai deux heures, et fis ma malle.

Ce n'était pas si pressé; j'attendis le bateau qui arriva avec quatre heures de retard; il s'engreva cinq heures, et je couchai sur un banc, ma deuxième nuit, dans une cabane. Aussi, le jour venu, ayant trouvé, à douze ou quinze lieues de là, une maison hospitalière, j'en profitai pour me reposer.

Je n'ai point de récits très-gais à vous faire aujourd'hui, chère Madame; c'est sans doute ma disposition d'esprit qui l'occasionne, et j'ai beau désirer ne vous écrire que des choses qui puissent vous égayer, ce qui m'a le plus frappé me revient tout d'abord à l'esprit. J'étais, l'autre jour encore, sur le bord du Volga à attendre le bateau; mais, à sa place, je vis arriver d'immenses barques paraissant chargées d'hommes; elles restèrent au large; des chaloupes s'en détachèrent et abordèrent auprès d'un fort attroupement. Bientôt elles se remplirent de monde : c'étaient des conscrits s'arrachant un à un des bras de leur mère, de leur vieux père, de leurs fiancées.

Le temps était calme ; les cris les plus déchirants retentissaient ; mes oreilles tintent encore de ce lugubre chant du départ, rythmé comme un cantique par toutes ces femmes en'pleurs, les unes échevelées, à genoux, élevant leurs mains vers le ciel ; les autres se prosternant et priant, d'autres poussant des cris de rage. Je me rappelle une pauvre mère et un vieillard, à genoux, touchant l'eau presque, chantant tout en pleurant, et bénissant encore leur fils qui s'éloignait, tandis que d'autres enfants encore tout jeunes s'efforçaient de les consoler.

Un peu plus loin, une belle jeune fille surtout m'a fait pitié ; ses amies la soutiennent ; elle ne sait si elle doit vivre ou mourir ; ses longs cheveux sont épars ; sa poitrine se gonfle d'une manière affreuse ; enfin elle s'évanouit, et on la laisse là étendue sur le sable. Pauvre fille ! A en juger par elle, quand on s'aime, les séparations sont donc aussi cruelles partout ! N'est-ce pas votre croyance aussi à vous, chère Madame ?

Et les pauvres conscrits, s'éloignant dans les barques, continuaient les cantiques.

Tant qu'ils furent en vue, personne ne quitta le rivage. Tout cela était navrant.

La conscription est dure partout ; mais je préfère encore la coutume française. Ici, on ne tire pas au sort ; on prend, dit-on, les quatre millièmes de la population. Chaque commune envoie son contingent, pris dans chaque famille où il y a le plus d'enfants.

Que d'actes arbitraires et peut-être d'injustices un système pareil ne doit-il pas entraîner!

Le service dure dix ans, et quand les soldats reviennent, la commune leur rend une cabane, la portion de terre due à chaque paysan et 80 fr.

Mais la plupart de ces soldats, ayant contracté l'habitude de ne rien faire, restent dans les villes et recherchent surtout l'emploi de portier. Ils ont, paraît-il, le droit de conserver leur capote et d'en racheter lorsqu'elle est usée, car on en trouve dans toutes les situations avec ce costume et leur brochette de médailles. La Russie est le vrai pays de la vanité; on y sait au mieux multiplier les hochets.

Je ne puis vous dire, chère Madame, moi qui joins au costume militaire l'idée d'honneur et de dignité, la mauvaise impression que je ressens en voyant tous ces soldats affectés à un service de domesticité, et transformés en mendiants tendant la main.

Je sais qu'avec le caractère que l'on prête aux Russes, ils ont peu de chemin à faire pour en arriver là; mais l'impression n'en est pas moins pénible.

Comme je vous en avais prévenu, chère Madame, ma lettre n'a point été gaie; les sujets n'y prêtaient pas, et puis on ne règle pas sa disposition d'esprit comme on le veut; on est libre seulement de chercher à prouver à une personne qu'on a conservé d'elle un excellent souvenir, qu'on y pense souvent; mais parvenir, dans un moment de tristesse, à amuser, à distraire, je crois que c'est au-dessus de nos forces. On a bien, comme ressource, le droit de se rappeler le souvenir de quelques bons moments ; mais bien souvent, ce sentiment de douceur un instant ressenti ne vous laisse que plus de tristesse dans l'âme. Ces belles pensées philosophiques une fois exprimées, chère Madame, je vous quitte, car je ne vous dirais plus rien d'intéressant, mais non sans vous prier de croire que dans tout ceci je n'ai cherché à exprimer que mes sentiments d'affection aussi vive que respectueuse.

L. DE F.

LETTRE XLIX

A M. LE Vᵗᵉ OLIVIER DE L'ESTOILE.

Élevage des chevaux russes. — Un haras. — Un croisement russe-percheron.
— Une meute de lévriers écossais.

Samara, le 25 septembre 1869.

MON CHER OLIVIER,

Je viens de voir un cheval qui a été à Paris! C'est un de ces jolis petits étalons qui faisaient l'admiration générale à l'exposition de Russie, en 1865. Je l'ai revu avec sa belle crinière isabelle, toujours aussi joli que lorsqu'il séduisait les Parisiens. C'est presque t'annoncer que j'ai vu un haras des plus remarquables ; mais aussi, tout est si bien disposé pour cela ! Espaces immenses, très-bonnes terres, une petite rivière, que faut-il de plus? J'ai vu, certes, la plus belle troupe de juments poulinières que j'aie rencontrée. Il y en avait cinquante avec leurs poulains, sans compter les jeunes pouliches de un à deux ans. Elles restaient jour et nuit, sous la garde de deux hommes, dans des espaces à perte de vue, laissés incultes dans cette intention. Aucune trace de clôture dans ces stèppes immenses.

Dans cette réunion de chevaux, dominait le type russe avec sa finesse, son élégance; mais le type arabe, surtout croisé avec le russe, y était bien représenté. En Russie, le cheval de luxe est fin et léger; il a l'encolure gracieusement ramenée; sa robe est plus souvent noire; il résiste bien à la fatigue. Le galop est son allure la plus usitée, mais il est médiocre comme bête de trait. Du reste, tu as vu comment on attelait les chevaux russes : le limonier seul peut donner utilement tous ses efforts; les chevaux de côté, tirant obliquement, perdent une grande partie de l'effet utile.

J'ai été étonné de trouver dans cette bânde un croisement russe-percheron fort bien réussi; il avait gardé sa robe gris pommelé, et avait pris un peu de la légèreté du cheval russe; je comprends qu'on en soit fort satisfait. On m'assura qu'il y en avait plusieurs autres dans la commune, produits de chevaux de paysans, qui avaient donné également les meilleurs résultats. A mon grand regret, je n'ai pu les voir. Mais je ne doute pas que du jour où les Russes chercheront à obtenir un tirage plus puissant de leurs attelages, ils ne recourent aux chevaux per011erons.

Les étalons étaient bien tenus; il y en avait une grande quantité qu'on préparait pour les courses et la vente. On vendait à quatre ans tout ce qu'il y avait de trop, et M. Molostoff était assez satisfait des prix obtenus. Tous ces étalons étaient en boxes.

Il en fit sortir et trotter une grande partie devant moi.

On les exerce en les promenant longtemps au pas et en main dans la cour, ce qui nécessite une grande main-d'œuvre, car on ne peut en promener que deux à la fois. D'autres sont attelés sur la petite sellette à quatre roues, usitée pour les courses, et ils y fournissent de longues carrières ; l'espace ne manque pas.

Chaque boxe avait trois mètres au carré ; le sol était en terre glaise. Elles étaient closes par une porte à deux battants. Le couloir, entre les deux rangs de boxes, était garni d'un parquet.

Les poulains naissent de janvier à avril ; on les sèvre en septembre.

La prairie où les chevaux pacagent a plus de 350 hectares ; elle n'a pas été semée ; c'est une terre que l'on a laissée en friche après l'avoir cultivée. Il n'y pousse guère que du chiendent, et le gazon est loin d'être touffu. Le propriétaire m'assure qu'il ne sèmera jamais de prairies ; cela coûterait trop cher. Pourtant, en employant seulement du trèfle blanc, et en récoltant la graine soi-même, quel produit n'obtiendrait-on pas ! Mais la paresse et l'insouciance sont de terribles choses !

En mai, les juments et leurs poulains vont à la prairie ; la nuit, elles peuvent rentrer sous un hangar. Aux poulains que l'on sèvre en septembre, on donne 6 litres de farine d'avoine, et, pendant les grands froids, 3 litres de plus d'avoine en grain (l'avoine coûte 4 fr. 40 l'hectolitre cette année). Ils ont, en plus, du foin de steppe à discrétion. Ce fourrage, malgré son apparence rugueuse et de dureté, est considéré comme de première qualité. Le *triticum repens* (chiendent) y domine. On ne donne un peu d'avoine en grain aux mères que lorsqu'il fait froid. Lorsqu'elles sont rentrées, à l'automne, on réunit huit ou dix poulinières par écurie, et elles sont lâchées dans la cour dès qu'il fait beau. Au moment de leur terme, on les sépare, je suppose, et leur ration se compose de 6 litres de farine d'avoine, avec de la paille hachée et du foin de steppe à discrétion. Le poulain ne reçoit rien de spécial jusqu'à la mise à l'herbe ; il mange avec sa mère.

Le fumier est enlevé tous les jours ; mais c'est à M. M... que j'ai entendu tenir ce discours : que dans l'élevage des chevaux, c'était cet enlèvement qui était le plus embarrassant et le plus dispendieux. Toutes les écuries étaient en bois et entouraient une grande cour. M. M... n'était pas seulement éleveur distingué, mais aussi grand amateur de chasse.

Il me conduisit vers le chenil, et quoique les animaux parussent très-doux et calmes, il m'engagea à ne pas entrer seul. Ces magnifiques chiens, grands lévriers, croisés écossais, sont, paraît-il, d'une férocité remarquable. On ne les emploie guère qu'à la chasse du loup, et aussi un peu à celle du renard. Les chasseurs s'efforcent de faire débucher l'animal dans la plaine, et lorsqu'il est en vue, on lâche les chiens.

M. M... m'a montré une petite levrette qui, à elle seule, coiffait un loup ; mais il ne fallait pas moins de trois de ces chiens pour l'étrangler. Ces animaux étaient à long poil et admirablement tenus. Il y avait un dortoir où de belle paille fraîche, établie sur des planches, offrait une couche plus attrayante que celles qu'on trouve dans les cabanes des habitants.

Il y a une belle cour très-vaste, très-propre, très-saine, où se trouvent quelques arbres ; puis vient la salle à manger. J'ai assisté au repas, auquel préside un domestique, la serviette sur l'épaule et un seau d'eau à la main, pour essuyer tous les museaux quand le festin est fini. Il n'y a pas la moindre mauvaise odeur. Nous passâmes aussi dans l'appartement destiné aux *dames* souffrantes, puis dans celui où se tiennent celles dont les désirs sont trop prononcés ; enfin, nous visitâmes les bébés. Tout cela était parfaitement tenu et organisé. Il y a, de plus, des vergers attenant à l'établissement, où on laisse les chiens manger de l'herbe.

Chaque animal est lavé une fois la semaine en hiver, et tous les jours en été. Aussi, y a-t-il trois hommes pour soigner vingt-cinq chiens. Chaque animal reçoit deux litres de farine d'avoine délayée dans de l'eau bouillante, et, de plus, une demi-livre de viande fraîche de poulain, de veau, de vache ou de cheval; on donne le tout sous forme de soupe. On ajoute, une fois par semaine et par chien, un oignon destiné à agir contre les vers.

Pendant l'hiver, ces animaux reçoivent souvent des choux fermentés, des carottes, des pommes de terre. Deux fois par hiver, on les nourrit exclusivement et à discrétion, pendant huit jours, avec de la viande crue. On peut se donner tout ce luxe, quand on pense qu'un poulain, à l'automne, coûte de 80 centimes à 2 fr.! De temps en temps, le piqueur administre, dans du lait, une cuillerée de soufre par tête. Les chiens étaient dans un état admirable; je n'ai jamais rien vu, dans ce genre, d'aussi bien tenu ni d'aussi soigné.

Un des valets de chiens avait l'air chinois; ce n'était qu'un Tartare pur sang, avec sa tête rasée, sa petite calotte.

Son maître m'assura qu'il était comme un diable quand il se trouvait à la poursuite du gibier. Je le crois sans peine. Quelle curieuse physionomie!

Je t'ajoute à tout ceci deux recettes qu'on m'a données comme infaillibles. Quand on veut faire adopter des chiens étrangers à une chienne, on les lave tous avec du lait de vache chaud; bientôt elle les lèche, et on peut retirer ceux que l'on veut.

En voici une autre contre les dartres, le rouge et toutes les maladies de peau des chiens:

Vous prenez: goudron de bouleau, 2 kil.; lait de vache, 2 lit. 1/2; beurre frais, 1 kil. 800; soufre en poudre, 400 gr.; vert de gris en poudre, 100 gr.; alun, 300 gr.

On cuit le tout ensemble dans un vase de terre verni et clos hermétiquement (on bouche les fissures avec de la pâte). On met au four après le pain, le mélange ne devant pas bouillir. Le chien est ensuite frotté légèrement et attaché au soleil. Deux jours après, on frotte de nouveau, et on ne lave qu'au bout de sept ou huit jours.

C'est une très-bonne chose que de laver les chiens avec une décoction de bois de réglisse.

Ceci étant dit, tâche d'en faire ton profit et celui de tes amis, et j'ajoute que je t'embrasse de tout mon cœur.

L. DE F.

LETTRE L

A M. LEFÈVRE DE SAINTE-MARIE.

L'élevage des bêtes à cornes en Russie, leur nourriture, les soins. — Une vacherie dans une île. — Les obstacles qui s'opposent à l'accroissement et à l'amélioration de la race bovine. — Produits qu'on tire des bestiaux. — Le fumier jeté au Volga. — L'épizootie. — La pauvreté de la race.

Entre Kazan et Simbirsk, 25 septembre 1869.

MONSIEUR LE DIRECTEUR,

J'ai vu assez d'exploitations de tous genres pour vous résumer les conditions dans lesquelles se trouvent les bêtes à cornes de Russie, le parti qu'on en tire et ce qui en arrête l'accroissement. Sans ces barrières presque infranchissables, on pourrait actuellement accroître les animaux dans une proportion telle, que je n'ose avancer un chiffre.

On peut dire que, pour l'instant, l'élevage des bestiaux est presque nul en Russie, et le peu de bêtes qu'on élève ne sont l'objet d'aucune espèce de soins.

Je n'ai pas trouvé trace d'amélioration suivie et faite systématiquement.

Les quelques bêtes à cornes que l'on rencontre sont d'une maigreur effrayante ! Les races n'ont pas le moindre caractère, excepté celle dite *Homalgore*, citée comme la meilleure laitière de la Russie. Tout le reste est uniformément maigre, délaissé et mauvais.

Les animaux, sitôt la terre dégelée, parcourent en grands troupeaux les maigres jachères ou les chaumes, sous la conduite d'un pasteur communal ; ils n'ont pas d'autre nourriture. Les vaches rentrent le soir chez leurs propriétaires ; on les laisse dans la cour, où elles restent jusqu'au lendemain sans manger. La gelée venue, elles ne sortent plus ; elles n'ont pour abris que des hangars ou de petits réduits bas et obscurs, sans trace de crèche et de râtelier ; là, ces bêtes n'ont pour toute nourriture que de la paille, de mauvais foin et des balles de grain, le tout souvent avarié, car on est fort peu soigneux.

J'ai rarement vu des veaux aussi pitoyablement soignés ; aussi, la croissance est-elle fort lente, et les génisses ne vêlent-elles guère qu'à trois ans. Les veaux ne tètent pas ; on les fait boire, et à trois mois le lait est supprimé ; il est remplacé par un peu de farine. Les Russes sont si paresseux, si négligents, que je ne suis pas étonné de voir d'aussi mauvais produits laissés dans un pareil état de souffrance. Les troupeaux que j'ai rencontrés se composaient de vaches, de génisses et de veaux mâles gardés jusqu'à deux ans. Je n'ai pas vu une seule bande de bœufs. Ce sont ces bouvillons et les vaches de réforme qui sont vendus pour la boucherie. Aussi, quelle viande ! Une vache coûte communément de 60 à 90 fr., et un veau de lait de 8 à 12 fr.

Après avoir bien considéré, bien réfléchi, je crois que ce n'est point à la dureté du climat, à la mauvaise qualité des aliments et à leur peu de valeur nutritive, comme c'est le cas dans les pays pauvres, qu'est due la maigreur des animaux, mais au manque de soins. Ce qui le prouve, c'est qu'avec la plus petite augmentation de nourriture, ils se transforment. Ainsi, dans toutes les villes, chaque particulier un peu à son aise possède une vache qu'il a le droit d'envoyer au troupeau communal. La plupart de ces bêtes, qui reçoivent un supplément de nourriture quand elles rentrent, qui boivent les eaux de vaisselle, mangent du foin et quelques épluchures, se transforment au point de faire croire qu'elles sont d'une race particulière. J'en ai surtout vu à Nijni qui ressemblaient presque à des vaches de Devon (Angleterre). J'ai voulu m'informer ; je n'ai pu savoir d'où elles pouvaient venir ; cependant, il y avait cette fois trop de différence pour croire qu'elles fussent de la race du pays.

Ces vaches formant les troupeaux dépendant des villes sont curieuses dans leurs mœurs : on leur ouvre le matin ; elles se rendent seules au point de réunion, et elles reviennent de même le soir ; c'est vraiment

20

chose curieuse pour un étranger de voir des vaches circuler isolément dans les rues, sans se tromper de chemin.

A quarante lieues de Kazan, sur la rive droite du Volga, visitant une propriété, on me conduisit dans une île, si l'on peut appeler ainsi un vaste enclos entouré d'un bras d'étang vaseux de 50 mètres de large. J'y vis, à mon grand étonnement, la plus belle bande de vaches qu'on puisse trouver. J'ai vu rarement des animaux aussi grands et aussi lourds. Ces vaches avaient du normand (dans la croupe surtout), du hollandais et aussi du durham ; elles étaient presque toutes rouges, ou pie rouge, et en très-bon état, ce qui me donne la certitude que si les vaches russes sont ordinairement si maigres, cela tient au manque de nourriture et à la déplorable manière dont on les soigne.

Dans la belle bande que je cite, et qui, je crois, était originaire d'Homalgore, il y avait d'excellents sujets, mais pas d'homogénéité. Rien n'avait été fait pour épurer la bande et pour l'améliorer par la sélection. Tout était livré à la nature. Ce troupeau ne devait son état prospère qu'au bon pacage qu'il trouvait sur une terre riche et laissée en friche depuis un temps immémorial. De plus, on n'épargnait pas les suppléments de foin. Grâce au bras d'étang et aux barrières fermées, ni hommes, ni animaux n'avaient pénétré dans cette île, de sorte que l'épizootie n'avait pu s'y introduire, même quand elle régnait dans les environs.

On faisait de cette vacherie, qui existait depuis deux générations de propriétaires, un sujet de gloire et un objet de grand luxe, tout en affirmant que le produit des animaux ne payait pas les dépenses.

Quelle amélioration les taureaux issus de ces bêtes d'élite ne produiraient-ils pas! Mais les Russes ne font rien, et je les excuse, car ils ont contre eux le bas prix de la viande, la longueur des hivers, qui force de nourrir les animaux à l'étable, et enfin cette terrible épizootie qui, en un instant, peut anéantir les améliorations obtenues à force de dépenses et de soins.

Il ne faut pas considérer l'engrais produit comme un dédommagement, puisqu'on ne l'utilise pas. Je me rappelle qu'en me promenant autour d'un village, j'en mesurai un tas de près de 4,000 mètres qui était à la voirie.

A partir de Kazan surtout, on voit tous les fumiers jetés au Volga, et dans l'intérieur des terres, on les emploie à combler les ravins et à arrêter un peu l'effet si terrible des affouillements. Les Russes affirment que le fumier n'agit presque pas; je crois plutôt qu'ils sont effrayés par le travail que nécessiterait son transport. En effet, un charriot n'en contient guère que 2 à 300 kilog., et les champs sont le plus souvent à de si grandes distances ! Cependant, il est possible que l'action du fumier ne soit pas aussi sensible dans ce pays que dans certaines terres de France, car le même engrais n'agit pas avec la même puissance partout. J'ai remarqué qu'autour de ces fumiers abàndonnés il n'y avait aucune différence dans la végétation, tandis qu'en France, autour des fumiers l'herbe est noirâtre, tant elle est vigoureuse ; il s'y fait même une végétation adventice.

Je crois donc qu'il serait urgent de faire des expériences comparatives, avant de déterminer la valeur réelle du fumier et de jeter un blâme complet sur le paysan russe.

Dans l'état actuel, les troupeaux de bêtes à cornes, tenus comme ils le sont, ne produisent presque rien. Un propriétaire m'accuse un produit brut de 11 fr. par an sur une moyenne de 70 bêtes.

Les paysans absorbent le peu de lait que donnent leurs vaches, vendent les veaux ou les tuent souvent pour leur usage ; ils ne mènent leurs vaches au marché que lorsqu'elles sont trop vieilles. En un mot, on se sert du peu que ces bêtes donnent, mais elles ne sont l'objet d'aucune spéculation. Il est impossible aux paysans de vendre du beurre : le lait que peuvent donner leurs deux ou trois bêtes est tout à fait insuffisant. Nulle part je n'ai aperçu d'ustensiles de laiterie, ce qui prouve qu'il faut de bien petits vases et en bien petit nombre pour recueillir la provision.

En résumé, les bêtes à cornes, en Russie, sont maigres, chétives, de toutes nuances, et auraient besoin d'être transformées par la nourriture, les reproducteurs et les soins ; mais il faudrait moins d'insouciance, pas d'épizootie, et que les prix fussent rémunérateurs, car il est impossible de faire les moindres frais quand le prix de la viande varie de 29 à 97 centimes dans les grandes villes ; la moyenne même ne dépasse guère 40 à 60 cent. le kilog. Si l'on compte le foin à 17 fr. les 1,000 kilog., ce qui ne suffit pas pour rendre la viande de belle qualité, il est impossible que l'éleveur n'y perde pas.

Veuillez agréer, etc.

L. DE F.

20.

LETTRE LI

A M. DE FONTENAY, LIEUTENANT DE VAISSEAU.

Une avenue étrange. — Les paysans : leur accueil, leur genre de vie, leur appétit de Gargantua, leurs rapports avec le propriétaire.

Entre Kazan et Simbirsk, 26 septembre 1869.

Mon cher Amaury,

Toi qui as passé ta vie si loin de nous, à courir les mers, et qui connaît tout le plaisir que fait une bonne lettre quand on est si isolé, je ne veux pas te le ménager. Je ne te parlerai pas affection ; tu ne doutes pas de la mienne pour toi ; tu sais quelle est son étendue, et moi je sais que tu trouves si bien le moyen d'exprimer celle que tu ressens, que je préfère te laisser interpréter la mienne. N'ayant pas de nouvelles de France à te donner, voici tout de suite ce que j'ai remarqué ici d'intéressant pour toi.

J'ai été reçu dans une grande habitation dont les propriétaires sont excellents et fort aimés, assurément, de leurs anciens serfs; elle avait une avenue très-curieuse dans son genre, n'ayant pas moins de 80 mètres de largeur, sur plus de 800 mètres de longueur, et pas un arbre. Elle était bordée sans interruption de deux rangées de cabanes de paysans, ayant pignon et trois fenêtres sur rue ; chacune de ces maisonnettes est symétriquement séparée par une clôture en planches avec portail au milieu. L'avenue, pour toute végétation, était couverte de renouée, que des porcs errants et fort maigres cherchaient à s'approprier avec acharnement ; de temps en temps, le vent soulevait un nuage de poussière noire et intense qui rendait la promenade fort peu agréable, malgré l'originalité du lieu.

Dans le fond du tableau se trouvait l'habitation seigneuriale, toute en bois, mais vaste et à un étage ; à côté, une église construite en pierre et surmontée des cinq dômes réglementaires. Un étang était proche. On avait planté quelques arbres qui rendaient le paysage assez animé pour la Russie. Juge quelle traînée de poudre lorsque le feu se déclare dans une de ces habitations! J'ai vu un village en feu : c'est effrayant; mais c'est bientôt fait. Pourtant les secours sont organisés : dans tous les villages riches situés à quelques lieues du Volga, on voit à chaque portail une sorte d'enseigne représentant : ici un petit charriot, là un tonneau, ailleurs une bêche ou un seau ; c'est pour indiquer à chaque paysan ce qu'il doit apporter lorsque le signal de l'incendie est donné.

Une autre particularité attire les regards : c'est une petite maisonnette en bois, hissée au bout d'une perche, et destinée à engager les sansonnets à venir élire domicile au printemps. Cette coutume est générale ; on ne prend pas autant de précaution pour attirer les moineaux et les corbeaux ; ils ne s'en formalisent pas, car ils sont d'une insolence telle, qu'on pourrait les tuer presque à coups de bâton.

Accompagné du propriétaire, nous entrâmes dans une cabane ; nous sommes restés découverts ; c'est obligatoire, par respect pour l'image. Nous nous sommes assis, mais le paysan est resté debout. La cabane, en tout semblable à celles du nord de la Russie, était fort propre ; un chat était couché, comme toujours, devant une des fenêtres, se chauffant encore au soleil. Le réduit était entouré de bancs, et les habitants couchaient toujours sur le four, dans une sorte de tiroir situé au-dessous du plancher. La bouche du four se trouvait dans un office séparé du reste de la pièce par une légère cloison.

Lorsqu'on entre chez un paysan de ces riches villages, il est d'usage d'accepter au moins du pain et du sel. Là, sans nous attendre, notre hôte nous servit des œufs à la coque, du mouton grillé, le meilleur que j'aie mangé en Russie, des concombres, des pommes, du miel et de l'eau-de-vie. Il fallut absolument accepter et goûter de tout.

La famille chez laquelle je me trouvais se composait du mari, de sa femme, de deux fils, deux filles et deux enfants. Ils cultivaient aux conditions suivantes un total de 38 hectares; en retranchant l'année de jachère, leurs travaux ne se repartissaient annuellement que sur 24 hectares.

Ils ne façonnaient pas la terre à moitié; mais ils gardaient les deux tiers pour eux, et pourtant le sol était fort bon. La récolte ne se partageait pas; mais pour un terrain concédé, chaque paysan devait en cultiver une étendue déterminée dont les produits revenaient complètement au propriétaire.

Dans cet exemple, le paysan avait pour lui le produit de 15 hectares, répartis ainsi : seigle, 8 hectares; avoine, 4 hectares 10; blé noir, 1 hectare 64; pommes de terre, 42 ares; pois, 42 ares; lin et chanvre, 42 ares.

Il avait récolté 64 hectol. de seigle pour 12 de semence, soit environ 8 hectol. à l'hectare; en avoine, 104 hectol. ou 25 hectol. à l'hectare.

Je demandai ensuite à voir le jardin, et j'y trouvai des choux-pommes, des oignons, de gros radis, des carottes, des betteraves et des concombres. Dans cette ferme, se trouvaient quatre vaches et deux génisses de huit mois. On ne vend jamais que les vieilles vaches pour la boucherie; elles valent de 100 à 120 fr. Il y avait en outre treize moutons, onze porcs, quatre chevaux et un poulain, dix-sept poules et six poulets. On ne donne rien aux porcs, depuis le mois de mai, jusqu'à la neige; ils vivent de ce qu'ils trouvent aux champs.

Cette famille a mangé dans l'année, outre le grain : un veau d'un an ; quatre porcs, pesant chacun plus de 100 livres de viande ; douze ou quinze moutons adultes ; quarante cochons de lait, et vingt coqs. Une oie vaut 1 fr. 20, et un canard 60 centimes. La viande de mouton ne coûte jamais moins de 20 centimes la livre. En plus de ces provisions, ces paysans achètent beaucoup de viande ; leur principe est de la manger presque sans pain, comme des gloutons ; et quand ils n'en ont pas, leur pain de seigle, leur sel et leurs concombres leur suffisent. Les femmes tissent le linge elles-mêmes, ou si elles se louent, elles gagnent par jour 60 à 80 centimes.

On paie par âme au gouvernement 6 fr. 24 d'impôt, et rien au propriétaire, car il a usé de son droit en abandonnant à chaque paysan sa cabane et 1 hectare 09 par âme, mais sans aucun recours.

Un homme et une femme dépensent annuellement 160 fr. pour leur entretien. Ce qui coûte le plus cher, ce sont les bottes ; il en faut, par an, deux paires de 15 à 16 fr. Les souliers de femme valent 4 fr. ; une pelisse en étoffe noire, 32 fr. Une pelisse en peau de mouton vaut de 28 à 48 fr. ; on garde pour cela les peaux de moutons tués à la ferme. Les chemises de coton coûtent 4 fr., et les pantalons de 2 fr. 40 à 2 fr. 80. Je doute que la dépense, dans les maisons ordinaires, atteigne 160 fr. par tête. L'homme se loue en hiver avec ses chevaux et gagne bien, en moyenne, 300 roubles. La grosse dépense consiste, paraît-il, dans les repas donnés dans ces jours de fêtes qui pullulent dans le calendrier russe. Chaque fête du saint vénéré dans le village est une occasion pour festoyer les amis des communes voisines.

Afin que tu puisses comparer, je transcris ici les réponses qu'on a faites, dans une cabane, aux questions que j'adressais.

Elle était habitée par deux hommes, cinq femmes et deux enfants de neuf à onze ans.

Ces paysans cultivaient pour eux 9 hectares 84 de seigle, ayant produit 14 hectol. à l'hectare ; 5 hectares d'avoine d'un rendement de 22 hectol.; une étendue de blé noir de 1 hectare 64 ; 82 ares en millet ; 41 ares de pois et 82 ares de lin, soit une étendue de 18 hectares 53 ares. En ajoutant le terrain cultivé pour le propriétaire, on arrivait environ à un total de 28 hectares.

En bestiaux, ils entretenaient deux taureaux d'un à deux ans, quatre vaches, deux génisses valant de 40 à 100 fr., huit chevaux et un poulain. Ils avaient trente brebis et vingt-huit moutons, quinze gros porcs. Ils jouissaient de 5 hectares de prairies fauchables.

Ces paysans vendent environ pour 70 roubles de chevaux par an, ou 280 fr.; ils en ont vendu à trois ans jusqu'à 400 fr. la pièce; mais, le plus souvent, les prix ne sont guère au-dessus de 120 fr. Les vaches ne servent que pour le beurre nécessaire à la maison, et comme viande de boucherie pour le ménage. L'étable ne produit pas plus de 40 roubles,

160 fr. par an. On vend de cinq à dix moutons adultes, autant d'agneaux qui valent de 3 fr. 20 à 4 fr. Les moutons gras, pesant 15 kilos de viande, valent de 8 à 10 fr. La peau seule vaut plus de la moitié du prix. On a tué pour la provision deux taureaux de un à deux ans, dix moutons, cinq gros porcs et cinquante cochons de lait, et, en plus, vingt-deux poules et deux veaux de lait. Les paysans avaient vendu 1,600 litres d'avoine. Les quelques mauvaises cases où l'on pouvait enfermer les animaux en hiver sont toujours extrêmement basses et nues.

Comme ustensiles, je ne vois que des pelles à main et des fourches très-ordinaires.

Les hommes sont mieux comme type que les femmes; ils ont plus 'de dignité, et l'on trouve souvent de fort belles figures. J'en vois beaucoup ayant l'air très-intelligent.

Tu vois ce qu'il y a de remarquable dans la vie de ces gens : c'est leur consommation de viande ; ce sont de vrais Gargantua.

Les seigneurs, avant l'émancipation, ne traitaient pas leurs serfs si brutalement qu'on le croit en général; ils avaient un certain respect les uns pour les autres, puisque le propriétaire ne se couvrait jamais dans une cabane. Le paysan, à la vérité, ne s'asseyait pas devant lui. Le propriétaire ne voulait pas entrer sans accepter le pain et le sel.

Depuis l'affranchissement, tout le village s'est réuni pour faire à la famille Malostoff un magnifique cadeau. Les paysans leur ont offert plusieurs fois de très-beaux dîners où le champagne n'était pas épargné; et lorsqu'ils ont connu l'émancipation, ils sont venus en masse s'agenouiller devant eux, en les suppliant de les considérer toujours comme leurs enfants. Il y a loin de ces rapports à l'idée qu'on se faisait en France des propriétaires russes, toujours armés du knout et traitant leurs serfs comme des chiens. Je regrette bien vivement que le temps, si restreint, dont je pouvais disposer, et aussi l'ignorance de la langue m'aient empêché de prendre plus de détails, surtout afin de les contrôler les uns par les autres, car il est probable que j'aurais pu te rapporter des particularités curieuses. J'ai été sérieux; mais pour toi, propriétaire, cela te donnera la possibilité de comparer le genre de vie et les travaux des Russes avec les paysans angevins; et à ce point de vue, j'espère que cela t'intéressera.

Je compte toujours bien que tu me sauras gré de ma bonne intention. A l'étranger, on n'est pas difficile : toutes les lettres font plaisir, surtout quand on ne doute pas du sentiment d'affection qui a guidé en les écrivant. Ton frère.

L. DE F.

21

LETTRE LII

A M. PÉPION.

Rendements en grain et prix divers. — Les clôtures en clayonnage. —
L'élevage des porcs en liberté.

Entre Simbirsk et Kazan, 26 septembre 1869.

Mon cher Pépion,

Encore des prix divers et des rendements! Il faut
que je connaisse ton zèle pour l'étude des choses
agricoles, pour te dire tout cela. J'ai visité une belle
propriété de 1,500 hectares : en y allant, j'ai rencontré une bande de trois cents bêtes à cornes, appartenant à un village. Il y avait à peine un septième
ou un huitième de bouvillons de un à deux ans. On
distinguait parfaitement des traces de races hollandaises. Les bêtes étaient de toutes nuances; il y en
avait même de robe bringée, avec tête normande,
mais les nuances dominantes étaient le rouge, le noir
et le blanc.

La terre vaut 160 fr. l'hectare. On afferme l'année

de la culture du seigle 48 fr. nets, et la suivante, pour l'avoine et les pois, 24 fr.; le pacage de la jachère vaut 4 fr., soit une moyenne de 25 fr. de produit à l'hectare pour les trois ans et sans le moindre embarras, ou 15 fr. 50 p. 0/0. L'impôt supporté par les terrains de prés, jardins, habitation, est de 2 fr. par hectare, et 48 centimes pour les champs ordinaires.

On sème relativement beaucoup de pois qui sont consommés dans le pays; ils sont de très-belle qualité. Le chanvre vient bien sans préparation spéciale. Les pois sont semés du 15 au 20 avril; l'avoine, du 27 avril au 27 mai, et le blé noir du 1er juin au 12. On ne sème plus de seigle après le 22 août. La récolte moyenne de dix ans a été de 13 hectolitres de seigle à l'hectare, et les prix de 9 à 12 fr. pour 100 kilos. On sème 1 hectolitre 60 de sarrazin, et on en récolte jusqu'à 28 hectolitres. La dose de semence pour le chenevis est de 3 hectolitres 75 à l'hectare. Le foin de marais vaut 7 fr. les 100 kilos, et celui de steppes, bonne qualité, 22 à 23 fr.

La paille de blé noir est brûlée sur place; on retire 4 fr. par 1 hectare 64 des cendres, dont on extrait la potasse.

Les grains sont moissonnés à la faucille; un homme coupe et lie 18 ares de seigle par jour.

Un domestique se paie 200 fr., et sa nourriture est estimée 160 fr.

On peut faire cultiver ses terres pour trois ans; enfin, une rotation pour 48 à 52 fr. par hectare.

C'est très-avantageux, mais on ne trouve que peu de contracteurs, et les domestiques manquent également.

De ce point à Pétersbourg, on compte 7 fr. 50 de frais de transport par 100 kilos de grains.

La moisson coûte de 8 à 12 fr. l'hectare. On met le grain en grosses meules. On laboure 1 hectare 64 en trois jours, et c'est le laboureur qui sème avant d'enterrer à la sacca.

Le transport du fumier à deux verstes se paie, par hectare, 48 fr.

C'est dans cette ferme où l'on m'a affirmé la première fois que le fumier était tout ce qu'il y a de plus gênant.

Les peaux de mouton valent 8 fr.; celles de veau, de 6 à 16 fr.

Une mauvaise vache coûte 80 fr.; pour 100 à 120 fr., on en a une très-bonne. On assure qu'une vache donne de 48 à 50 kilos de beurre ; j'y crois peu. Le beurre vaut 2 fr. 50 le kilo.

Le bois de bouleau coûte 4 fr. 38 le stère rendu au Volga, et dans les bois, 2 fr. 92.

Les jardins et les hangars sont enclos par des clayonnages ; ce sont des poignées d'osier ou de saules tressées comme des paniers ; il doit falloir beaucoup de bois, mais cela me paraît être solide : rien ne peut passer. On m'assure que ces clôtures durent vingt ans; on doit avoir seulement, je pense, les piquets de supports à remplacer; ils sont très-minces : ce sont des branches de saules plantées très-proches les unes des autres.

Dans quelques circonstances, ce clayonnage peut être une fort bonne idée, car en le revêtant de mortier, on peut se faire des cloisons à très-bon marché pour établir des poulaillers, des bergeries, des hangars, etc.

Les porcs errent partout en liberté ; ils ressemblent à des sangliers, sauf leur robe grise et blanche ; il y en a cependant quelques-uns de noirs. Ils ont le poil très-long et très-épais ; ils sont très-maigres et paraissent d'un engraissement difficile. Si les adultes étaient gras, ils pèseraient 100 kilos de viande. Depuis le mois de mai, on ne leur donne rien ; c'est si vrai, qu'on en lâche dans les îles du Volga, où on les laisse sans plus s'en occuper. Ceux entretenus dans le pays vont aux champs et vivent comme ils peuvent. Ces animaux pâturent avec acharnement la renouée dans les endroits passagers. Peut-être y aurait-il avantage à la cultiver pour les porcs, et à la leur distribuer quand en juillet et août on [est si fort embarrassé pour eux.

Le grand produit des porcs consiste dans les porcelets, qu'on mange en grande quantité, et qui sont bons, parce qu'ils ne sont pas trop gras. Les porcs sont châtrés fort tard. Quand on veut en tuer un vieux, c'est-à-dire de deux ou trois ans, on lui fait consommer 64 kilos de farine, et on le trouve suffisamment gras.

Cela ne m'étonne plus si les jambons sont si mauvais !

La viande de porc vaut 60 c. le kilog.

Les exploitations dans ce pays sont, tu le vois, toujours fort simples. Voici un propriétaire qui a 1,500 hectares en culture ; une partie de ses terres est laissée en friches pour nourrir ses juments poulinières et leurs élèves. Pour 13 fr., il fait faucher et rentrer à l'entreprise le produit d'un hectare de pré donnant de 1,800 à 2,000 kilos de foin. Les prés se louent de 8 à 12 fr. l'hectare ; le foin lui revient de 12 à 16 fr. les 1,000 kilos, et les récoltes de grains peuvent toutes se faire à l'usage du pays, pendant trois ans, pour 48 ou 50 fr. On obtient pour cela 13 hectolitres de seigle et 20 d'avoine. Les terres coûtent d'achat 160 fr., et les propriétaires se plaignent ! Point de fumure obligatoire, point d'entretien de matériel, ni tous ces immenses frais généraux que nous avons en France. Pour bestiaux, une bande de vaches et de porcs qui vivent à la vaine pâture de ce qu'ils trouvent.

Adieu, mon cher Pépion ; crois à ma sincère affection.

L. DE F.

LETTRE LIII

A Mme LA COMTESSE DE L***.

Le bateau manqué. — Le bouillon Chevet à l'eau du Volga. — Les Arméniens
et leurs coutumes. — L'hôtel de Samara. — Les chambres à coucher des
domestiques russes. — La quêteuse.

Samara, 27 septembre 1869.

Chère Madame et bien excellente amie,

Je comprends ces accès de colère, ces actes exagérés envers ceux qui nous apprennent une mauvaise
nouvelle. Hier, j'arrive de fort loin à mon bateau,
une heure et demie avant le temps fixé. Le capitaine
m'avait dit : « On ne passe jamais avant sept heures
(*never before seven*). » Je m'assieds tranquillement,
quand une dame, jeune et jolie, que je n'avais pas
remarquée, et qui était couchée parmi les femmes
moujiks, se soulève et me dit : « Si vous attendez le
bateau pour Samara, il est passé il y a une heure ;
vous n'en aurez pas avant demain soir. » Quelle phy-

sionomie ai-je prise? Je ne sais; mais j'ai éprouvé un violent sentiment de vengeance quelconque. « Alors, que faire ? » demandai-je avec rage. « Rester ici sur ce ponton, me répondit-on placidement; il y a bien deux jours que nous y sommes. — Et manger? — Ah! si vous n'avez pas de provisions, je vous plains. » Et on se recoucha. Alors, en désespoir de cause, je voulais prendre la poste, rattraper le bateau, dire des injures au capitaine, louer une barque, me mettre en panne au milieu du fleuve, accoster le premier remorqueur qui passerait, partir enfin! Folie que tout cela; il fallut me calmer. Le chef du ponton parlait un peu anglais. Autrefois, paraît-il, ce gros personnage m'assura qu'il avait parlé *magnifiquement* français et anglais; sa satisfaction, sa manière de prononcer ce magnifiquement me réjouit l'âme dans ma détresse. Et ne voyant pas un abri, pas une cabane autre que celle du ponton, enfin dans l'impossibilité de réaliser mes projets, je finis par me résigner. Mon ami du ponton me recommanda à un habitant du pays qui m'emmena, dans son charriot, jusqu'à une sorte d'usine abandonnée où, autrefois, on réparait les bateaux. Il me fit entrer dans une salle sans vitres et garnie de toiles d'araignées, me montra un banc, et me recommandant à une vieille femme qui se trouvait là, il me souhaita le bonsoir.

J'avais faim; je prononçai le mot sacramentel : *Abbé,* qui veut dire, paraît-il, dîner (la langue russe, comme on le voit, n'est pas difficile). On m'apporta du lait caillé d'aspect peu appétissant. Je fis le dégoûté; je rejetai cette affreuse pitance, et je dus me contenter de mauvais pain de froment pas cuit, après quoi je me jetai sur le banc. La lune me réveilla bientôt, et, en me grattant comme tout bon Russe, j'allai admirer l'astre de la nuit. Le jour venu, je descendis sur les grèves du Volga, faire ricocher des cailloux dans les flaques d'eau. Je n'avais vraiment pas besoin de cet exercice pour m'aiguiser l'appétit, et je revins bientôt dire : *Abbé!* On me donna deux œufs à la coque; je les mangeai avidement, et partis pour gagner le ponton. A trois heures, point de bateau; à quatre heures non plus, et à cinq pas davantage! mais, par contre, appétit violent, et rien à manger! Je sortis de ma valise de l'essence de bouillon de Chevet; un mousse, auquel je m'adressai par signes, me procura une sorte de casserole en fer blanc, alluma du feu et la mit dessus, après avoir puisé dans le Volga. Au bout d'un instant, l'eau prit naturellement une magnifique couleur de bouillon; cette eau roussâtre n'ayant rien d'attrayant, on la changea; mais, à l'ébullition suivante, même résultat. Dans tous les cas, j'étais toujours sûr de la couleur. J'ajoutai donc la petite cuillerée d'essence réglementaire, et, me procurant une tasse, j'avalai. Hélas! je me crus bientôt empoisonné. Cependant, toujours pas de bateau. Enfin, à onze heures du soir, il arrive, et j'étais encore vivant! Me précipitant alors dans la salle du bâtiment, je me jetai sur la nourriture d'une façon peu ordi-

21.

naire. Tout était rempli d'Arméniens et de Cosaques, au moins de mœurs et de manières, qui m'enfumèrent comme un renard. Plus de dix fois j'ouvris un sabord; plus de dix fois on le ferma; de là discussion, disputes, etc., mais je tins bon. Ces Messieurs jouaient aux cartes, fumaient, et à minuit ils mangeaient encore. Ils se couchent enfin. Chacun a ses draps et ses oreillers. Quelques-uns d'entre eux laissent voir des pieds qui me paraissent nécessiter un séjour dans l'eau tiède. Le matin, ils vont se faire laver les mains, puis ils courent aux provisions. A la première station, mon voisin rapporte du pain, des pastèques, des pommes, des poires, des biscuits; en outre, il tire de ses poches des noisettes, des graines de soleil, du beurre, du miel, des biscuits, et tous, sans exception, sont approvisionnés de thé et de sucre.

Le susdit voisin a un gros bonnet fourré en laine blanche, et deux lévites blanches superposées. Les autres en ont de noires, avec ornements d'argent sur la première. Il y a un liseré d'argent descendant jusqu'à la ceinture, qui est également fort riche.

Enfin, je suis arrivé à Samara, ville de récente construction, très-satisfait de quitter mes compagnons de route. A l'hôtel, je choisis un bel appartement plein de poussière, avec une antichambre. J'y trouve pour me reposer une sorte de sommier à ressorts en fil de fer qui m'entrent dans les chairs. Dessus s'étalait un drap ayant déjà servi, puis un drap blanc, le tout surmonté d'un oreiller douteux. Sauvages que ces gens-là ! car j'appellerai toujours sauvages ceux qui vivent sans connaître les douceurs d'un bon lit, et qui font coucher leurs domestiques tout habillés en travers de leur porte.

Le soir, vers neuf heures, ayant du temps à perdre, et ayant remarqué que dans mon antichambre, formée par une sorte de grand paravent, se trouvait un large banc dont je ne pouvais deviner l'usage, j'entr'ouvris ma porte, et j'observai chez mes voisins. J'aperçus alors l'Ivan du numéro d'en face (ici, tous les domestiques s'appellent Ivan) étendu, sur un meuble de même nature, à la porte de ses maîtres ; il n'était même pas dans l'antichambre, car c'était un jeune ménage. Là, il mangeait tranquillement ses provisions : pommes, noisettes, pastèques, graines de soleil. Je pensais que ce n'était qu'un séjour momentané. Plus tard, ayant le sommeil agité par les rondelles en fil de fer dont je vous ai parlé, et étant décidé à me coucher sur un canapé de crin, je regardai : l'Ivan n'avait pas changé de position et dormait profondément ; seulement, il avait ôté ses bottes. Je ne pouvais en croire mes yeux, et, pour plus de sûreté, à quatre heures je me relevai ; mais rien n'avait changé. C'est économique ; du reste, il n'était pas seul, car les garçons de l'hôtel, étendus tout habillés sur un mauvais canapé, lui tenaient compagnie.

Mais je suis tranquille : nous voici à l'affranchissement, l'Ivan exigera bientôt un des oreillers de son maître,

qui en a trois, et ceux qui auront accompagné leurs
maîtres en France sauront mener les choses grand
train. Cependant, il ne faut rien affirmer, car les
Russes ont si mauvais goût !

Le lendemain, j'étais à demi-couché, lorsque, sans
aucun préambule, la porte de ma chambre s'ouvrit,
et une bonne religieuse orthodoxe, avec son costume
si particulier, se présenta d'un air délibéré. Étonné
de cette apparition, et trouvant ses instances d'un
mauvais gout, je me levai vivement et l'engageai de
la manière la plus énergique à aller frapper aux
portes voisines; le sans façon m'avait choqué.

Je reçus bientôt la visite d'un directeur du domaine en grand uniforme et en manteau, et m'en fus
voir la ville, qui est fort triste; son jardin public était
aride et desséché; on n'y voyait que des bouleaux et
des sycomores. Ces jardins ne doivent avoir qu'un
beau moment: c'est au réveil de la végétation, lorsque
tout pousse comme par enchantement.

J'allai de là visiter les établissements où l'on traite
les malades par le lait de jument, et, paraît-il, les poi-
trinaires s'en trouvent fort bien. Les juments vivent
au pacage ; on les trait soir et matin ; le lait est mis
en bouteilles, et on le laisse atteindre un certain degré
de fermentation, au point qu'il puisse faire sauter le
bouchon; on l'administre alors à de fortes doses.

Les malades ne manquent pas d'air; ils ont la vue
du monotone Volga; et lorsqu'ils auront visité comme
moi le premier champ de pastèques mélangé de tour-

nesol, ils auront tout vu. Partout ce ne sont, s'étendant à perte de vue, que terres arides dont l'aspect dessèche l'âme et même le cœur. Après ces tristes impressions, j'éprouve un grand bien-être en me rappelant combien j'ai de bons amis, et en vous assurant une fois de plus, chère Madame et excellente amie, de ma bien vive et bien respectueuse affection.

L. DE F.

LETTRE LIV

A M. LE Vte DE FONTENAY.

Le thé russe ; manière de le prendre à la tartare. — Le *Benedicite* du vrai
orthodoxe. — Encore un Cosaque. — Les charriots de la steppe. — Les
boutiques en plein vent. — Détails culinaires.

Samara, 27 septembre 1869.

Mon cher Anselme,

Que tu serais heureux dans ce pays, toi qui ne vis
que de thé et qui aime tant à le préparer toi-même !
A six heures du matin, on commence ; à huit heures,
nouvelle tasse, puis à dix heures, et ensuite à midi.
Café à une heure ; dîner ou déjeûner de deux à
quatre heures ; café et thé le soir. Bref, je ne compte
plus ! ce lavage continuel et presque obligé me désespère. Une curieuse statistique serait de calculer
combien un vrai Russe absorbe de tonneaux de thé
par an. On m'a cité des marchands qui en consom-
maient de quarante à cinquante tasses par jour. Chacun

en voyage, et surtout en bateau, porte avec lui tout ce qu'il faut pour fabriquer sa boisson favorite. Pour cela, le Russe s'en rapporte rarement à des mains mercenaires. Il demande un samoware, sorte de bouilloire en cuivre, semblable à une urne antique, dont l'intérieur recèle un tube rempli de charbon incandescent ; c'est un ornement pour une table ; vous tournez un robinet, et l'eau bouillante arrive à point. On dit que ce ne sont pas les Russes, mais les Chinois, qui ont imaginé cette bouillotte. Je le regrette pour la Russie, car enfin, c'était une véritable invention, et dans ce pays on les compte facilement. Chaque Russe donc a son sucre dans un sac en papier blanc, qui lui-même est enveloppé dans un autre sac en toile. Le thé est dans une boîte fermant hermétiquement, avec cuillères, citrons, etc., car il ne faut point oublier qu'une tranche de citron fait très-bien dans une tasse de thé. On a, de plus, des serviettes, une grande jatte dans laquelle on lave et l'on échaude sa tasse et sa soucoupe, précaution qu'on prend à chaque fois. Tu vois, rien n'y manque ; toi qui es si connaisseur, tu apprécieras. Comme le thé en lui-même est le plus souvent d'excellente qualité, on a une boisson vraiment fort bonne.

Je ne sais si cet usage fait plaisir aux maîtres d'hôtel, qui n'ont que de l'eau bouillante à servir ; mais cette coutume est si générale, qu'il faut bien se résigner ; puis ils se rattrapent sur la vente de l'eau et le prix fabuleux de leurs chambres pleines de poussière, où, du reste, on a le droit d'absorber toutes les provisions qu'on fait soi-même, sans que cela paraisse étrange.

Pour prendre le thé en vrai Tartare, on s'assied par terre ; on tire un morceau de sucre d'un sac en toile grise, et quoiqu'il soit fort petit, car les morceaux de sucre en Russie sont lilliputiens, le buveur casse un morceau avec ses propres dents, verse du thé dans la soucoupe, et à petites gorgées savoure et humecte son gosier, pendant que le sucre est en train de fondre, et ainsi de suite pendant toute la journée. Aussi, que d'eau chaude vendue sur un bateau ! Mais chacun ne peut se donner autant de luxe ; j'aperçois dans un coin deux vrais orthodoxes ; l'un sort de son sac une écuelle en terre brune, puis il l'emplit de pain de scigle, cassé d'avance en bouchées, comme pour des chiens, qu'il tire d'un autre sac. Il va à la cuisine du bateau et se fait verser dessus de l'eau bouillante à laquelle il n'ajoute aucune parcelle d'essence de Liebig. Sitôt que son camarade, vêtu de sa peau de mouton, le voit revenir, il se lève et commence ses actions de grâces, qui se traduisent par des signes de croix et saluts plusieurs fois répétés. L'autre arrive, pose son plat, se joint à son ami, et les actions de grâce redoublent. C'est grotesque et touchant. Les pauvres malheureux avaient bien gagné que Dieu transformât leur trop maigre pitance en consommé divin.

Ils s'asseient enfin, cherchent un sel fin et blanc, et saupoudrent hardiment ; et pour ne pas perdre de temps, les convives, pendant qu'il se dissout, prennent leur nez avec leurs doigts, et se mouchent fortement, en éclaboussant peut-être un peu l'observateur. Puis ils s'essuient avec le revers de la manche, qui ne paraît pas en être altéré, et le festin commence. Certes, Nankin, le chien favori de tes filles, invité à ce repas, aurait refusé. Pauvres gens ! Leurs voisins, n'aimant pas le potage, mangent du pain saupoudré de sel, d'autres du pain et des pastèques ; plus loin, on déchire à belles dents de la brème séchée, et c'est là que s'arrêtent les variantes. Comme tu le vois, la France est encore préférable, et nos paysans vivent moins mal, au moins pour la plupart.

On ne peut pas dire cependant que la civilisation ne pénètre pas ; ainsi, l'huile de schiste est parvenue jusque dans le salon des grandes dames. Cela infecte ; mais elles ne s'en aperçoivent sans doute pas (en Russie, du reste, ce n'est pas surprenant), car je ne puis croire à une économie de bouts de chandelles, quand, d'un autre côté, on affecte de jeter l'argent par les fenêtres.

Tu m'as bien des fois reproché d'être bouche d'or ; je n'ai pu encore y résister dans ce cas, ni cacher mes impressions. Oh ! la curieuse figure qu'on a prise ! Une partie de l'assemblée a assuré que cela ne sentait rien ; une autre n'a rien dit. Qui prendre à témoin ? il n'y avait que des Russes !

J'ai eu bien le temps de voir Samara, car j'ai eu encore affaire à un Cosaque pur sang. Imagine-toi :

je suis présenté à un grand cultivateur des steppes, que nous trouvâmes au milieu de ses blés. Il y en avait dans le salon, la cuisine, sa chambre, partout enfin. Les magasins lui manquaient, et il fallait le mettre à couvert à mesure qu'il arrivait. Nous escaladâmes donc les tas de grains, en nous baissant et en passant sur des planches. J'explique mon désir de voir des cultures dans la steppe. Alors je suis accablé de : « Monsieur, vous me faites trop d'honneur ; je suis à votre disposition ; nous partons demain pour nous rendre à cent lieues d'ici, dans mon exploitation ; je ne vous quitterai pas, et je serai à votre disposition pour tous les renseignements dont vous pourrez avoir besoin. » Je me confonds en remercîments, suppliant ce propriétaire de ne pas quitter ses affaires ; que quelques lettres me suffiraient, etc. Il insista, et je cédai. Deux heures après, il vint me trouver en me disant que « puisque je voulais bien l'excuser, il m'en était très-obligé, et qu'il ne quitterait pas Samara, parce qu'il avait une vente très-importante à faire, mais qu'il allait me présenter à son beau-frère, qui me conduirait chez lui. » Celui-ci fit la grimace et me dit : « Nous partirons, si vous le voulez, dans deux jours. » J'étais vivement contrarié ; mais il me fallait patienter. Je rentre chez moi, et le lendemain j'apprends que le cultivateur des steppes est parti par le bateau pour retourner chez lui, en me laissant là à me morfondre ! Est-ce assez cosaque ?

Je suis donc resté à voir Samara. J'en avais le temps, car le bateau avait un retard de vingt-deux heures. Je me suis arrêté à voir remplir bon nombre de tonnes d'eau. Pour cette opération, on recule le charriot dans le Volga ; on se sert d'un baquet emmanché d'un bâton, et dans trois ou quatre minutes, l'eau affleurant, on a rempli un tonneau de 400 litres. C'est le mode d'approvisionnement employé dans toute la Russie. Dans les villes, un grand nombre de personnes entretiennent un cheval presque exclusivement pour aller à l'eau.

J'ai commencé à voir arriver d'immenses convois de petits charriots attelés de deux bœufs et venant de la steppe ; ils amenaient les grains, et surtout le froment de printemps, à Samara. On en rencontre cinquante ou soixante, et même cent à la file. On voit de temps à autre de ces charriots dont le tonneau est complet, c'est-à-dire le dessus est couvert en cuir. Ce sont les riches cultivateurs de la steppe qui, ayant plusieurs jours à passer en voyage, viennent de cette façon à la ville, eux et leur famille. Blottis dans cette sorte de réduit, ils ont la physionomie la plus étrange. Un conducteur suffit souvent pour deux charriots. Toutes ces voitures se rangent le long du Volga à certaines places fixes, et jour et nuit, bêtes et gens restent là jusqu'au départ.

Plus loin, toujours sur les bords du fleuve, se trouvent de longues rangées de baraques, occupées surtout par des marchands de fruits, qui ont devant eux d'énormes tas de pastèques. En arrière-plan, ils exposent quelques grappes de raisin à gros grains, peu appétissants, et venant du Midi (ils ne valent pas, à beaucoup près, nos chasselas) ; des pommes blanches et rougeâtres, très-inférieures et cotonneuses ; des graines de soleil ; quelques petites poires venues d'Astrakan ; des noisettes, des noix et des caroubes. Dans des bocaux, quelques affreux biscuits de toutes formes complétaient l'assortiment de ces boutiques peu appétissantes. Le marchand, enveloppé dans sa pelisse de mouton, complétait le tableau.

C'est en grande partie aux malheureux charretiers, qui arrivent affamés de la steppe et qui sont chargés par leurs familles de rapporter ces objets de luxe, si enviables, paraît-il, pour des gens privés de tout, que ces marchandises sont vendues. A la suite des marchands de fruits se trouvaient des boulangers offrant au public leurs pains ronds de froment et de seigle, d'un faible diamètre. Ils les coupaient par morceaux pour faire voir la qualité de la marchandise, comme à un étal de boucher. Ces boulangers tenaient leur échoppe assez proprement. Celles des épiciers sont, au contraire, repoussantes ; ceux-ci vendent poissons salés et séchés, biscuits, huile, etc., le tout arrivé au dernier degré de répugnance. Enfin, j'emporte une triste idée de ces boutiques, où l'humanité russe et tartare puise pour conserver ses forces. Mais dans un pays où chacun se contente d'un charriot pour demeure, on n'est pas bien difficile pour le reste !

Je trouvai plus loin une poissonnerie établie sur le Volga même : c'était une suite de caisses pleines de poissons.

Les pêcheries sont organisées en compagnies, et possèdent un vendeur commun. Le poisson qui dominait était le sterlet : j'en ai vu de plus d'un mètre de longueur. Il y en avait une quantité immense de petits. Les habitants envoyaient leurs pourvoyeurs, qui les faisaient enfiler dans des joncs ; lorsque ces joncs étaient trop flexibles pour entrer par l'œil et sortir par la bouche de ces malheureuses bêtes, on prenait le nez de l'une d'elles pour servir d'alène, et tout était dit. Où êtes-vous, membres de la société protectrice des animaux ? J'eus bien le temps de faire toutes ces remarques pendant mes vingt-deux heures d'attente, car je ne pouvais m'éloigner, dans la crainte que le bateau n'arrivât et repartît aussitôt.

Le propriétaire auquel j'étais confié me mena cependant à un restaurant ; mais il laissa son domestique en vigie. Nous trouvâmes encore là dix domestiques pour ne rien apporter, ou qui apportent des mets préparés indignement. Nous essayâmes toutes sortes de limonades ou de bières ; mais il me fut impossible d'en boire ; pourtant les naturels du pays en font leurs délices. Du reste, après Pétersbourg, je n'ai pas bu en Russie de bière supportable. Je descendis à la cuisine, et j'y aperçus deux grands gaillards habillés de blanc, tournant autour d'un fourneau. Dans un chaudron en ferblanc, l'un faisait bouillir des os peu appétissants : c'était sans doute pour une gelée ; et dans un autre son collègue remuait des morceaux de viande. Ils préparaient probablement d'avance, comme toujours, rôtis et ragoûts ; de sorte que quand on demande, il n'y a plus qu'à réchauffer, et encore le fait-on mal ! J'ai vu dans d'autres cuisines des tas énormes de volailles étiques, canards, gelinottes, jetées toutes cuites dans un coin. Quand un client veut manger, on coupe une pièce en deux ou en quatre, on chauffe, et l'on sert. Sache que toutes ces volailles, par mesure de propreté, ont été lavées à grande eau et cuites au point d'être desséchées ou même carbonisées (c'est le système russe), et tu te feras une idée de la cuisine. Du reste, dans tout le nord de l'Europe, on ne sait pas ce que c'est qu'un dîner servi à point ; et l'on ne paraît pas se douter de cette grande vérité, émise par Brillat-Savarin : « qu'un dîner réchauffé ne valut jamais rien. » Cette fois, j'ai bien bavardé avec toi, et cependant je te cache bien des petites particularités dont je te ferai part lorsque j'aurai le bonheur d'embrasser toi et mes nièces chéries.

Ton frère,

L. DE F.

LETTRE LV

A Mme LA V^{tesse} DE CUMONT.

Les habitations russes. — Les glacières. — La crème et sa conservation. — Les jardins potagers. — Utilité de la sciure de bois. — Les abris économiques.

Samara, 28 septembre 1869.

MADAME,

Je sais combien vous êtes dévouée à votre entourage, combien vous veillez à son bien-être, ne comptant pour rien votre peine, vos fatigues, et, dans ce moment surtout, quel soin vous mettez à embellir et à rendre confortable le château où vous espérez vous reposer avec M. de Cumont.

Je pense que vous ne serez pas surprise qu'un ami d'enfance, qui se rappelle les bons moments passés avec vous, ait songé, quoique bien éloigné, à vous décrire ce qu'il a remarqué, pouvant vous aider en si peu que ce soit dans la tâche que vous vous êtes imposée.

Si son but n'est pas utilement rempli, je suis persuadé que vous en aurez de la gratitude et ne verrez que l'intention, car une preuve de bon souvenir est une chose précieuse.

Je ne vous entretiendrai pas longtemps, Madame, des habitations russes ; sauf une seule, toutes celles que j'ai visitées étaient en bois, avec simple rez-de-chaussée (un premier étage est une rareté), et elles ne sont remarquables que par les précautions prises pour intercepter l'air et conserver tout l'hiver la température générale à un degré si élevé, que les femmes ne sont pas plus vêtues par 30 degrés de froid que lorsque le thermomètre s'élève à 30 degrés de chaleur. Je me rappelle l'étonnement général lorsque j'assurai qu'en France une des choses auxquelles nous tenons le plus était de renouveler l'air de nos chambres à coucher. En Russie, une fenêtre est destinée à donner du jour, mais jamair d'air. Le plus souvent, elles sont doubles, et une des deux ne s'enlève pas.

La plus belle chambre dont on ne peut ouvrir la fenêtre le matin me semble laisser beaucoup à désirer. Mais, en Russie, le climat est si affreux !

Lorsque j'eus suffisamment apprécié l'intérieur des habitations, je demandai aux maîtresses de maison à voir ce qu'il y avait de particulier dans leur domaine administratif. Presque toujours elles m'ont conduit à leurs glacières, qui sont simples et à la portée de toutes les bourses.

Une de celles paraissant réunir le plus d'avantages était disposée ainsi :

Sur une plate-forme à niveau du sol, mais d'où l'écoulement de l'eau pouvait se faire facilement, on avait établi des cloisons en bois autour d'une superficie d'environ 8 mètres sur 4 mètres, et d'une hauteur de 2^{m}50 à 3 mètres ; le tout avait été divisé en trois compartiments. Autour de ce bâtis, on avait massé de la terre, de façon à simuler un monticule plaqué de gazon. On arrivait au sommet par une rampe en terre.

Un solide plancher, muni de trappes, correspondant à chaque compartiment, avait été établi sur le tout. On y acculait les charriots destinés à emplir la glacière, et le tout était recouvert d'un épais toit en chaume.

Une double porte en défendait l'entrée.

Au mois d'août, et quoiqu'on entrât plusieurs fois par jour dans la glacière, qu'on laissât la porte ouverte, que tous les vases à lait fussent posés directement sur la glace unie comme une table, les deux mètres cinquante ou trois mètres de profondeur étaient loin encore d'être fondus. Le compartiment du milieu était complètement plein ; je ne sais même comment on devait faire pour se glisser entre la glace et le plancher. Le troisième compartiment avait diminué d'environ un tiers, quoiqu'on ne l'ouvrît

22

pas ; mais il était plus près de l'air extérieur, tandis que celui du milieu, se trouvant entouré pour ainsi dire de deux remparts de glace, n'avait pu fondre.

J'ai vu d'autres glacières beaucoup plus simples ; une, entre autres, n'était qu'un coin de grange creusé de 2 à 3 mètres. Mais on avait dû amonceler plus de 80 à 100 mètres cubes de glace. Le tas avait été élevé aussi haut que possible. Le produit de la fonte de la glace s'écoulait bien ; et, après avoir nivelé, on avait établi le lait et les provisions sur ce plancher d'un nouveau genre.

Une personne compétente m'a assuré que le système employé pour conserver la glace en Courlande était préférable. Il diffère du système précédent, en ce que la glacière est enfoncée de $1^m 20$ à $1^m 50$ en terre. Après la première cloison en planches ou en pierres, on laisse un corridor qui fait le tour et où l'air circule, puis on établit une deuxième enceinte au milieu, imitant le fond d'une grande caisse : c'est là où l'on met la glace. On la recouvre d'un plancher ; enfin on coiffe le tout d'un fort toit en paille, et, par précaution, on en répand une couche épaisse sur le plancher.

Lorsqu'on veut commencer à utiliser la glacière, on enlève la paille du plancher.

Quand on met la glace dans le compartiment formant caisse, on doit la piler fortement. Je n'ai pas vu ce dernier système, mais c'est celui que j'essaierais avec le plus de confiance.

Ainsi, d'après ce que j'ai vu, pour qu'une glacière soit établie dans de bonnes conditions, le bâtiment devra être placé : 1º dans un endroit sain, à
sol perméable, d'où on puisse facilement faire écou-
ler l'eau provenant de la fonte de la glace ; rien n'est
plus à redouter que l'humidité.

2º Il devra être abrité, et, le moins possible, exposé au soleil.

3º On l'établira dans une excavation de 1 à
2 mètres, sans aucune préparation au sol qu'un
énergique drainage obtenu d'une façon quelconque.
Une couche de pierres brutes devrait remplir le but.

4º Des murs en maçonnerie ou de fortes cloisons
en bois, de $2^m 50$ à 3 mètres de hauteur, suffiront.
Ils seront revêtus d'une forte masse de terre extérieurement ; enfin, la glacière imitera un monticule.

5º Un passage d'un mètre sera laissé tout autour
des murs intérieurs.

6º Une caisse en bois d'au moins 16 à 20 mètres
de superficie, et d'une hauteur de 2 à 3 mètres, sera
disposée au milieu du bâtiment.

7º Au-dessus du tout, on établira un solide plancher sur lequel on pourra laisser de la paille provi-
soirement.

8º Une trappe et une échelle donneront accès sur
la glacière.

9º Enfin, une forte toiture en chaume, pour recouvrir le tout, descendra presque à terre.

10° On remplira par un beau froid avec de la glace bien sèche, et on la pilera fortement. Avec ces précautions, je ne doute pas qu'on ne puisse établir une glacière donnant toute satisfaction et permettant, en été, de conserver toutes les provisions qui se détériorent si facilement à la chaleur. Peut-être réussirait-on dans un endroit sec et en réunissant une grande masse de glace, en creusant seulement, recouvrant grossièrement d'un plancher et d'une épaisse couverture de chaume; mais je ne voudrais pas l'affirmer (1).

C'est à l'aide de ces glacières qu'il était possible de conserver le lait trois ou quatre jours; peut-être aussi la composition des pâturages y contribue-t-elle. Le fait certain, c'est que la crême, même vieille, surnage sous une forme très-liquide, ce qui la rend extrêmement agréable à employer avec le thé. Les Russes en sont très-fiers, et ne parlent qu'avec dédain de celle qui leur est servie à Paris. Dans les glacières, la crême ne monte que très-lentement. Il ne se forme pas de croûte à la surface, et on peut l'expédier isolée et liquide, tandis que nous, avec les conditions actuelles, nous n'apporterions que du beurre. De plus, le lait produit aux environs de Paris n'est guère obtenu que par des vaches nourries de

(1) Il est certain qu'en Russie on a de grands avantages pour conserver et se procurer surtout de belle glace bien sèche ; mais il faut lutter contre une température qui atteint 35 degrés et les effets de la condensation de la chaleur sur une terre noire.

betteraves, de résidus de distilleries ou de brasseries, ce qui donne un lait abondant, mais de qualité très-secondaire et nullement comparable à celui qu'on obtient de vaches errant çà et là à la vaine pâture, et libres, par conséquent, de varier leur alimentation. Quand on trouvera le moyen de transporter de Bretagne à Paris la crème produite dans les Landes, on n'aura certes rien à envier aux Russes; ils pourront même s'avouer dépassés, car c'est bien en Bretagne et dans les montagnes d'Écosse où j'ai bu le meilleur lait.

La tenue des jardins potagers et d'agrément laisse à désirer partout en Russie. Le Russe est paresseux; la main-d'œuvre coûte cher; on manque d'eau. La végétation ne dure qu'un instant; mais elle change l'aspect de la nature avec la même rapidité qu'une décoration de théâtre. Les mauvaises herbes, les orties et le chiendent surtout, auxquels ces sables noirs et riches conviennent particulièrement, ne restent pas en arrière de cette impulsion et envahissent tout. Souvent la sécheresse arrive désastreuse dans ces terrains; alors les jardins ne représentent que la désolation et l'aridité. Que de compost on ferait avec tous ces débris et toutes ces mauvaises plantes qui dépassent la ceinture! J'ai trouvé des traces de cultures d'oignons, de concombres, de betteraves qu'on mange grosses comme des salsifis, de haricots, de petits pois.

En tout, la nécessité est un grand maître : il faut

22.

toujours aller voir dans chaque pays les tours de force auxquels elle pousse pour lutter contre la nature et le climat.

Ici, c'est le désir d'avoir des fruits et des primeurs ; en Suède, c'était l'obligation de sécher des grains et du foin par les temps pluvieux. Dans ces jardins si envahis par les mauvaises herbes et rendus arides par la sécheresse, j'ai vu employer avec grand succès la sciure de bois aux pieds des fraisiers et des framboisiers : une faible couche a la propriété de conserver la fraîcheur et d'empêcher toute végétation de la percer, et cela sans nuire à celle des plantes qu'elle est destinée à protéger. La seule précaution nécessitée par son emploi consiste, je pense, à enlever cette sciure tous les ans, à donner un bêchage et à l'étendre de nouveau au printemps.

A part une mauvaise variété de merisiers, les cerisiers ne peuvent résister au climat de la Russie. J'ai vu à quelques lieues du Volga, sur le bord d'un ravin exposé au midi, une fosse de 6 mètres de large sur 13 mètres de long, établie sur le versant. On l'avait creusée de 80 centimètres du côté du ravin, et l'abri naturel produit par le coteau était environ de 3^m 50. On avait planté des cerisiers de plusieurs variétés dans cette place. Quand l'hiver vient, on établit une sorte de hangar au-dessus. Des poteaux hauts de 5 mètres soutiennent le toit en son milieu et s'appuient d'un côté sur la crête du ravin, et de l'autre sur un bâtis d'environ 1^m 60 de hauteur, faisant face au soleil et au ravin. Au mois d'octobre, on bouche tout hermétiquement, pour ne donner du jour qu'au mois de mai. On ôte sans doute d'abord la façade. Les arbres végètent, fleurissent et donnent, paraît-il, énormément de cerises. Ceci m'a fait penser à notre négligence. Pourquoi n'abriterions-nous pas quelques abricotiers en plein vent et quelques pêchers ? La dixième partie de ces précautions ne serait pas utile. Des abricotiers plantés à l'abri, le long d'un grand mur ou d'un coteau à pente rapide, devant lesquels on établirait quelques poteaux supportant une traverse d'où partiraient des gaules appuyées au mur ou au coteau, et sur lesquelles, avant la floraison, on répandrait un peu de paille ou qu'on recouvrirait de vieilles toiles hors de service, suffiraient pour assurer tous les ans une récolte de cet excellent fruit dont on est si souvent privé.

Le mode d'abri le plus simple serait le meilleur. A chacun d'imaginer ce qui lui sera le moins dispendieux et le plus pratique, et je suis sûr, Madame, qu'à ces sortes de tentatives vous ne serez pas la dernière à obtenir un bon résultat.

Il faut rendre justice aux Russes : c'est chez quelques propriétaires que j'ai vu aussi les poulaillers les mieux entendus. J'en ai vu un en Tartarie qui n'occupait pas moins de cinq ou six appartements séparés par un corridor. Tout avait été fait en clayonnage recrépi en terre, et était confortable et économique. Il y avait un appartement pour les couveuses, les petits poulets, les pondeuses, et enfin une salle commune. Tous cela était parfaitement propre et nettoyé tous les jours.

J'ai vu une fort belle bande de volailles ramenées du Caucase : il y avait des poules de soie magnifiques. La majorité de ces volatiles consistait en cochinchinoises. C'est, du reste, la seule variété pure ou croisée que l'on trouve dans l'est de la Russie. J'ai remarqué, chez les paysans qui n'ont pas de poulaillers spéciaux, des nids en forme de poires en grosse paille tortillée. Ils avaient laissé une ouverture au sommet, et on les suspendait aux hangars. C'était pratique, et les poules ne pouvaient être dérangées, ni leurs œufs volés par les animaux nuisibles. En France, nos ménagères se plaignent de leurs volailles et de leur maigre rapport; mais nous avons de grands progrès à réaliser dans la manière de les élever. On élève aussi, çà et là, de grandes bandes d'oies; mais on ne les plume jamais, et je me rappelle l'hilarité qui salua mon conseil de ne pas oublier cette source de bénéfice. Des Russes m'ont assuré que les cochinchinoises étaient la variété qui pondait le plus en hiver. Les œufs valaient à ce moment 8 cent. la pièce, et en été 3 cent.; une volaille vaut 80 cent.; le beurre est vendu 2 fr. le kilo, et à Moscou jusqu'à 4 et 5 fr.

A mon grand regret, Madame, voilà seulement ce que j'ai pu glaner dans le but que je m'étais proposé. Je ne sais si je l'aurai atteint; mais avec votre indulgence bien connue et votre désir d'être agréable. je suis persuadé que vous vous efforcerez de me prouver que telle ou telle chose vous a été très-utile. J'y croirai volontiers; mais la chose sur laquelle je compte le plus, c'est votre bon souvenir.

Veuillez agréer, je vous prie, Madame, l'hommage de mes sentiments les plus profondément respectueux.

L. de F.

LETTRE LVI

A M. LEFÈVRE DE SAINTE-MARIE.

La steppe ; sa flore, son défrichement. — Le mode de culture.

Dans la steppe, 30 septembre 1869.

Monsieur le Directeur,

Enfin, j'ai vu les steppes et leur immensité ! C'est fort triste et monotone. Là, il faut dire adieu aux clairs ruisseaux et aux bouquets de verdure. Du reste, en Russie, je n'ai pas trouvé une seule fontaine, ni un ruisseau coulant à fleur de terre, mais seulement quelques rares filets au fond des ravins, ressemblant plutôt à de l'eau stagnante. En entrant dans la steppe, je me figurais voir un terrain plat ; mais presque partout je n'ai aperçu que faibles ondulations ne formant ni collines, ni vallées. On ne trouve pas de pierres : tous les terrains que j'ai parcourus avaient été cultivés. C'est à peine si on a pu me

faire voir, comme un objet de luxe, quelques vingtaines d'hectares où la charrue n'avait jamais passé.
Les steppes vierges consistent en gazons très-faciles à
défricher ; rien n'arrête la charrue, et sur ces premiers labours, pendant trois ans, on peut espérer
des produits énormes. On sème sur un seul labour
et un hersage. S'il vient des pluies à temps, on obtient le plus beau blé de printemps qu'on puisse voir.
Lorsque sans interruption on a récolté trois froments,
la terre reste au repos six ans, puis on lui fait porter
deux blés de suite, et on la laisse de nouveau inculte,
et ainsi successivement. Mais les récoltes ne sont plus
aussi certaines ni aussi abondantes qu'au premier
défrichement ; c'est pour cela que la culture des
steppes vierges est si recherchée. Aussi les industriels ou cultivateurs nomades ne manquent pas. Ils
s'éloignent à cinquante, soixante lieues du Volga,
louent des terres vierges, se construisent un abri
quelconque, mettent toute l'année en mouvement autant de charrues que leurs capitaux le leur permettent, sauf pendant les gelées, hersent et sèment au
printemps, et sur un seul et grossier labour ils obtiennent jusqu'à 36 hectolitres à l'hectare. Je tiens
ces renseignements d'un industriel de ce genre
qui avait ensemencé en froment l'année dernière
2,500 hectares.

Après Samara, sur la rive gauche du Volga, et
comme vous pouvez le voir sur la carte indiquant les
limites des cultures en Russie, commencent ces terres

si immenses qui constituent la véritable steppe, et qui sans le moindre soutien en engrais, avec des frais relativement fort minimes (une avance d'environ 80 fr. par hectare), peuvent produire des quantités énormes de blé, et à un prix qui nous ôte tout espoir de lutte.

J'avais été emmené par un grand propriétaire fort capable, cultivant sérieusement, et dont l'habitation était située près d'un bras du Volga. Les magasins à grains étaient placés de façon à ce qu'on pût embarquer directement. En regardant, je lus : Juin 1856. Je m'informai, et j'appris que c'était la date de la plus grande inondation connue du Volga. Or, c'est juste au même moment que la Loire, de mémoire d'homme, avait atteint son niveau le plus élevé et causé de si affreux dégâts, ce qui tendait à prouver que les mêmes variations dans le temps ont lieu de même partout, et que nous ne pouvons guère espérer de grands secours de ces pays lorsqu'une calamité quelconque afflige le nôtre.

Le propriétaire qui me servait de guide avait 16,000 hectares ; il laissait ses terres reposer au moins pendant six ans ; il ne lui restait au plus que 4,000 hectares à cultiver, dont il faut défalquer tous les vagues. Le tout était divisé en deux grands centres d'exploitation. Il possédait dix-sept charrues de dix bœufs, constamment attelées sitôt que les gelées étaient finies. Nous montâmes en voiture un matin ; nous changeâmes de chevaux vers midi, et nous ne rentrâmes

à l'exploitation principale qu'à dix heures du soir.
Nous n'étions presque pas sortis de la propriété, et
nous n'avions pu visiter tous les travaux. Avec une
immensité pareille, on comprend qu'il n'y ait pas
autre chose de pratique qu'un seul labour suivi de
hersages ; en un mot, la récolte aux moins de frais
possibles et le battage sur place. Que leur importe la
perfection de la charrue, que le tirage soit augmenté
d'une paire de bœufs ? L'essentiel pour ces colons,
c'est qu'elle résiste à tous les obstacles et retourne
tant bien que mal la bande de terre. Je fus stupéfait,
en arrivant au premier chantier de labour, de voir
soixante-dix bœufs répartis sur sept charrues aussi
grossières que possible, et faisant entrer à force cette
sorte de coin dans la terre. Chaque machine soulevait
des blocs d'une grosseur inouïe. La dureté de cette
terre noire, que je voyais si friable par moments,
était excessive ; je ne la croyais pas susceptible de
devenir aussi compacte.

Le beau tableau de Rosa Bonheur, représentant
les bœufs nivernais au labour, peut donner une idée
de la charrue et de la bande retournée.

La charrue est soutenue par un grossier avant-train
fabriqué d'un seul morceau de bois de 2^m 10 de largeur, et établi à 30 centimètres de terre. La perche
est maintenue sur l'avant-train par une courroie, et
l'on augmente la profondeur du labour à l'aide d'une
cale. La perche de la charrue est faite d'une pièce de
bois brut, d'une courbure inouïe, pour favoriser la

largeur de la bande à enlever. On allait à une profondeur de 30 centimètres, et on retournait une largeur de 45. Enfin, ce labour énorme m'a bien surpris. Les bœufs étaient attelés avec le joug au garrot,
qui leur laissait toute liberté; mais sitôt que la pluie
commence, il faut cesser, parce qu'ils se blessent
immédiatement. Ces animaux travaillent dix heures,
marchent très-vite, sont fort petits et assez maigres.
Les laboureurs faisaient régulièrement 60 ares par
jour. J'ai été étonné de voir combien la ligne de tirage était droite et bonne. Les animaux n'étaient attelés pourtant qu'à une suite de timons brisés, main-
tenus par des chevilles. On conduisait les bœufs avec
de gros fouets; il n'y avait qu'un homme pour guider dix bœufs. Les laboureurs étaient tartares et n'en
paraissaient pas moins énergiques : dans cette terre
si dure, ils avaient une peine infinie à maintenir leur
charrue en terre. Il fallait que ces sortes de coins
fussent imbrisables; toutes les charrues que je connais n'auraient pu résister. Un charron, avec un marteau et une hache, suivait les attelages, et était constamment là pour réparer ce qui venait à casser. Les
bœufs étaient mis au pacage en sortant du travail,
et y restaient la nuit sous la garde de deux hommes.
Les autres bouviers avaient leur campement près des
charrues, et là ils passaient la nuit au grand air,
abrités, six par six, sous une grande couverture de
feutre qu'on considérait comme le paroxysme du confortable. Il est vrai que dans le pays j'avais trouvé

maintes fois des bandes d'hommes et de femmes couchés au clair de lune, sans autre abri que leurs pelisses. Le dimanche est observé ; mais il reste quelqu'un au campement pour garder les charrues, car
on vole tout. D'où peuvent sortir les voleurs ? On en est
d'autant plus surpris qu'on ne voit pas de maisons.

Les herses sont fort légères : elles se composent
d'un châssis en branches de chêne qu'on n'a même pas
écorcées, de 1^m 40 de large sur 1 mètre. Les dents
sont fines, courtes et rapprochées ; on dirait de gros
clous. On unit deux herses ensemble, et on passe,
pour enterrer le froment, de huit à neuf fois.

La composition de la flore de ces steppes, surtout
celle des sols vierges, m'était complètement inconnue,
et est étrange ; je l'ai faite aussi complète que possible, et je vous la rapporte. La plante qui domine
ressemble à une fétuque, vient par touffes, et donne
un foin très-grossier, mais, paraît-il, fort nutritif,
capable d'engraisser des animaux.

On ne cultive pas autre chose que du froment et du
millet rouge ; on sème surtout celui-ci la première
année, sur le défrichement, et principalement sur celui
des sols vierges. Les colons ne sèment d'orge, d'avoine,
qu'accidentellement. Les paysans seuls sèment un
peu de seigle pour eux. Les essais de blé d'hiver n'ont
pas réussi dans toutes ces contrées.

Après la récolte enlevée, la terre se couvre de mauvaises herbes, surtout d'une variété de grand *poly-
gonum*, qui dépasse 1 mètre, et pendant deux ans

la qualité du produit de la végétation naturelle est si mauvaise, qu'on ne peut en tirer aucun parti ; mais la troisième année, le chiendent en général prend le dessus, et le foin est bon ensuite jusqu'au moment du défrichement. Ceci est général.

La récolte de ces immenses étendues se fait à la faucille et aussi à la faux. Il arrive des gens de tous les côtés, qui descendent le Volga pour venir faire la récolte. Dans certaines années, comme en 1868, les prix n'ont plus de limites : les pluies étaient continuelles, le blé couché et le travail fort difficile. On a payé la moisson jusqu'à 55 fr. de l'hectare ; cette année elle était de 6 fr. seulement, mais il n'y avait rien. J'avais bien l'idée de récoltes manquées, mais pas à ce point, et cependant les herbes avaient près d'un mètre de haut. Quelques cultivateurs triaient encore les épis ; le plus souvent, ils fauchaient tout ce qui pouvait faire un bon fourrage. Lorsque les pluies manquent au moment de la semaille, c'est, paraît-il, désastreux, et c'est ce qui fait que les récoltes sont le plus souvent un coup de dé. Sans cela, ce serait beaucoup trop beau. Quelquefois, comme cette année, les industriels cultivateurs perdent tous leurs frais. On estimait qu'on n'avait pas récolté 50 kilos de blé à l'hectare dans quelques terrains ; aussi de grandes étendues avaient été abandonnées. Les paysans loueront peu de terres cette année, et une grande quantité restera en friche.

Ces terrains, placés sur les bords du Volga,

valent encore d'achat, jusqu'à 25 kilomètres dans les terres, de 100 à 120 fr. l'hectare. Ensuite, en s'enfonçant dans la steppe, leur valeur décroît, surtout quand ils ont été défrichés, jusqu'à ce qu'enfin ils tombent à 8 fr. l'hectare, et pas même. Dans ces mêmes terres, en 1868, on a pu récolter jusqu'à 50 hectol. 81 par hectare ; mais c'est la récolte la plus abondante qu'on m'ait citée, et je n'ai pu vérifier. Les blés, tous couchés et abîmés par les pluies continuelles, n'ont pas donné le bénéfice qu'on s'attendait ; les moissonneurs ne suffisaient pas. Les prix se sont élevés à 4 fr. par jour et nourri ; encore, beaucoup de grains ont été perdus. L'industriel aux 2,500 hectares de blé avait cette année-là dix-sept cents moissonneurs ; mais une grande partie avaient été engagés dès le printemps.

Nous arrivâmes à une machine Ransome battant en pleine steppe. Le contraste était frappant entre ce progrès de civilisation et cette plaine si sauvage. Le propriétaire était fort satisfait de voir la machine dévorant pareillement le grain de l'an passé. Un cheval avait peine à entretenir d'eau, tellement il fallait aller loin. Dix-sept personnes suffisaient à desservir la batteuse ; trois d'entre elles montaient le pailler.

Je vis encore une machine mue par des bœufs : il y en avait vingt qu'on changeait toutes les deux heures. Avant les machines, on dépiquait à l'aide de chevaux. C'est encore le seul mode de battage employé par les paysans. On m'a dit qu'un cheval ne

dépiquait que 160 kilogrammes de froment par jour ;
cela me paraît très-peu.

Voici le calcul moyen qui m'a été donné par mon
guide. Il est content lorsque le produit moyen est de
800 kilogrammes à l'hectare, soit 10 hectolitres, valant sur place 10 à 13 fr. l'hectolitre. Les frais sont
de 85 fr.

DÉTAIL DES FRAIS.

Semence................	16 fr.
Labour.................	17
Hersage	6
Récolte................	26
Battage................	20
TOTAL.........	85 fr.

Il reste un bénéfice net de 35 à 40 fr. par hectare, plus la paille, qu'on trouve quelquefois à vendre
au printemps.

Je crois qu'on doit arriver à des produits beaucoup plus élevés ; mais des chiffres certains sont très-
difficiles à donner et à obtenir. Le propriétaire chez
qui j'étais m'a avoué qu'il avait payé sa propriété
en deux ou trois ans, et dans le pays il passait pour
immensément riche.

On trouve à faire labourer un hectare par les
paysans pour 12 à 16 fr. ; mais ce que l'on considère de plus avantageux, c'est la location à ces mêmes
paysans pour les deux années de culture. Ils consentent communément à une location de 32 à 40 fr.

par chaque récolte, et les années de pacage se louent de 4 à 10 fr., pourvu qu'on ne soit pas éloigné du Volga à plùs de sept à huit lieues.

Veuillez agréer, je vous prie, Monsieur le directeur, l'hommage de mes sentiments les plus profondément respectueux.

L. DE F.

LETTRE LVII

A M. DE SAINTE-MARIE.

Les bœufs de travail dans la steppe. — L'étable par 30 degrés de froid convertie l'été en champ de choux. — Le chameau au travail. — Une chaudière qui fond le suif de mille moutons. — Le commerce des moutons· — Prix des laines.

Dans la steppe, 30 septembre 1869.

MONSIEUR LE DIRECTEUR,

Comme j'ai eu l'honneur de vous l'écrire, sur la rive gauche du Volga on emploie exclusivement des bœufs ; les paysans seuls conservent des chevaux, qui leur servent seulement pour le battage, les transports et pour la culture des terres déjà défrichées. On me disait qu'ils ne laissaient reposer leurs champs qu'une année et qu'ils labouraient après la récolte. Je n'ai pas vu une seule raie de charrue faite par eux dans ces conditions. Le sol était trop dur ; peut-être attendaient-ils la pluie.

Les bœufs que j'ai vus au labour sont achetés chez

les Kirghiz, à deux ou trois cents lieues dans les terres. Ils sont petits, ne pèsent pas plus de 350 kilogrammes, mais ils sont très-énergiques ; ils marchent avec une rapidité étonnante, et sont attelés au nombre de dix par charrue; ils labourent 1 hectare 64 ares en trois jours. A l'âge de deux ans et demi ou trois ans, on les attèle. Ils ont pour la plupart la croupe avalée un peu, comme des buffles. Leurs cornes sont vertes et très en l'air ; de un an à un an et demi, ces animaux valent de 48 à 60 francs ; il y en a de toutes nuances. Ces bœufs ne sont jamais ferrés ; on les réforme vers sept ou huit ans, et on les vend environ 160 francs, après les avoir laissés pendant un an au repos et au pacage. En France, ces animaux vaudraient 270 à 300 francs. Ils sont d'un engraissement difficile. Le maigre pacage des steppes et la difficulté de bien les abreuver influent sur leur maigreur persistante. Lorsque la pâture n'est pas assez abondante pour les bœufs de trait, on leur donne un supplément de foin.

Dans la première ferme que j'ai visitée aux steppes, on m'assurait qu'il y avait cent bœufs de travail ; j'avais beau chercher : je ne voyais pas le moindre hangar ou bâtiment. Je demandai dans quel endroit on les mettait à l'abri. Le propriétaire me fit voir une sorte d'enclos entouré d'une grossière palissade de moins d'un mètre de hauteur, brisée en plusieurs endroits, et me dit que c'était là. Les pauvres bêtes pouvaient franchir les palissades ; mais où seraient-

elles allées ? Elles étaient en plein air, sans le
moindre abri, par 30 degrés de froid ; et le maître
m'assurait que s'il s'avisait de les rentrer, il pourrait
les perdre de maladie, que l'expérience était là. Ainsi
ces malheureux animaux ont à subir un écart de plus
de 60 degrés de température. La terre est tellement
poreuse et siliceuse, qu'il ne doit pas se former de
boue dans les cours, puis la gelée empêche tout inconvénient. Quant aux râteliers, il n'y en avait pas
l'ombre : on jette le foin çà et là, et les animaux le
ramassent comme ils peuvent.

Chez un autre propriétaire, ayant demandé où se
mettaient les bœufs en hiver, il me fit voir un enclos
en osier tressé où se trouvaient des choux-pommes
magnifiques. Je me récriai ; mais il m'expliqua que
lorsque le printemps arrivait, il envoyait les bœufs au
labour et qu'ils ne rentraient pas de tout l'été. On
enlevait alors le plus gros du fumier ; on faisait des
trous de distance en distance, où l'on plantait les
choux, qu'on retirait avant octobre, et la cour était
pour tout l'hiver transformée en étable à bœufs.

Les épizooties ravagent également ces pays ; mais
il n'y a pas eu de grands désastres depuis quelques
années, et si les capitaux ne manquaient pas et que
les bénéfices fussent suffisants, on pourrait augmenter d'une façon incalculable le nombre des bestiaux.
Cependant le long hiver est un obstacle, et les gens
sont déjà si peu prévoyants, qu'à certains printemps
la paille, que l'on brûle et que l'on détruit à plaisir,

atteint des prix énormes, même celle qui est avariée, car les paillers sont faits avec une négligence incroyable, et il faut que les animaux soient vraiment bien affamés pour manger celle qu'on leur donne.

Le peu de fumier obtenu est pour la plupart malaxé sur un gazon dur, piétiné, arrosé, puis abandonné à la fermentation et mis en briquettes, qui constituent le seul chauffage employé dans la steppe. Ces briquettes sont tellement dures qu'il a fallu tailler au ciseau et au marteau celle que j'ai voulu emporter.

J'ai vu un chameau travailler à la terre ; il poussait de temps à autre des cris rauques. Le propriétaire en était fort content et s'en servait depuis plusieurs années ; il compte prochainement en acheter d'autres pour effectuer ses labours. Il espère que quatre de ces animaux lui remplaceront facilement dix bœufs. A mesure qu'on s'enfonce du côté de l'Oural, les chameaux deviennent, paraît-il, beaucoup plus communs.

Près de Samara, j'examinai 600 à 700 vaches réunies en un seul troupeau et appartenant aux paysans ; elles étaient sur des terrains vagues complètement desséchés et de la plus grande aridité. Je ne m'explique pas comment elles peuvent vivre dans ces conditions, et quel profit on peut en espérer.

Avec quoi ces pauvres bêtes, si maigres et ayant à peine de quoi se soutenir, auraient-elles pu donner du lait ? Les races sont encore mélangées et sans caractères distinctifs ; mais les nuances claires domi-

nent. Les robes grisardes sont rares ; les mouche-
tures deviennent plus nombreuses.

L'os coxal, qui prédomine chez le buffle et rend la
croupe avalée, se rencontre sur au moins un tiers
de la bande : il y a eu des mélanges de races. Les
bêtes sont levrettées, les cornes verdâtres et projetées
en avant ; enfin, ce troupeau serait fort étrange sur
nos marchés.

Dans les steppes, l'élevage des bêtes à cornes est
presque nul ; on n'a de vaches que ce qu'il en faut
pour le strict usage de la maison ; les bœufs sont
achetés au loin et quand ils sont déjà en état de travailler. Les moutons sont les animaux qui dominent.
Ils se divisent en trois races pures très-distinctes : les
moutons russes, les kirghis ou à grosse queue et les
mérinos. La laine et le suif sont les produits tirés de
ces animaux. La viande de mouton n'a presque aucune valeur.

Du reste, Monsieur le directeur, considérant toute
l'importance de la question, j'y ai apporté une grande
attention. Jusque-là, et dans le centre et le nord de
la Russie, je n'avais rencontré les moutons de la race
dite russe qu'en très-petite quantité ; ils y étaient
utilisés seulement pour l'usage de leurs propriétaires.
Mais sitôt qu'on arrive dans les steppes, en se dirigeant vers le midi de la Russie, on commence à
trouver des troupeaux immenses. Il y en aurait bien
plus tôt, mais les longs hivers sont un obstacle à ces
grandes spéculations, car pendant sept mois il faut

nourrir tant bien que mal les animaux à l'étable ; et le seul soin de recueillir et conserver des fourrages pour la mauvaise saison semble aux Russes une occupation par trop considérable. Le grand avantage, en avançant vers le midi, est que l'hiver devenant extrêmement court, et dans quelques parties tout à fait nul, les frais d'entretien, lorsqu'il n'y a que le pacage, sont insignifiants. On m'a assuré qu'en Tauride, un seul propriétaire possédait 400,000 moutons, divisés en troupeaux de 1,000 ou 1,200 têtes ; les possesseurs de 50,000 bêtes sont nombreux. On m'a dit aussi que le grand propriétaire avait 20,000 chiens pour défendre tous ces moutons contre les loups, et cette erreur est tellement accréditée que de tous les côtés elle m'a été répétée. Mais en supposant une demi-douzaine de défenseurs par troupeau, ce qui est au moins suffisant, le total ne serait que de 2,400 chiens.

Ces immenses bandes de moutons sont presque toutes composées de mérinos purs ou croisés, et entretenus exclusivement pour la laine et le suif. Ils vivent sur les pâturages naturels qui se sont formés sur les terres en repos.

Si vous vous enfoncez vers l'Asie, vous ne tardez pas à rencontrer les troupeaux des Kirghiz, populations nomades par excellence et ne vivant guère que du produit de leurs bestiaux, surtout de leurs moutons. Ils ne se rapprochent du Volga que vers l'automne, au moment de la vente.

Les troupeaux de ces tribus sont composés de moutons dont la queue est remplacée par une masse graisseuse énorme ; chez la brebis, rien ne peut la rappeler. Ces animaux sont de forte taille, les extrémités grosses ; la tête est énorme, fortement busquée ; les oreilles sont larges et rabattues. La toison offre un aspect rougeâtre et semble du poil de chien mélangé d'un peu de laine ; on en trouve cependant quelques-unes de blanches. Mais ce qui est caractéristique, c'est la carapace de tissu adipeux qui commence avec les lombes, les recouvre entièrement, ainsi que toute la partie coxale, jusqu'à la hauteur du flanc, et tombe derrière l'ischion en formant deux lobes énormes. L'animal paraît maigre partout ailleurs ; les cuisses sont émaciées. Pendant la marche, la masse graisseuse s'ouvre en deux parties tremblotantes, paraissant si parfaitement jointes pendant le repos, qu'on croirait à une incision profonde que la peau aurait depuis recouverte. Chez le bélier, la masse graisseuse est d'une seule pièce, mais tellement transformée, qu'il faut une grande bonne volonté pour lui donner le nom de queue. L'histoire des petits chariots pour soutenir ces lobes adipeux a dû sortir du cerveau d'un être à cœur très-humain, et rendrait peut-être service à l'animal ; mais je n'en ai vu aucun.

La peau de mouton kirghiz est la plus recherchée et vaut de 4 fr. à 4 fr. 50.

La viande de cette variété de moutons a une odeur

infecte, ou plutôt un goût tellement fort, qu'elle est presque immangeable, sauf pour les Russes. Lorsqu'on mélange la race russe et le kirghiz, en y ajoutant même du mérinos, l'odeur est encore telle que les moutons, accusés chez nous de sentir le suint, paraîtraient des moutons de prés salés auprès.

Les moutons russes purs fournissent une chair un peu plus estimée; de plus, leur laine est plus abondante. Ces moutons sont tondus deux fois par an, en avril et vers le 15 août. Le poids total des deux toisons annuelles est en moyenne de 2 kil. 500 en suint. La laine est longue, noire ou grisâtre, et la toison est peu tassée. Cette race a de plus la tête forte, munie de cornes énormes, et la charpente osseuse. Les moutons non consommés par les paysans sont achetés à l'âge de trois ou quatre ans par des marchands qui viennent à l'automne, et les paient habituellement 6 fr. Ceux-ci les font garder et nourrir pendant tout l'hiver par les vendeurs; au printemps, ils les réunissent et les envoient dans la steppe par bandes de quinze cents à deux mille. Ces marchands louent les terres qui sont au repos et les chaumes, où ils trouvent après la récolte un excellent laiteron qui est considéré comme ce qu'il y a de meilleur. Enfin, octobre arrive : on amène les troupeaux aux fonderies, et là on abat les moutons par milliers. C'est épouvantable, paraît-il. Heureusement que ce carnage n'était pas commencé. J'ai vu en plusieurs endroits d'immenses cuves où l'on faisait fondre le suif de mille moutons à la fois. J'ai compris qu'il était fondu à la vapeur, pressé et mis en barriques, après avoir été mélangé dans une certaine proportion avec du suif de bœuf, qui lui donne la consistance et la qualité nécessaires pour l'exportation. Les Anglais en achètent beaucoup. Lorsque cette affreuse boucherie commence, ce qui est annoncé au loin par l'odeur infecte qui se dégage de ces établissements, les industriels achètent des bandes de porcs, qui dévorent toute la viande qu'ils ne trouvent pas à vendre, ainsi que les débris. On laisse errantes dans tout l'établissement ces bêtes voraces ; puis, lorsque la tuerie est finie (elle dure de un à deux mois), on nourrit ces porcs pendant quinze jours avec des grains, pour leur ôter le goût que la viande a contracté, et à leur tour ils sont égorgés. Leur peau est vendue 12 fr. On fond leur graisse, et on sale la viande.

Les marchands qui font ce commerce sur une si grande échelle calculent que la peau de mouton et la vente de la viande doivent payer le prix d'achat de la bête. La laine subvient aux frais du pacage, et le suif doit être tout bénéfice pour l'industriel.

Une peau de mouton nouvellement tondue ne vaut qu'un franc ; mais comme on n'abat les animaux que deux mois après la dernière tonte, la laine a pu repousser. La peau peut alors servir à la confection des pelisses, et vaut en moyenne 4 fr. La viande n'est guère comptée plus de 7 à 8 fr., quoique les moutons doivent bien peser vivants de 60 à 80 ki-

logrammes, soit 20 cent. le kilogramme. Les peaux
de bêtes mortes, bien en laine, ne valent que 2 fr.

J'ai eu beaucoup de peine à obtenir des chiffres
certains sur les rendements en suif; je les tiens
pourtant des fondeurs eux-mêmes.

On m'accuse qu'un bon mouton donne 18 kilogrammes de suif et 64 kilogrammes de viande. Il
pèserait donc 128 kilogrammes environ, en comptant
le suif comme déchet. Je n'y puis croire. On achète
18 kilogrammes de mouton pour 4 fr., soit 22 cent.
le kilogramme; encore ne trouve-t-on pas à se dé-
faire à ce prix du mouton kirghiz. Du reste, les
Russes qui sont à leur aise mangent très-rarement
la viande de cet animal.

Un autre marchand m'affirme que dix moutons
doivent donner 248 kilogrammes de suif cuit, soit
24 kilogrammes par tête, et 13 kilogrammes de
viande.

Vous voyez, Monsieur le directeur, comme il est
facile de tirer des renseignements! Celui qui m'a indiqué ces proportions ridicules, en chiffres et poids
russes, m'était vanté comme l'homme le plus compétent de cinquante lieues à la ronde. D'après un
autre renseignement, la queue du mouton kirghiz,
de premier croisement, rend 22 livres russes de
suif; on en retire ensuite 12 livres à l'intérieur, soit
un total de 13 kilog. 94; et la bête pèse en tout
64 kilogrammes. Ce chiffre, qui m'a été donné par
un directeur de ferme-école, me semble plus rappro-

ché de la vérité. Le rapport du suif cru au suif fondu est comme 16 est à 11, ce qui fait environ un tiers de déchet. Le suif cuit de mouton kirghiz vaut environ 93 cent. le kilogramme, et le suif de mouton russe 1 fr. 12.

Une autre personne m'assure que les mérinos croisés avec les moutons russes donnent 10 kilog. 250 de suif par tête.

Le croisement des béliers mérinos avec les brebis kirghiz réussit. Le produit qui en dérive possède la laine de mérinos ; il n'est plus émacié d'une façon aussi outrée. Il garde la couleur blanche. La queue est très-grosse à la naissance et se termine par un rudiment. La viande est meilleure enfin ; les sujets prennent de la grande taille des kirghiz. La poitrine et toute la charpente est très-bonne, très-ample ; le corps est allongé ; la largeur des parties lombaires est exagérée. Enfin, en se fondant l'une dans l'autre, ces deux races semblent avoir transmis à leurs descendants leurs qualités réciproques, au détriment de leurs défauts. Le sang kirghiz, donc, pourrait aider à perfectionner une race, en lui transmettant surtout cette propension inouïe à prendre la graisse, s'il n'y avait point à redouter l'odeur de la viande et la transmission de la glande qui la sécrète.

Les croisements russes kirghiz sont également très-communs et avantageux aux animaux.

Il y avait six mille moutons croisés mérinos russes et kirghiz dans la première exploitation que je vis. Ils

étaient divisés en quatre bandes, et chaque bande
était conduite par deux hommes et sans chien. On
les rentrait tous les soirs à la bergerie, grand bâtiment nu où ils restaient sans paille. Mon hôte me
proposa de manger du mouton croisé russe mérinos :
j'acceptai; mais je pus difficilement avaler ce qu'on
me présenta, à cause de l'odeur, quoique la viande
fût de première qualité. Qu'est-ce que sont donc les
kirghiz ?

J'ai visité ensuite une grande exploitation où il
y avait seize mille moutons mérinos. On en avait
eu vingt-cinq mille; mais il était survenu de grandes
épidémies, et en y joignant le bas prix des laines, on a
laissé les troupeaux diminuer. Ce propriétaire avait
d'abord la race de mérinos dite électorale; mais, trouvant qu'elle donnait peu, il importa la race negretti,
et la croisant avec les moutons russes, il obtint
3 kilog. 300, sans que la finesse en laine fût changée,
et il y avait un sixième de perte de moins au lavage.
Ce propriétaire s'en est donc tenu exclusivement aux
moutons croisés negretti russes.

Le sang de rate ravage ces troupeaux : les animaux
tombent morts à l'improviste, et les agneaux sont atteints fort souvent de la diarrhée. Avant ces grandes
calamités, on accusait une mortalité pour les agneaux
de 21 pour 0/0, et de 3 pour 0/0 pour les bêtes
adultes. Les brebis et les moutons sont réformés à
cinq ans. Lorsque les bêtes sont grasses, on les vend
12 fr. par tête environ. C'est relativement fort cher;

mais comme la viande a moins d'odeur, cela s'explique ; puis sans doute ce propriétaire a soin d'abattre avant que les grandes tueries soient commencées. Ce n'est qu'à trois ans que les brebis ont leur premier agneau.

Les éleveurs russes sont terrifiés également du bas prix des laines : habituellement elles valaient 2 fr. 93 le kilogramme en suint, et cette année on ne peut la vendre plus de 1 fr. 71.

Les animaux couchaient dehors. J'ai vu chez M. S..., qui s'occupait beaucoup de ses affaires, un beau bâtiment entourant une grande cour, où l'on pouvait loger à l'aise cinq mille moutons ; mais nous étions à la fin de septembre, et le fumier de l'hiver précédent n'avait pas encore été enlevé ! Dans cette grande cour étaient entassés la paille et le foin ; les animaux mangent directement à terre ; il n'y a ni auges, ni râteliers à l'intérieur des bergeries. J'ai vu là quelques centaines d'agneaux, nés tardivement, atteints de diarrhée et dans le plus mauvais état. Ils faisaient pitié et n'avaient que du foin grossier à manger par cette excessive chaleur. Sitôt qu'il faut du soin et de la prévoyance, il ne faut plus compter sur les Russes. Pourquoi ne pas préparer le moinde fourrage vert, qui eût sauvé ces malheureux agneaux ?

On tient les brebis le plus longtemps qu'on peut au pâturage ; mais il n'en faut pas moins compter sur 150 ou 160 kilogrammes de foin par tête pour les hiverner. C'est ce qui restreint l'élevage dans toute cette partie de la Russie et les régions centrales.

Veuillez agréer, je vous prie, Monsieur le directeur, l'hommage de mes sentiments les plus profondément respectueux.

L. DE F.

LETTRE LVIII

A MADAME X***.

La steppe. — Le dîner maigre. — Les sansonnets et les sauterelles. — Le dépiquage. — Un bivouac étrange. — Les princesses dans la steppe.

Dans la steppe, 20 septembre 1869.

CHÈRE MADAME,

Cette fois, ma lettre sera brève, sans doute ; mais je ne puis vous taire l'impression que m'a faite la steppe. Jusqu'ici le mot steppe avait toujours entraîné dans mon esprit une idée poétique, quand ce ne serait que le souvenir de ce vers cité dans le joli roman de *Christine :*

Tous deux perdus dans la steppe infinie.

J'ai trouvé cette immensité morne et triste ; et je ne sais si deux pauvres amants abandonnés à quelques vingtaines de lieues dans la plaine, sans eau pour apaiser leur soif, sans ombrage pour se reposer, et marchant au milieu d'une poussière noire, auraient eu longtemps leurs idées empreintes d'une folle gaîté. Et tout en se trouvant heureux de cette solitude à deux, il me semble qu'ils eussent bientôt souhaité ruisseaux, herbe fleurie et bon gîte.

Après avoir gravi un coteau du Volga, je me trouvai tout à coup devant l'immensité. J'eus froid au cœur! Les sombres pensées affluèrent. J'affirme que cet aspect n'est pas gai; mais il ne me produisit que de l'étonnement, car je pensais ne pas trouver la moindre ondulation de terrain. Au contraire, jusqu'à l'horizon, je pouvais en remarquer de presque insensibles et des plus monotones; mais pas un arbre! à peine quelques buissons çà et là.

La charrue avait laissé des traces partout; mais il fallait regarder attentivement, car elles étaient cachées par les grandes herbes. Tous les grains étaient coupés, ce qui rendait encore plus triste l'aspect général. Et ce sol noir, si facilement rendu poudreux, semblait s'être créé une végétation spéciale, car les plantes que je rencontrais étaient nouvelles pour moi. Le seul arbuste que je remarquai était une sorte de bois de fer, tellement lourd, qu'il ne surnageait pas sur l'eau, et si dur qu'on l'avait interdit comme moyen de correction.

Au bout de quatre heures d'une course vertigineuse, emportés au travers de la plaine au galop de trois chevaux, nous nous arrêtâmes à un assemblage de masures construites avec des briques, faites en terre et en paille hachée, qu'on s'était contenté de sécher au soleil. Les toits en paille s'effondraient de toutes parts ! Enfin tout indiquait la misère. J'examinai ces briques avec curiosité ; car si nous en eussions fait autant en France, à la première gelée ou à la première pluie, on eût vu ces murailles s'écrouler. Mais ici on bâtit ainsi les murs très-épais ; et pourvu que la neige ne soit pas en contact avec le mur au moment du dégel, il n'y a rien à craindre pour ces constructions ; et lorsqu'on n'emploie ces briques qu'à une certaine hauteur de terre, elles sont, paraît-il, indestructibles. Les masures que je voyais faites ainsi devaient bien avoir vingt ans.

Mon guide voulut me réconforter : il avait des provisions ; il me servit un poulet et une sorte de côtelette de veau hachée. Pour lui, le pauvre homme ! étant en carême, il se contenta de manger des carottes et des pruneaux. Certes, les trappistes auraient pu partager son repas ! Il avait poussé l'attention jusqu'à m'apporter un verre de vin de soi-disant Château-Margaux ; mais l'art de la composition dans ce pays est connue, et mal connue.

Je remarquai la plus belle bande de poules que j'aie jamais vue ; elles étaient toutes, sans exception, de la blancheur la plus éblouissante et sans la plus petite tache. On voyait çà et là, au bout d'une perche, des loges à sansonnets. Ces oiseaux sont les favoris des gens de la steppe. Lorsque les sauterelles surgissent et se disposent à tout dévaster, les sansonnets s'abattent en masse dans la plaine; ils décrivent un cercle immense, puis, marchant toujours en le rétrécissant, ils serrent, pressent les sauterelles dans cet espace diminuant toujours, et elles finissent par se trouver à portée du bec de leurs ennemis, qui, tout à leur aise, en débarrassent le pays.

Bientôt nous reprîmes d'autres chevaux, et continuâmes notre course. Nous visitâmes des charrues où cent bœufs travaillaient à la fois. Nous vîmes des machines à vapeur battant les grains, et une autre batteuse mise en mouvement par vingt bœufs. Plus loin, nous trouvâmes trente chevaux attachés deux à deux, qui trottaient en cercle; ils dépiquaient, c'est-à-dire battaient du millet avec leurs pieds. Il y en avait un tas immense, comme une petite montagne. Je n'aperçus là que quelques charriots sous lesquels les gens couchaient, abrités par une dure couverture de feutre et une sorte de cabane de charbonnier où on ne pouvait entrer qu'en rampant. Au devant se trouvait une marmite renversée. J'avais vu mon guide parler à un homme tandis que j'examinais tout. Je lui demandai qui il était; il me répondit que c'était un entrepreneur agricole qui avait loué des terres, les avait fait labourer, et venait surveiller la récolte. C'était, me dit-il, un homme fort riche, bourgeois de la ville de Samara, où il avait une très-belle maison, Je lui demandai où il se retirait le soir. Mon interlocuteur se mit à rire et me dit : « Mais,

24

Monsieur, il n'est pas sorti d'ici depuis plus d'un mois. N'avez-vous pas vu sa femme? elle était là; et ils n'ont pas d'autre babitation que la hutte que vous avez vue. Les ouvriers couchent à la belle étoile. »

Je ne puis vous dire, chère Madame, combien j'ai été contrarié de n'avoir point deviné tout cela; comme j'aurais regardé attentivement l'intérieur de la hutte, pour satisfaire ma curiosité et la vôtre! Il est possible qu'à part une boîte à thé, je n'y aurais peut-être rien aperçu. Du reste, ceci n'est pas une exception. Mon guide me dit que l'an passé, deux dames fort riches étaient restées seules, à cinquante lieues de la steppe, à surveiller leurs labours, et cela pendant les pluies d'automne, jusqu'au 1er novembre, n'ayant pas une meilleure hutte que celle que j'avais vue pour les préserver de l'humidité. Pas de tente, pas de hangar convenable! deux claies juxtaposées en forme de toit. Quelle énergie, ou plutôt quelle sauvagerie! Qu'on s'étonne ensuite que ces maîtres fassent coucher leurs domestiques sur le plancher, en travers de leur porte, comme des chiens! Qu'il faut donc peu pour vivre! Et après une campagne comme celle-là, où l'on n'a pu manger que des concombres salés et boiré du thé, tout doit paraître confortable. En revanche, ces industriels gagnent beaucoup d'argent. Un d'eux m'avait proposé de m'emmener à son campement, à cent cinquante kilomètres; j'avais accepté, et j'étais fort content, lorsqu'il s'en dédit.

Il a sans doute trouvé qu'à trois, dans une cabane semblable, il y aurait eu des inconvénients. J'y aurais certes gagné des insectes sautillants ; mais que de pittoresque ! que de souvenirs ! Comme je regrette vivement cette occasion ! D'abord, j'aurais vu une princesse dans l'intimité, car son épouse en était une, m'a-t-on dit. Du reste, ce n'est pas très-rare en Russie, et il serait curieux d'en voir faire le dénombrement.

En tout cas, on n'a pas de préjugés, car ces deux époux, avant de quitter terre, maison, civilisation, pour se perdre dans la steppe infinie, s'étaient faits fondeurs de suif. Je crois qu'en France, un prince occupant ses loisirs à une besogne pareille aurait eu au moins besoin d'avoir toujours une pièce d'argent dans sa poche, prête à mettre sous le nez des mauvais plaisants, pour leur dire, comme Vespasien : « Voyez : est-ce que cet argent sent mauvais ? » Non ; mais l'argent produit par tant de sang versé me laisse dans le dégoût. Détournons vite la tête, chère Madame, et passons à une autre histoire pour vous faire oublier celle-là.

Nous continuâmes de galoper, n'apercevant rien que la terre nue ; et sauf les gens que nous allions voir travailler, nous ne croisâmes, dans toute la journée, âme qui vive, excepté deux hommes, dont l'un traînait un cheval par le licol. Il nous fit signe d'arrêter, et celui qui suivait se jeta à genoux aussitôt, se frappant le front dans la poussière. Je sus après que c'était un paysan dont le cheval avait été pris par le garde ; il demandait qu'on lui fît grâce : on le lui refusa. Je n'aime pas ces humiliations. Il dut payer 3 fr. Comme je m'apitoyais, mon guide me raconta que l'an passé ses anciens serfs ayant, une nuit, aperçu une dizaine de ses bœufs en dommage sur leurs terres, étaient montés à cheval en masse, et malgré trois gardiens, avaient enlevé plus de cent bœufs et les avaient conduits en fourrière ; et pour ce fait, il avait été condamné à 520 fr. d'amende. Un voisin, avec lequel il était dans les meilleurs termes, lui avait fait payer 240 fr. pour avoir laissé passer ses bêtes sur son terrain. Ce qu'ayant entendu, je remis à une meilleure occasion l'expression de mes sentiments de pitié.

Au retour, notre cocher avait été prévenu, fort heureusement ; car en arrivant, vers dix heures du soir, à un pont jeté sur un ravin effrayant, nous eussions infailliblement culbuté : plusieurs madriers manquaient, et en prenant les plus grandes précautions, nous eûmes de la peine à passer à pied pendant que la voiture faisait un long détour. Rien ne barrait le chemin pour annoncer le danger. Quelle insouciance ! Nous l'avons échappé belle !

En arrivant, il était tard ; je n'eus pas le plaisir, comme la veille, de voir le bon père de famille, avant d'embrasser ses enfants, leur faire faire dévotement le signe de la croix et baiser affectueusement la main paternelle. Je ne puis vous dire combien ces marmots à figures flegmatiques, déguisés en jeunes nobles al-

lemands, avec des plumes à leur chapeau, m'avaient
amusé.

Que je n'ai guère tenu parole, chère Madame, moi
qui m'étais engagé à vous adresser une simple marque
de souvenir bien brève ! mais il faut que vous soyez
indulgente. Je trouve tant de plaisir à causer avec
vous, que je cherche toujours à prolonger, même au
risque d'abuser de votre bonté, qui m'autorise à vous
demander de vos chères nouvelles. Enfin, interprétez
tout ceci avec votre cœur, et croyez-moi, chère Madame, votre très-obéissant serviteur, aussi dévoué
que respectueux.

L. DE F.

24.

LETTRE LIX

A M. PÉPION.

Les cultures de la steppe. — Prix des terres. — Les convois de charriots. — Culture des pastèques et du tournesol. — Nourriture des domestiques. — Les paysans et l'impôt.

Dans la steppe, 2 octobre.

MON CHER PEPION,

Le premier soir, j'écrivais : Je suis ahuri ; j'ai vu tant de choses curieuses ! Quelle culture que celle des steppes ! Celle des savanes de l'Amérique doit lui ressembler. On cultive pendant deux ans, trois au plus, du millet rouge et du froment de printemps, puis on laisse ces terres au repos pour six ou sept ans, pour recommencer encore. On n'aide jamais la nature ; on ne sème pas la moindre graine fourragère. Les deux premières années, il ne croît sur ces terres en jachère morte que des herbes de mauvaise qualité, qui sont ensuite remplacées par d'autres plantes meilleures et propres à être fauchées. Mon guide, dont la propriété était près du Volga, et qui pouvait se procurer du bois, ne faisait pas de briquettes de chauffage avec son fumier, et cultivait avec un assolement de trois ans ce qu'il pouvait fumer, mais c'était une exception ; sa rotation était seigle, blé et jachère. Les paysans, paraît-il, cultivent leur terre en lui laissant un an de repos seulement.

Auprès de Samara, j'ai visité une ferme de 16,400 hectares, de première qualité, louée 106,000 fr., ou 6 fr. 30 c. l'hectare. Le fermier de cette terre sous-louait autant qu'il le pouvait aux paysans pour les deux années de récolte. Ceux-ci lui payaient 30 fr. l'hectare. Il faisait faucher toutes les terres qu'il ne pouvait affermer et en cultivait lui-même une partie. Les capitaux lui manquaient ; c'était visible. Pourtant, il faisait payer d'avance les paysans. Là où l'herbe était fauchable, comme on était près de la ville, on louait encore de 8 à 12 fr. l'hectare. Si le fermier récoltait le foin lui-même, il fallait une avance de 13 fr. par hectare pour faucher, faner et mettre en meules assez bien faites. Le produit était d'environ 2,200 kilogrammes, et quoiqu'il valût au plus 20 fr. les 1,000 kilogrammes, il laissait encore un très-beau produit (1).

Je m'enfonçai, les jours suivants, dans la steppe

(1) Le gazon n'est nullement serré, et le foin que je vois en tas est si grossier, qu'il me paraît bon à peine pour la litière.

pour voir une autre propriété de même étendue ; c'é-
tait le même mode de culture ; seulement le propriétaire faisait valoir autant que possible et louait le
surplus aux paysans. Il était enchanté de ne plus en
avoir la responsabilité, bien qu'il eût été forcé de
leur abandonner 5 hectares 43 ares par tête. En
avançant dans la steppe, le gouvernement a taxé la
part par âme jusqu'à 20 hectares.

Les propriétaires trouveraient à peine de leurs
terres 6 fr. par hectare pour un long bail, tandis
qu'en affermant pour les années de cultures, ils obtiennent par an jusqu'à 50 fr. pour les sols vierges,
6 fr. et plus pour les pacages, et 22 fr. pour les
vieilles terres à ensemencer. Les rendements sont
rares au-dessous de 10 hectolitres de froment à l'hectare ; ils atteignent, dit-on, jusqu'à 50 hectolitres, et
le millet 3,200 kilogrammes, valant 400 fr. Par contre,
il est des années où on ne recueille pas la semence,
qui est de 1 hectolitre à l'hectare.

Les frais de récolte sont, en moyenne, de 18 fr. ;
il faut de six à huit personnes pour fauciller, lier un
hectare et le mettre en diziaux. Le blé, l'an passé,
était si couché et si abondant, qu'il fallut quatorze
personnes pour faire la récolte d'un hectare. On
coupe avec une grande négligence, et à 20 ou 30 centimètres du sol.

Cependant, celui provenant des sols vierges a tant de qualité,
que seul il peut engraisser. Quant au foin fauché sur les vieilles
terres, on préfère celui où le *triticum repens* domine.

Lorsqu'on passe marché avec les ouvriers, au printemps, et qu'on les paie d'avance, on obtient à de bien meilleures conditions, car la Russie est le pays de l'escompte et des intérêts usuraires par excellence.

Le plus haut prix atteint exceptionnellement par le blé est de 22 fr. les 100 kilogrammes ; c'est en 1867 qu'il est arrivé à ce taux exceptionnel. L'avoine est cultivée en petite quantité, et quand elle arrive à 11 fr. les 100 kilogrammes, c'est un prix excessif. Le seigle vaut à peu près le même prix. Une bonne récolte de blé noir (mais les paysans seuls en cultivent) est de 500 kilogrammes à l'hectare.

Les bœufs sont préférés aux chevaux pour les labours, parce que les bœufs peuvent vivre exclusivement au pâturage dans la belle saison, et surtout n'exigent pas d'avoine. Du reste, je doute que pour des labours nécessitant un si fort tirage, les chevaux puissent donner un travail satisfaisant. Les chevaux servent exclusivement pour les transports. Leur charge varie de 450 à 550 kilogrammes ; ils ne sont jamais ferrés, n'ont point de bride ; un simple licol sert à les conduire.

Le charriot si primitif avec essieu en bois, petites roues grossières, le plus souvent non ferrées, complète les moyens de transport. Le tout, avec roues ferrées, vaut 60 fr. Les poulains suivent partout les mères et paraissent de la plus grande résignation. Ils doivent connaître leur métier quand on les attèle. Ils ne sont pas trop maigres. Les chevaux sont petits, de robe foncée, ont de très-bons aplombs, des reins énormes, le corps et l'encolure très-courts, et la ligne de dessus très-étroite. Un convoi de cinquante charriots et de vingt-cinq hommes au moins ne conduit guère que de 25 à 28,000 kilogrammes. Que de voyages et de temps ne faut-il pas pour apporter à cent cinquante lieues le produit de 2,500 hectares, lorsque la récolte est entre 40 et 50 hectolitres, comme l'année passée! On cultive ici deux variétés de froment : le blé dur et le blé blanc; celui-ci vaut toujours de 5 à 7 fr. de plus par 100 kilogrammes. Le transport du blé à 20 kilomètres se paie de 40 à 50 centimes par 100 kilogrammes; pour 150 kilomètres, de 2 fr. 40 à 2 fr. 60, soit de 2 à 3 centimes par kilomètre.

Dans une course à travers la steppe, nous nous arrêtâmes pour voir une machine Ransome qui battait fort bien. Je n'ai jamais vu battre de grain aussi avarié. Le propriétaire ne paraissait pas s'en inquiéter. On avait cherché à simplifier le personnel. La seule chose utile pour nous, et qui s'emploie quelquefois en France, mais que je me permets de te rappeler, c'est le mode de transport de la paille à l'endroit où elle doit être tassée. La paille, secouée par la machine, tombait sur une large grille en bois, élevée de terre de 30 centimètres. Un homme seul la secouait un peu sur cette grille avec une fourche et la poussait; un autre, conduisant un cheval attelé longuement à une simple barre d'environ deux mètres, jetait la barre

derrière la paille, faisait partir son cheval en entraî-
nant au moins 60 à 80 kilogrammes de paille, souvent plus, et la traînait ainsi jusqu'à 100 ou
150 mètres, enfin jusqu'au pailler.

Les économies de temps sont bonnes à noter ; aussi
j'ajouterai que pour les balles, en remplaçant la barre
par une planche, on pourrait les conduire facilement
à une certaine distance. Si l'on ne trouvait pas la barre
assez énergique pour enlever la paille, il suffirait de
ficher dedans deux ou trois chevilles, d'adapter deux
mancherons pour tenir fixe, et l'on conduirait ainsi
fort aisément une plus grande masse de paille.

Plus loin, je vis faire un dépiquage par trente chevaux ; ils étaient sur deux rangs, trottaient en cercle ;
un homme se tenait au milieu. Les animaux étaient
couplés, et l'un des deux tenait par son licol à la sangle
du couple suivant. A cet effet, ou on laisse un cheval
harnaché, ou mieux on lui met un surfaix.

J'ai vu ensuite des battages moins nombreux faits
avec cinq et même trois chevaux. Pour battre toutes
sortes de graines, c'est le seul mode employé par les
paysans. Lorsqu'il n'y a que trois chevaux, l'homme
au centre tient la plate longe et fait tourner. Le talent consiste à faire trotter partout régulièrement.

Le dépiquage de 100 kilogrammes de froment se
paie 1 fr. 80 à 2 fr.

J'ai visité un autre grand propriétaire : il a restreint sa culture autant que possible et n'ensemence
que 310 hectares de blé ; il considère cette étendue

comme insignifiante. Avant l'émancipation, il cultivait toute sa propriété à l'aide de la corvée, environ
16,000 hectares ; il n'a que quatre charrues et fait
faire ses labours autant qu'il le peut ; il ne paie que
12 à 16 fr. l'hectare ; ce prix est assez général dans
le pays, et les sept ou huit hersages valent 8 fr. Il
soutient qu'autrefois toute sa propriété lui rappor-
tait 6 fr. de l'hectare. Maintenant rien n'est régulier.
La culture de la steppe, dit-il, est une vraie loterie :
s'il pleut, la récolte sera magnifique ; s'il fait sec, il
n'y aura rien. Ce propriétaire laisse ses terres au repos sept ans, et les deux années où il les cultive, il
les loue aux paysans de 32 à 35 fr. l'hectare ; mais,
après une mauvaise année, les paysans refusent souvent de prendre à ferme.

Des mérinos mangeaient ses pacages ; mais avec le
bas prix de la laine et l'hiver qui est si long, il ne
sait comment il fera.

J'ai vu là une véritable vacherie, construite d'après
le système belge ; seulement les vaches manquaient.
Les chevaux étaient en stalles. Mon guide me dit que
c'était fort mauvais, qu'il fallait bien mieux les laisser
en liberté, car les charretiers sont si paresseux, que
les chevaux n'ont presque jamais de litière le soir.
Nous sommes négligents en France, mais pas à ce
point-là.

Ce fut également dans ces steppes que je vis deux
cultures nouvelles pour moi : celle des pastèques ou
melons d'eau et celle du tournesol.

Pour la culture du melon d'eau, on recherche les sols vierges ou qui n'ont pas été cultivés depuis vingt ans. On sème les pastèques sans les fumer ; il faut seulement les tenir nettes d'herbe, et les produits s'élèvent souvent à 800 fr. l'hectare et plus. Mais quand la maturité approche, le propriétaire doit coucher dans les champs, sous peine de voir la récolte complètement pillée, tant on est gourmand et voleur.

Le tournesol est moins exigeant quant au terrain ; un labour après le blé lui suffit. Au printemps, on herse et l'on donne un coup de sacca ; et à toutes les deux raies, les femmes qui suivent font des trous distants de 40 centimètres sur 80 centimètres, et y jettent deux graines. On repasse la sacca pour butter, et l'on bine à la main entre les lignes. Lorsque la maturité approche, pour l'activer, le cultivateur coupe la tête du soleil et la fiche dans la tige qu'il a raccourcie à un mètre de terre. La graine, une fois sèche, est battue sur le champ avec un battoir à main. La récolte moyenne est de 800 kilogrammes, et on obtient jusque à 1,600 kilogrammes. Cette graine est utilisée à faire de l'huile ; elle donne de 16 à 18 pour cent ; le tourteau est employé pour les vaches et vaut 4 fr. les 100 kilogrammes. La chaudière de l'huilerie est chauffée avec les coques des graines, mais il en est beaucoup [vendu et beaucoup volé pour manger comme des noisettes. Cette récolte produit de 100 à 120 fr. à l'hectare ; la graine vaut de 12 à 16 centimes le kilogramme. Je crois que pour les volailles

nous aurions raison de cultiver le soleil plus que
nous ne le faisons en France. On sème en mai, et on
récolte en septembre. Ce serait une culture à essayer
dans les terrains secs et sablonneux, en y associant
des haricots.

Les arbres réussissent mal dans ce pays, sauf le peu-
plier noir, dit *bouillard,* sur les bords du Volga ;
mais on ne l'estime pas, et son bois n'est pas même
utilisé pour le chauffage.

J'ai vu dans un jardin des mûriers végétant avec
force. Partout on essaie la plantation des pommiers,
mais ils restent rachitiques et poussent mal dans ces
terres noires sans consistance, ou se durcissant d'une
façon incompréhensible lorsqu'elles ont été remaniées
par l'eau. Les plus gros pommiers n'ont pas plus
de 20 à 30 centimètres de circonférence. La vigne ne
venait pas dans le pays ; j'ai cependant mangé du raisin provenant d'une vigne obtenue de semis. J'ai bien
regret de n'en point avoir rapporté les pepins. Je
suis sûr que la variété eût été hâtive ; la grappe qui
avait produit cette vigne venait d'Astrakan, où croissent
des poires parfaites, ce qui contraste avec les pommes
si cotonneuses dans lesquelles tout bon Russe se croit
obligé de mordre.

Un de ces propriétaires nourrissait 137 domestiques ; il les payait 240 fr. par an et 150 fr. de
nourriture. Ils sont divisés en sept ou huit bandes.
La cuisine est faite sur place, dans la plaine ; ce sont
des hommes qui en sont chargés. Le pain de seigle

est fabriqué tous les jours, même le dimanche. Il faut 576 kilogrammes de farine par tête et par an (en France, nous ne comptons guère que 400 kilogrammes); de plus, 50 kilogrammes de farine de blé noir et 72 kilogrammes de viande ; mais celle-ci ne vaut guère, surtout en mouton kirghiz, que 17 centimes le kilogramme. On leur donne en outre du quass.

Les domestiques d'intérieur ont 48 fr. par an pour leur thé, mais ils ont seulement 48 kilogrammes de viande. Ils dépensent moitié moins de pain que les gens de la ferme. Un domestique de maison a droit à 410 grammes de sel par mois, et celui des champs à 1 kilogramme 20 grammes ; à 6 kilogrammes d'huile de chenevis par an, et un domestique de ferme à 13 kilogrammes 200 grammes.

Les paysans ne donnent pas toute satisfaction aux propriétaires ; ils sont riches et indépendants ; presque tous ont deux ou trois vaches, et ils ensemencent par tête adulte plus de 10 hectares de tous grains par famille. Ils tiennent en général de deux à trois chevaux et une dizaine de moutons. De tout cela, ils ne vendent qu'une génisse de 10 roubles. Enfin ils ne peuvent, avec leurs profits en bestiaux, subvenir à leurs charges, qui sont :

Gouvernement	13 fr. 50
Rente au propriétaire . .	75 »
Rente à la commune. . .	20 »
Total	108 fr. 50

Je n'ai pas très-bien compris le détail, mais on m'a assuré que rente et impôt allaient à 100 fr. Les paysans n'ont, pour subvenir à ces dépenses et à leur entretien, que 9,600 kilogrammes de tout grain, ou 960 kilogrammes par hectare environ. En comptant à 12 fr. les 100 kilogrammes, on a une valeur de 1,152 fr., et au plus 100 fr. en bestiaux, soit un produit brut, par ménage, de 1,200 fr. La moitié de tout ce grain sert à semer et à nourrir la famille (celle où j'ai pris l'exemple étaît composée du père, de la mère et de quatre enfants), et il reste encore une vente moyenne de 600 fr. pour l'impôt et l'entretien, qui n'est pas considérable. On n'a plus à payer que le sel, le goudron et quelques réparations, car les femmes font les habits. La condition des paysans est donc excellente, surtout si on la compare à celle des paysans du centre de la France; elle pourrait encore s'améliorer, mais le Russe est si insouciant, qu'il préfère dormir et ne profite guère de ses avantages.

Adieu, etc.   L. DE F.

LETTRE LX

A M. PÉPION.

La rente payée par les paysans. — Une fonderie d'anguilles. — Les étables du roi Augias. — Exploitations de paysans. — Les colonies allemandes.

Chanwerlik, 4 octobre.

MON CHER PÉPION,

J'étais hier soir dans des sentiments poétiques. Je transcris mon carnet : juge toi-même. Le soleil est prêt à se coucher. Je traverse le Volga seul dans un batelet ; le fleuve est imposant et grandiose ; des collines l'encadrent. C'est beau, quoique sévère ; mais cela ne vaut pas le voyage.

La terre change sur la rive droite : elle est beaucoup moins dure et de nuance très-grise. Au sommet des collines, elle paraît si blanche, qu'elle forme un effet de neigé très-curieux. Toute la sole de seigle a déjà pu être labourée à la sacca, car l'assolement change aussitôt, et il revient à celui usité dans tout le centre et le nord. La petite ville de Chanwerlick fait pitié! les magasins de comestibles sont hideux de malpropreté! On a grand besoin de chasse-neige pour nettoyer tout cela. Les porcs seuls font la police, et se vautrent dans le fumier et les immondices qui sont là amoncelés devant ces dégoûtantes échoppes. Il y a toujours d'immenses quantités de melons d'eau sur ces fumiers. Que de causes de coliques amoncelées! Et penser que ces pastèques produisent plus de 800 fr. à l'hectare!

Ce qui me frappe, c'est la grande quantité de magasins de blé disposés en tous sens le long du Volga! Ils sont établis sur pilotis, à un mètre de terre, et construits à l'aide de vingt-cinq pins écorcés et superposés; leur hauteur est de six mètres, et ils ont une surface de vingt mètres sur vingt. Quelquefois il y a une séparation au milieu. Le blé est jeté par une ouverture ménagée dans le haut, et retiré par une petite porte située en bas. Juge si, pour être entassé en pareille quantité, ce blé a besoin d'être sec! Aussi ai-je vu dans une grande culture un ventilateur à air chaud, mu par un cheval et disposé pour dessécher une couche de grain répandue sur un grillage.

Un propriétaire me donna les renseignements suivants : les paysans ont reçu, aux environs de Chanwerlick, 6 hectares 75.

On appelle Teglag un ménage dont les membres ont de dix-huit à cinquante ans. Il paie l'obrok, équivalant à 25 roubles ou 100 fr.; mais il n'est pas exigé la première année.

Ce jeune ménage paie de rente au propriétaire	9 roub. 20 kop.
Impôt du gouvernement..........	6 »
Assemblée du gouvernement et du district commun	10 »
TOTAL........·.	25 roub. 20 kop.

Soit 101 fr. environ pour tous frais, charges et jouissance de 6 hectares 75 de terre.

Voici le compte d'un propriétaire qui se plaignait bien haut :

Pour ensemencer 1 hect...........	88 fr.
— récolter 1 hect..............	36
Battage de 850 kil. de seigle	34
TOTAL.............	78 fr.

Il estime son grain 10 fr. 60 les 100 kilogrammes; soit donc une vente brute de 90 fr., ou un bénéfice net à l'hectare seulement de 12 fr. Il considère qu'une bonne moyenne à l'hectare est de 340 kilogrammes de grain; il avoue cependant qu'on en récolte souvent 650 et plus, puisqu'il m'a fourni des chiffres. Tout ceci me paraît très-faible et au-dessous de la vérité. On sème 100 kilogrammes de froment d'Égypte et 125 de froment russe. Quand la terre est très-sèche, la dose est augmentée.

Le prix du blé d'Égypte est de 17 fr. 80 les 100 kilogrammes, et du blé rouge de 12 fr. Les terres se louent 7 fr. l'hectare.

Les hommes sont payés, de mai à septembre, 144 fr., et 100 fr. pour le reste de l'année. Ils sont nourris. La nourriture consiste en choux fermentés, gruau, concombres, melons d'eau, et de la viande les jours de fête.

La viande vaut 60 cent. le kilogramme ; le mouton 44 cent.

Une journée d'homme, en octobre, se paie 1 fr. 40.

Un veau de six mois vaut 12 fr.; un veau d'un an, 32 fr.; une bonne vache, 80 fr.; un cheval, 100 à 125 fr.; un bœuf, 112 à 120 fr.

J'allai voir une ancienne exploitation qui a été montée sur un grand pied, et qui maintenant est abandonnée.

Nous nous arrêtâmes d'abord à la station de police. Le maître arrivait du Caucase, et sa femme me donna d'une sorte de millet ayant plus de trois mètres de haut. Je pense que cela devrait faire un bon fourrage ; mais je crains que ce soit tout simplement un sorgho.

Arrivé à la grande ferme, je trouvai une cour immense, peut-être d'une étendue de plus de vingt hectares. J'entrai d'abord dans la chambre commune des ouvriers. Il y avait dans un coin deux chaudières comme on en voit en France dans les basses-cours ; à côté se trouvait une chambre planchéiée, où les gens pouvaient s'asseoir par terre pour manger, et des chambres où un plancher était établi à deux pieds du sol. C'est là où ils couchent comme des chiens, enveloppés seulement dans leurs pelisses; encore aux chiens donne-t-on de la paille! Ces bouges étaient tenus d'une façon repoussante! Quelle punition reste-t-il à infliger aux criminels, après avoir vu cela?

Je vis à deux cents mètres de là un bâtiment séparé, où l'on fondait les anguilles au printemps. Il me semble que l'odeur me prend encore à la gorge. C'était affreux! Je n'ai vu que deux vastes entonnoirs où l'on jetait les pauvres bêtes et que l'on chauffait fortement. L'huile tombait dans une chaudière placée dessous.

Je fus à la bouverie : c'était une cour immense, entourée de bâtiments carrés construits en bois et clos, sauf aux extrémités. Je voulus y pénétrer : il y avait, sans exagérer, $1^m 50$ d'excréments à peu près desséchés; car de la paille, jamais! On avait peine à passer sous la charpente. Les écuries du roi Augias ne devaient rien être auprès de cela; mais elles me les ont remises en mémoire.

Le produit du dernier enlèvement de fumier était là, gisant dans la plaine, à la hauteur de 60 à 70 centimètres. Je ne remarquai autour aucun signe de végétation luxuriante, ce qui prouverait que le fumier, comme les Russes le soutiennent, agit peu dans ces terres si brûlantes et si légères. Mais il faut faire la part de la sécheresse et du moment de l'année où

25.

l'on emploie le fumier. Mon guide ouvrit ensuite un magasin où je trouvai au moins dix faucheuses, des charrues anglaises et des semoirs perfectionnés. Enfin, je n'avais jamais rencontré une collection aussi complète; et le tout était abandonné après avoir bien peu servi. Il y avait dix râteaux à cheval; mais ils ne peuvent guère être utilisés dans ce pays, à cause du nuage de poussière qu'ils soulèvent, et qui retombe sur le fourrage râtelé. Dans toutes les terres noires, c'est la même chose : tous ceux qui les ont essayés m'ont dit de même, car les prairies naturelles bien gazonnées sont inconnues.

Nous visitâmes encore deux cabanes de paysans : l'un était aisé, et l'autre pauvre.

Dans la première cabane, à un angle, se trouvait des images de saints en cuivre, et en quantité. Un banc large de 35 centimètres l'entourait; un bout, disposé pour coucher une personne, avait 50 centimètres. Il y avait un plancher au-dessous du plafond, qui était le dortoir principal. On voyait que le four était toujours la place préférée. Je vis, de plus, un miroir et une petite armoire. Un réduit, dans la largeur qui fait suite au four, servant de cuisine, contenait un buffet et quelques planches de débarras.

La maison est établie à un mètre au-dessus de terre; il y a un logement d'ouvrier dans le bouge au-dessous.

Cette ferme est cultivée par trois hommes et trois femmes; ils ont 50 moutons, 15 vaches (dont 5 à lait) et 10 chevaux. Ils ensemencent 20 hectares de froment. L'an passé, ils ont cultivé 43 hectares 50 de tous grains, et récolté 38,400 kilogrammes, soit 860 kilogrammes à l'hectare, ou en froment 10 hectolitres 71 ; et cette année, 700 kilogrammes, soit 8 hectolitres 70.

Chez le pauvre paysan, c'est la même forme de cabane. On monte quelques marches, et on arrive à un antichambre qui sert de débarras. Il y a une pièce à gauche ; mais la principale est à droite. Un banc, une pelisse, une mauvaise table et l'image sainte, composent tout l'ameublement. Il n'y a pas d'office ; c'est, paraît-il, le signe de l'opulence. Chez les deux, les écuries ne sont que d'épouvantables hangars, chancelants et ouverts à tous les vents ; il y a seulement de petits réduits clos pour mettre les agneaux au printemps et les vaches fraîchement vêlées. Tous les animaux restent tout l'été en troupeau commun, sauf les vaches à lait, je pense.

Le paysan pauvre a 2 chevaux, 1 poulain, 2 vaches, 10 moutons, 3 porcs au moins, et il ensemence 3 hectares.

Non loin de là se trouvaient quelques-unes des fameuses colonies allemandes. L'impératrice Catherine avait fait de grands sacrifices pour attirer des colons de cette partie de l'Europe. Ceux appartenant à des sectes persécutées vinrent en foule. Le but était de peupler le pays et de montrer aux Russes à tirer parti de leurs terres. L'impératrice leur donna, à cet effet, d'immenses espaces, et les exempta pour toujours de la conscription, et ajouta de grands avantages au point de vue des impôts. Mais on m'a assuré que ces Allemands n'ont rien du tout appris aux Russes ; qu'à leur tour, ils sont devenus insouciants, paresseux, et que dans ces colonies je ne verrais rien de particulier que la culture du tabac. Les Russes n'ont même pas copié le charriot allemand, qui est bien supérieur. Pour finir de m'éclairer, m'assura une personne bien renseignée, le service réciproque que les deux peuples se sont rendu, c'est que les Allemands ont appris aux Russes à boire de la bière, et ceux-ci, en reconnaissance, leur ont enseigné à boire du snapp.

Étant un peu souffrant, je me rangeai de l'avis de mon ami, qui m'affirmait que je n'apprendrais rien, et je suis parti sur le bateau de Saratoff.

Adieu, mon cher Pépion ; crois à ma sincère affection.

L. DE F.

LETTRE LXI

A Mme LA COMTESSE DE L***.

Saratoff. — Ses environs. — Une véritable hospitalité. — Enfin une émotion.

Saratoff, 5 octobre.

M<small>ADAME ET BIEN EXCELLENTE AMIE</small>,

J'ai touché le point le plus éloigné de mon voyage ;
j'en suis heureux. Certes, il n'a pas toujours été gai.
Je ne vous raconte pas toutes mes privations, mes tribulations et mes longs jeûnes. A quoi bon chercher à
vous inspirer de la pitié? Encore hier, à quatre
heures du soir, je n'avais pas mangé depuis la veille.
J'attendais le bateau : un mousse et un matelot mirent
bien dans une petite marmite, à un feu improvisé
snr la grève, un peu de viande, de l'eau; ils n'écu-
mèrent pas pour ne rien perdre, puis remuèrent. Au
bout d'une demi-heure, qui nous sembla longue, ils
jugèrent la chose cuite. J'avais faim, mais les voraces

ne m'invitèrent point. Une pauvre femme fut plus humaine et me donna un œuf sur sa provision. Rien que cela m'a fait du bien et m'a fait oublier mes récriminations. Du reste, à quoi bon ?

J'ai cru, en faisant ce voyage, me rendre utile à mon pays ; je ne pouvais pas espérer le faire seul, réduit à mes forces, sans souffrir un peu. Me voici au point difficile : je veux traverser la Russie pour voir le pays, constater si les terres ne changent pas, si la fertilité est la même, etc. Mais il n'y a aucune communication ; j'ai 800 kilomètres à faire en charriot de poste pour gagner Orel presque d'une traite. On assure que je ne pourrai pas résister aux secousses du charriot. Je le verrai bien, et je vous le dirai, car je suis décidé à tenter l'expédition.

Saratoff est situé dans un enfoncement formé par un coude du Volga. On se demande dans quel but une ville a été bâtie dans un endroit aussi aride et aussi sauvage. Elle est toute grise ; on la dirait recouverte d'une couche de phosphate fossile. Pardon, chère Madame, de retomber dans une comparaison agricole; mais elle est si juste, que je n'ai pu y résister. Les collines arides et nues qui environnent la ville de toutes parts sont ravinées par les eaux; leur couleur grisâtre rend encore leur aspect plus sévère. Pas un arbre, pas un buisson! Quelques bâtiments blancs tranchent heureusement assez bien sur le tout.

J'ai visité le jardin public de la ville. Il faut avoir vu l'état de ces terres et de ces jardins pour comprendre l'effet de la sécheresse ; c'est affreux ! Mais, paraît-il, dans les années humides, la végétation se rattrape : elle est luxuriante. En attendant, quelle désolation ! Les arbres même les plus vivaces, tels que les sycomores, perdent leurs feuilles, ou celles-ci se fanent ; tout annonce que le vent brûlant de la mort est passé par là ! De plus, la poussière qui tourbillonne achève la triste impression en causant une douleur physique.

Deux choses m'ont frappé dans la ville : la charge à fond de train des iswochiks ou cochers. D'aussi loin qu'ils aperçoivent un voyageur, ils partent avec un ensemble et une rapidité effrayante, et cependant ils ne se heurtent pas. On montre de l'empressement au client, c'est évident.

L'enseigne d'un barbier m'a, en second lieu, paru mériter d'être notée. Un artiste rase une pratique ; un autre lui arrange les cheveux. Le patient tient son bras tendu, et il en sort un jet de sang arrondi avec grâce qui retombe dans une cuvette. Voilà un monsieur dont le temps est bien employé !

Je fus reçu par le gouverneur, un prince, mais aussi peu gracieux que possible. Toutefois, je n'ai pas à me plaindre : j'avais été prévenu. J'ai seulement constaté qu'il était à la hauteur de sa réputation.

Un autre prince commandait le régiment. Celui-là, je le reconnais pour un personnage de bon aloi ; du moins il en eut la gracieuseté. Il me régala de mu-

sique militaire russe, de bon vin du Rhin et de fruits
d'Astrakan, dont nous approchions. Il me mit en re-
lations avec un ingénieur sur le point de partir, et
je vous terminerai cette lettre de Tombow. Je n'ai
pas le temps de vous prier de me souhaiter bon courage ; je vais faire comme si j'avais votre réponse.

Je continue.

On dévore l'espace quand on est nuit et jour en tarentas et en charriot. Me voici aux deux tiers de ma
course ; j'ai soutenu passablement la fatigue de
soixante heures de voiture ; j'espère bien arriver à
Orel. Du reste, je vais me reposer un peu dans les environs. J'ai voyagé une grande partie du temps avec
mon ingénieur de chemin de fer, qui construit une
ligne de Saratoff à Tombow. Nous fîmes une première
halte à Spask, petite ville coupée par d'effrayants ravins. Je crois que dans cette partie de la Russie la
terre est si friable, qu'elle se laisse encore plus entraîner par l'eau. En vain on jette sur les bords
tout le fumier qu'on peut se procurer ; cela ne suffit
guère : la terre fuit toujours.

Ce qui me frappa dans cette ville, si on peut donner le nom de ville à cette réunion de cabanes, ce fut
de voir, au milieu de la grande place, comme à Saratoff, d'énormes potences où l'on pourrait accrocher
tous les pendus du monde. Les crochets y sont, les
échelles aussi ; rien n'y manque que les patients, qui
sont remplacés par des balances si grandes que l'on
pèse même les charriots ; mais en cas de révolution,

cela pourrait servir à deux fins. Ce ne fut que le lendemain que je fis ces remarques, car j'arrivai à Spask pendant la nuit.

Je fus présenté au comité des ingénieurs, qui prenaient le thé, mangeaient du caviar et m'en offrirent ; j'acceptai du thé. Puis le médecin de la compagnie, homme fort aimable, étant venu me faire ouvrir la porte d'une sorte d'auberge, je m'enveloppai dans ma couverture, me jetai sur une banquette recouverte de crin et m'endormis. Le lendemain, je voulus sortir de la bourgade ; mais l'immensité des terrains vagues qui l'entouraient me fit bientôt y renoncer. J'avais hâte de continuer ma route, après avoir pu me procurer à l'auberge un morceau de bœuf passable.

Nous partîmes vers le milieu du jour, et j'espérais aller droit à Tambow, lorsque mon compagnon m'annonça que si cela ne me contrariait pas, nous allions d'abord aller voir sa femme, qui habitait à 80 kilomètres ? Que répondre, si ce n'est que j'étais enchanté ? Nous arrivâmes, vers minuit, dans un nouveau labyrinthe de chaumières et de ravins ; c'était à s'y perdre. La tarentas s'arrêta à la porte d'une cabane. Le mari me fit signe d'attendre et entra ; il revint au bout de peu d'instants et m'introduisit dans un véritable bouge. La pauvre femme s'était levée et finissait de s'habiller dans un cabinet attenant. Un souper improvisé se composait de caviar et de sardines gâtées ! Je refusai, niant la faim, et pourtant je n'avais rien mangé depuis le matin ; j'exagère pourtant, car, au relais, je m'étais procuré un seul œuf et des concombres. Pendant le repas, la pauvre femme s'occupa à remplacer le drap ou plutôt la nappe d'une petite couchette étroite où se trouvait un matelas épais comme la main. C'était assurément là qu'elle était couchée quelques minutes avant. On apporta un banc que l'on joignit à celui qui entourait la cabane, et le maître de la maison m'invita à prendre place dans le petit lit; je refusai énergiquement, car, pour être discret, je voulais aller coucher à la belle étoile, mais il me fallut céder. Pour lui, il s'étendit sur les bancs. Sa femme entra dans son réduit; ou souffla la lumière, et tout eut bientôt repris l'apparence du repos. Voici ce que j'appelle une véritable hospitalité, et bien faire tout ce qu'on peut.

J'en étais là de ces idées de reconnaissance lorsque je me sentis accablé par mes ennemies intimes faisant partie de la gent sautillante; la charitable femme, en emportant son drap, avait oublié de prendre sa couverture, et me l'avait laissée avec tous ses habitants. Jugez de ma position : pas moyen de bouger, pas moyen de battre le briquet, et être traqué pareillement! Je pouvais seulement me déchirer avec rage, et je n'y manquai pas, tout aussi bien que mon ami sur ses deux bancs: il travaillait tout en dormant. Quelle nuit ai-je passée ! Jamais je n'ai soutenu une attaque si acharnée, et pourtant le sommeil m'aurait fait grand bien ! Au jour, je me glissai hors de la ca-

banc; il pleuvait et faisait froid; mais tout plutôt que
de supporter une souffrance aussi intolérable. Je me
gravai bien dans la tête la situation de la cabane et
marchai à l'aventure. Je ne rencontrai qu'un lièvre
presque blanc.

Au bout de quelques heures, je rentrai; et cette
pauvre femme, Allemande d'origine, parlant très-bien
français, m'expliqua qu'elle vivait dans cet isolement
toute seule depuis plus de six mois; que son mari
était toujours à Spask, et qu'elle restait loin de toute
communication. Elle vivait là comme une recluse, sans
avoir fait de vœux! Elle finit par me dire toute sa
peine, et son mari ajouta que pour consentir à vivre
comme ils le faisaient, il fallait du courage, et que
leur argent était bien gagné. Mais que pouvait faire
là, seule, cette malheureuse, sans enfants à aimer et
à soigner, sans la moindre occupation? Ah! je l'ai
plainte bien sincèrement; je ne lui reproche que les
puces qu'elle m'a cédées et la malpropreté de sa cabane. Les gens du pays profitaient de la rareté des
logements; ils faisaient payer à ces étrangers leur
affreux réduit 40 fr. par mois.

Enfin, nous continuâmes notre route; et en passant dans un grand village, je ne fus pas peu étonné
de voir des femmes faisant les maçons : elles recré-
pissaient le logis d'un des notables du lieu. Le travail
me paraissait laisser à désirer comme netteté; mais
comme curiosité, c'était bien différent. Nous rencontrâmes, dans ces plaines immenses, deux ou trois

troupes d'outardes, se promenant majestueusement, et ressemblant assez à des hérons.

Vers le soir, nous atteignîmes un endroit où se retiraient quelques ingénieurs. On nous fit souper, ce que je considérai comme une grande politesse, et nous continuâmes notre route toute la nuit.

Nos postillons s'acharnaient à suivre les ornières. Dans quelques endroits, elles étaient dures et lisses comme des rails de chemins de fer ; mais, en revanche, lorsqu'elles étaient raboteuses, les soubresauts saccadés et réguliers devenaient intolérables. En vain je donnai l'ordre de sortir des ornières et de trotter sur le mauvais gazon; il n'y eut pas moyen de l'obtenir. A tous les charriots qu'on rencontrait, on se dérangeait pour laisser passer, puis vite on reprenait l'ornière. Vers le soir, nous gagnâmes nos derniers relais. Le maître de poste voulut faire atteler cinq chevaux pour traverser des sables mouvants; nous refusâmes. Pour se venger, notre cocher, avec ses trois chevaux, marcha tout le temps au pas.

Sur le parcours, je trouvai quelques beaux bois de chêne. Au dernier relais, je déplorais d'avoir accompli ma route sans le moindre événement tragique. La nuit était noire. Un vieux postillon, coiffé de son bonnet russe, s'était hissé comme il avait pu sur le siége. Nous avions promis un fort pourboire pour arriver plus vite. Nous étions servis à souhait : nos chevaux galopaient. Tout à coup je crois entrevoir le vide, et je pousse une exclamation formidable. Mon compagnon, averti, regarde et jette un cri : « Stoï, stoï, stoï! » en joignant le geste à la voix. La brute qui nous conduisait arrêta : ses chevaux s'y prêtèrent bien sûr. Nous arrivions à une grande rivière à escarpements élevés. Il était temps : dix pas plus loin, la fin de la falaise, et une chute effroyable! Notre cocher, complètement gris, au lieu d'enfiler le pont sur la rivière, passait à côté. Encore quelques secondes et, lancés à fond de train, nous tourbillonnions dans l'espace, et nous tombions dans l'eau !

Enfin, voilà une aventure, et nous avons failli la payer cher. C'est par hasard si je me suis exclamé et si j'ai poussé le cri qui nous sauva, car j'avais vu descendre à tant de gués à pic pour éviter de passer sur des ponts trop souvent hors de service, que je ne m'étonnais pas facilement.

Notre cocher finit par prendre le pont élevé, après avoir tourné ses chevaux, et nous pûmes juger du saut que nous allions faire.

Je ne compte pas les cahots un peu forts que nous n'évitâmes pas après l'avoir passé; il fut heureux pour nous qu'il n'y eût point de fossés dans le pays. Enfin nous entrâmes dans Tambow. Pour nous faire honneur, notre cocher lança ses chevaux, quoi que mon ami pût dire. Je voyais bien à chaque coin de rue des sortes de bornes en bois que nous paraissions raser, quand tout à coup, arrêt subit et secousse telle qu'un cheval s'abattit; nous sautâmes à terre : la voiture était échouée sur une borne ! Plus moyen d'avancer ni de reculer. Mon ami jurait ; il prenait bien son temps ! Pour moi, je riais. Je ne sais comment nous étions enchevêtrés entre deux bornes. Notre conducteur veut descendre ; vains efforts ! Il veut fouetter quand même ; nous avons toutes les peines du monde à l'arrêter. Enfin survient un soldat de police qui se joint à nous ; nous soulevons la voiture, et nous démarrons. On raconte les faits à l'agent, qui s'indigne et veut emmener l'homme. Nous le prions d'abord de monter sur le siége et de nous conduire à l'hôtel. Là notre cocher, roulant de son siége, tombe comme une masse inerte. L'agent insiste encore pour emmener notre homme ; et afin de payer son zèle, mon ami lui donne vingt kopecks, ce qui calme son indignation. A peine étions-nous depuis dix minutes dans notre appartement, que notre cocher, ayant repris ses sens, entre pour demander un pourboire. La chose était violente. Mon ami le prit brutalement par les épaules, et lui appliqua dans le bas des reins un certain coup qui ne lui nuisit pas pour descendre l'escalier. Ce fut toute la vengeance que nous en tirâmes.

Je compte visiter un peu la province où je me trouve. Je ne suis pas trop brisé ; cette fois, j'ai une sorte de lit, et la fatigue aidant, je vais en profiter.

Adieu donc, chère Madame, et croyez à mes sentiments de bien vive et de bien respectueuse affection.

L. DE F.

LETTRE LXII

A M. PÉPION.

Aspect du pays de Saratoff à Tambow. — Une ferme-école. — Le battage des graïns au charriot. — Le fumier employé comme clôture. — Les couvertures de chaume.

Tambow, 8 octobre.

Mon cher Pépion,

Je viens de faire 400 kilomètres, de Saratoff à Tambow. Je n'ai rien vu de bien remarquable ; l'aspect du pays est toujours le même : pas d'arbres ! pas de buissons ! toujours des plaines dont la monotonie est un peu rompue par quelques ondulations de terrain et des ravins profonds. La terre noire couvre toute la surface du sol à une épaisseur de 60 centimètres ; puis on trouve, jusqu'à une profondeur infinie, une argile jaunâtre, paraissant siliceuse, au point qu'on ne sait trop si elle mérite le nom d'argile. L'assolement est difficile à définir ; on m'assure qu'il se compose ainsi : 1° seigle ; 2° froment ; 3° millet ;

4° jachère. Je ne puis rien certifier, mais je suis sûr de n'avoir vu que des chaumes de seigle; de froment en beaucoup plus faible quantité, et si mauvais quelquefois, qu'on n'avait rien récolté; enfin des chaumes de millet, de blé noir, de soleil et d'avoine.

Je n'étais encore qu'à 50 kilomètres de Saratoff lorsqu'on me laissa à une école d'agriculture. J'arrivais à temps. Le directeur, ayant une belle chaîne d'or passée autour du cou comme quelques-unes de nos dames françaises, allait se mettre à table. Je lui présentai mes lettres : il ne parlait pas français ! Mais un ami, arrivé à point pour me servir d'interprète et partager son dîner, le remplaça avantageusement. Il me proposa de manger; j'acceptai, et pris volontiers ma part du tchi, dans lequel il n'y avait que deux portions de bœuf. Le pauvre homme m'en donna une, puis il m'offrit d'énormes écrevisses et de petits poulets. Je mangeai à souhait, et nous partîmes ensuite pour voir la ferme.

Qu'enseigne-t-on là? Je n'en sais rien. Il y a 800 hectares, 600 moutons, 12 vaches et 7 ou 8 porcs, quelques chevaux et quelques bœufs que je n'ai pas vus.

On assure que l'assolement est : 1° seigle; 2° jachère fumée; 3° tournesol; 4° froment; 5° pommes de terre; 6° avoine, et trois années de pâturage. Il m'a été impossible de vérifier. Mais je n'ai aperçu ni pommes de terre, ni tournesol; et cependant cela se voit de loin.

Nous visitâmes les écuries, et rien ne me frappa, si ce n'est le désordre et l'état-major de contre-maîtres restant les bras croisés, et qui eussent été bien mieux employés à enlever le fumier de l'écurie et de la porcherie.

Les sept ou huit cochons étaient anglais ; on les nourrissait avec des coques de soleil ou du millet ; enfin, une nourriture impossible. Certes, ils devaient bien regretter leur pays.

Les moutons étaient croisés kirghiz russe ou mérinos. Il n'y avait pas de brebis. Je ne m'explique pas dans quel but on les entretenait.

Dans le petit troupeau de vaches, je n'ai pu trouver trace de sélection ou d'une idée arrêtée. J'ai vu seulement quatre vaches rouges ressemblant à des durham, et qui venaient d'un éleveur renommé près de Symbirsk ; elles étaient bonnes, et toutes les autres ne valaient rien.

Je trouvai, en rentrant, un énorme troupeau communal : il était mélangé de moutons russes nouvellement tondus ; les vaches étaient petites, maigres et insignifiantes. Mais de quoi vivaient-elles, puisque tout est aride et brûlé, et qu'on ne leur donne pas le moindre supplément de nourriture quand elles reviennent de pacager les chaumes ?

Je vis, sur la ferme, des essais de luzerne et de sainfoin faits aussi mal que possible. Cependant je rencontrais partout de magnifiques trèfles à l'état sauvage. Je sortis de l'école, trouvant les bâtiments

26

bien vastes, et peu satisfait de ce que j'avais vu, quoique j'eusse dîné, et quoi qu'en dise Berchoux :

Mon avis est, lorsque j'ai dîné,
De trouver tout bien fait et tout bien ordonné.

Je repartis, et remarquai dans la plaine des paysans montés dans leurs petits charriots, et trottant en cercle dans un espace où leur grain était préparé pour être battu. L'idée est bonne : avec un ou deux chevaux attelés, on doit faire beaucoup plus de besogne que s'ils trottaient en liberté. Souvent, pour le battage du colza, de la navette et même du blé noir, ce système pourrait être pratiqué en France, même en employant un simple rouleau en bois.

Vers la chute du jour, je pus voir de tous côtés, à l'horizon, des feux qui s'élevaient : ils étaient allumés par des paysans bivaqués loin de chez eux, qui venaient battre leur récolte et chercher leur grain souvent de trois ou quatre lieues. Il est facile de comprendre que dans ces conditions il n'y a pas de transport de fumier possible. Du reste, je vis ce produit utilisé d'une façon tout originale, qui ne fit que se généraliser en avançant vers Tambow. La terre est tellement peu consistante, qu'on avait fait des remparts ou talus en fumier pour enclore les jardins et cours où l'on mettait les grains. Ce qu'il y a de particulier, c'est que ces clôtures, existant même depuis plusieurs années, n'avaient pas activé la végétation adventice : aucun gazon ne couvrait le talus. Le fu-

mier, dans son nouvel emploi, atteignait passablement
le but. Celui qui n'était pas utilisé ainsi était destiné au chanvre cultivé autour des habitations. J'en
rencontrai même en plein champ ; mais il n'avait pas
plus de 60 à 80 centimètres de haut. On battait la
graine au fléau pour avoir le chenevis, puis le chanvre
était étendu sur des vagues, comme on le faisait du
lin, afin d'éviter de le faire rouir. Le temps et la rosée
se chargeaient de tout.

De distance en distance se trouvent de gros villages composés de masures habitées par des cultivateurs. Le coup d'œil de ces innombrables tas de
paille est original. Toutes ces masures sont en bois,
et, manquant par les fondations, elles s'inclinent à
droite et à gauche. Il faudrait les renouveler tous
les vingt ans ; mais on attend l'argent ou le feu. Celui-
ci manque le moins souvent.

Dans les endroits où la pierre abonde, on ne s'en
sert pas pour bâtir.

A 100 kilomètres de Saratoff, l'assolement de trois
ans commence à se caractériser : je ne vis que de
rares bouquets de saules et de bouleaux. Souvent on
trouve des saules plantés le long des larges routes qui
traversent les villages ; et ceux-ci, autant que possible, sont situés le long des rares cours d'eau.

Pendant un parcours assez grand, la culture des
steppes reprend, c'est-à-dire seigle et blé ; puis la
terre reste en pâturage et se repose plusieurs années.

J'ai vu sur un remblai de chemin de fer de 65 cen-

timètres des liserons et autres plantes d'une végétation étonnante, et ne souffrant nullement de la sécheresse, quand tout était brûlé autour. Ceci me ferait
croire que les labours très-profonds et répétés pour
ameublir la terre conserveraient en même temps la
fraîcheur et favoriseraient la végétation.

Plus loin, je ne remarquai rien que des cultures
de seigle commençant à lever, des chaumes de millet
et de blé noir. Je trouvai quantité de grande soude
et de moha sauvage : on aurait dit que les champs en
étaient semés. La renouée est toujours l'herbe qui
couvre les grandes voies de communication et certains
terrains vagues ; mais ces derniers sont rares : tout
est cultivé. Et sans la grande distance pour gagner
les contrées d'échange, ces pays seraient riches ; néanmoins ils doivent exporter beaucoup. Les couvertures
des cabanes sont toujours des plus simples. Je vois
rebâtir un village brûlé cette année. Quelques che-
vrons sont posés ; puis on met une sorte d'échelle
sur le bord du toit futur ; on perce la filière ; des
chevilles sortant de la hauteur à laquelle on désire
mettre la paille y sont placées, puis elle y est jetée
comme on pourrait le faire pour un pailler, et tout
est fini. C'est primitif, mais assez simple et assez
pratique pour recouvrir des étables clayonnées.
Elles sont d'autant plus solides, que les supports de
ces treillages en bois sont à peine distants de 40 centimètres ; mais ils ne sont pas plus gros que de forts
piquets.

Voilà, mon ami, tout ce que j'ai remarqué dans ma rapide traversée. La Russie ne change pas ; elle continue seulement à se montrer de la même fertilité que dans toutes les terres noires. J'ai traversé une dizaine de kilomètres de sables mouvants qui ne doivent pas s'étendre au loin ; et avant de les gagner, la fertilité devient tout à fait exceptionnelle. Ces sables doivent donc peu influer sur les produits moyens du pays.

Crois, je te prie, mon cher ami, à ma sincère affection.

L. DE F.

LETTRE LXIII

A M. LE Vᵗᵉ OLIVIER DE L'ESTOILE.

Un ami compromettant. — Ses judicieux conseils — L'officier de police
et ses aides.

Tambow, 10 octobre.

MON CHER OLIVIER,

Enfin, j'ai pu gagner Tambow, ville du centre de
la Russie. En entrant dans un hôtel presque neuf, et
le premier de la ville, dit-on, j'ai été suffoqué par
l'odeur ! Et toi, mon pauvre ami, qui te plaignais à
Pétersbourg ! Si quelquefois tu passes le soir près
d'un chantier en exploitation de la compagnie Richer,
cela t'en donnera une faible idée. En France nous ne
pourrions résister ; mais en Russie on se complaît
dans des conditions pareilles, et l'on ferme hermétiquement toutes les portes pour conserver tous ces
parfums. C'est une bonne chose d'avoir à sa portée

les récipients des nécessités de la vie, mais il y a une limite. En Russie, on multiplie ces endroits nécessaires ; il y a même de la hiérarchie ! Où va-t-elle se nicher ? Ainsi les locataires des appartements à 3 fr. par jour entrent à une porte, et ceux de 4 fr. et au-dessus vont à la suivante. Cela m'a révolté, et j'ai enfreint la consigne.

Lorsque dans les hôtels de Russie ne se trouve pas l'odeur désignée ci-dessus, on a celle provenant de l'huile de schiste ; et quand celle-ci fait défaut, elle est remplacée par les émanations de l'espèce humaine, et cela suffit. Ce n'est pas étonnant, puisque l'air n'est jamais renouvelé. Si tu sors de ta chambre, tu crois qu'on en profitera pour la préparer ? Point ! En vain ton absence durera toute la journée ; si tu te plains, on entrera chez toi, bon gré mal gré, le matin, un balai à la main, et l'on fera ton service et ton lit pendant que tu es là. Il est vrai que c'est superficiel. Il y a encore dans les hôtels de Russie une chose qui me porte bien plus sur les nerfs : ce sont messieurs les portiers, habillés avec la dernière élégance. Ils ne sont bons qu'à vous demander. J'aime encore mieux un portier savetier ou tailleur que ces gens-là, qui ont peur de salir leur veste et ne toucheraient pas à une malle. Tambow est une grande ville, mais elle m'a laissé peu de souvenirs. On me disait qu'il y avait des diligences parfaites en Russie. Le chemin de fer passe à vingt lieues de cette ville ; il n'y a pas la plus petite correspondance. Je me demande

alors dans quelles circonstances on établit des diligences en Russie. Pour moi, je n'ai point eu le talent
d'en découvrir ; il est vrai qu'il n'y a que peu ou point
de commis-voyageurs, ressource de ce genre d'entreprise. Au reste, pourquoi voyageraient-ils ? En revanche, le gouverneur de Tambow fut fort aimable ;
c'est celui dont j'ai gardé le meilleur souvenir : il fit
tout ce qui dépendait de lui pour assurer mon voyage ;
et après m'avoir donné des lettres de recommandation pour des propriétaires et pour les chefs de police des lieux où je passais, il voulut absolument qu'un
officier m'accompagnât jusqu'à ma première station.
Je le vis partir avec cinq chevaux à son carrosse ;
c'est plus que les évêques russes qui, seuls, ont le
droit d'en avoir quatre et d'être conduits en Daumont.
Mais cinq, ce n'est pas quatre ; puis il y avait des sables
mouvants, sans doute.

Je revins fort satisfait pour retrouver mon ami l'ingénieur. J'étais en retard d'une heure et demie. J'attendis encore et me mis à dîner. Je fis mes malles,
et je vis enfin mon ami arriver en trébuchant. « Je vous
demande pardon, dit-il, mais j'ai trouvé des collègues
ingénieurs ; j'ai accepté quelque chose et aussi du
champagne. » Cela se voyait. Je lui expliquai alors que
j'étais pressé, et que j'attendais un guide que le gouverneur m'avait fait accepter.

Au bout d'une heure je m'impatiente, et nous con-
venons d'aller à la police voir si j'étais oublié. Il faut
avouer que, dans son état normal, mon ami disait à

peine quelques mots de français ; juge de son intelligibilité dans l'état où il se trouvait.

Il fit des signes à des Iswochiks qui arrivèrent de l'extrémité de la rue (peut-être 400 mètres) au grand galop ; il les laissa venir, les considéra gravement, puis les congédia d'un air de dédain superbe. Bientôt, sur un nouveau signe, il vint une autre voiture beaucoup plus élégante, et celle-là avec un cocher d'une tenue irréprochable. Elle fut acceptée, et il me fit asseoir. Chemin faisant, tout ému qu'il était, il m'expliqua que lorsqu'on allait chez les gens, il fallait toujours le faire dans le plus brillant équipage, faire le plus de tapage possible, que c'était le moyen de s'attirer la considération. Il insista et me développa sa pensée. Pour un sauvage, c'était profond, et j'en fis mon profit.

Nous arrivâmes à la police, chez l'isprawnik. Il sonne ; personne ne répond ; il ouvre la porte, et nous ne trouvons que des enfants ; il les engage à aller prévenir ; puis, ouvrant le salon, il y entre et veut me forcer de le suivre. Je résiste ; il se couche à demi sur une causeuse, se relève, revient sur moi, me répète que ma discrétion est absurde ; qu'il connaît les usages ; qu'en Russie on ne reste pas dans une première salle, que c'est bon pour les solliciteurs ou les gens de peu ; qu'il faut avoir conscience de sa valeur, et qu'on ne vous estime que d'après cela. Puis, joignant les gestes aux paroles, il me prend le bras, voulant me forcer à l'imiter. Il ajoutait que lorsqu'on se carrait de même qu'il le faisait, on voyait tout de suite qu'on avait affaire à un homme important ; qu'il n'y avait pas deux marches à suivre, que j'allais le voir aborder l'isprawnik, qu'il le ferait hautement. J'en doutais si peu, le voyant gris à ce point, que l'entrevue m'effrayait d'avance, d'autant plus qu'il ne m'avait pas caché sa façon de penser. « Toute la police, ce sont des c...; je vais bien le lui dire; ne parlez pas : je me charge de tout. » Enfin, l'isprawnik parut. Profitant de l'embarras de la langue de mon compagnon, je ne lui donnai pas le temps de souffler ; je pris les devants : l'isprawnik parlait français. Je m'expliquai ; mais l'affaire ne le regardait pas : il m'indiqua un autre bureau.

Je le remerciai et entraînai mon ami, qui commençait une période; et fouette cocher ! Alors mon compagnon continua l'entretien. « Avez-vous vu comme je m'étais bien assis et comme je l'ai abordé ? Vous auriez dû faire comme moi ; je vous dis que vous avez manqué à tous les usages. Il n'y a que cela pour poser. » Il y revenait sans cesse ! Il ne disait pas du piaffage, mais il le désignait, et assurait qu'en tout, pour réussir, c'était la seule chose : « Jetez de la poudre aux yeux, et cela vous servira ! »

Au deuxième bureau, mon ami descendit dans la cour ; il sonna ; puis, poussé par certain devoir pressant, il s'écarta d'un seul pas et se mit en devoir de vaquer aux nécessités humiliantes de la nature ! Vraiment, j'étais un peu sur le gril en voyant l'eau battre

les carreaux d'une fenêtre basse! Le bonheur voulut
qu'il n'y eût personne qu'un voisin qui sortit tout près
de lui, et avec lequel mon ami se mit à causer sans se
déranger, comme s'il faisait la chose la plus naturelle
du monde. Considère un peu les personnages et leur
situation réciproque à la porte de la police russe!
Mon ingénieur, ayant fini, cria, tempêta en vain à la
porte, puis me fit remonter en carrosse. Nous retour-
nâmes à l'hôtel; mais là, toujours pas de guide! Alors
je fus à la poste demander des chevaux. Je venais de
payer; mon compagnon descendait avec les postillons, lorsque je vis un carrosse attelé de trois hari-
delles et passant au pas, suivi d'un officier et d'un
soldat de police. Je me doutai que c'était le moyen de
transport qui m'était destiné. L'équipage s'arrête en
effet devant mon hôtel. Je veux reprendre mon argent; on le rend. Je veux expliquer tout ceci à mon
ami; il ne comprend pas et s'emporte. Sa casquette
lui manquait : elle était restée au premier. Je vais la
chercher; je l'entraîne à mon tour, malgré lui, dans
l'iswochik, et je crie au cocher : « A l'hôtel! » Il était
temps !

L'officier de police, ne comprenant rien à ce que
lui disait le portier de l'hôtel, revenait sur ses pas;
j'essaie de lui faire dire un mot par mon interprète, et
je rentre prendre mes malles, croyant qu'il me suivait; mais une demi-heure se passe, et la voiture ne
revenait pas! Le calme n'est pas mon fort, tu le sais;
la journée s'avançait; je peste sans dissimuler. Mon

bon ami s'en désolait et s'excitait à l'indignation :
« Écoutez-moi, disait-il, ce sont tous des c…; je le
leur dirai, je vous le promets, » et il ne sortait pas de
là ; mais il le répétait sur tous les tons ; c'était fort
curieux.

Enfin, la voiture arrive, et l'on charge mes bagages.
Pendant ce temps, mon ami prend à parti l'officier
de police ; il lui fait une scène à laquelle je ne comprends rien, ni lui non plus. Il traite ce pauvre
homme de la façon la plus pitoyable, et plus il s'en
étonne, plus mon ami s'emporte et s'indigne. En
vain je veux le calmer ; impossible ! A la fin, l'homme
de police, s'animant à son tour, tape du pied, se
drape dans son manteau, et refuse de partir ! Juge
de ma situation ; ceci se passait en pleine rue, et le
tapage finit par ameuter les gens.

Allez donc vous en tirer avec un homme gris, qui
ne comprend pas un mot de la langue et qui est en colère ! Un étranger qui se tue à s'expliquer, et un
naturel qui se fâche des injures qu'on ne lui épargne
pas, sans qu'il sache pourquoi. Enfin, je décidai l'officier à monter. Je dis adieu chaleureusement à mon
ami, qui me criait : « J'en suis fâché ; je n'ai pu faire
mieux. » Ce n'était déjà pas mal comme cela, et je
partis, moi quatrième, dans la voiture. L'officier était
à mes côtés, le soldat sur le siége, à côté du cocher.
Quel homme important ou dangereux étais-je donc ?
Les habitants ont dû être bien intrigués ! J'étais assez
entouré. L'officier de police avait reçu l'ordre de

marcher ; il avait prévenu un de ses soldats, qui lui-même avait commandé le cocher et trois chevaux noirs, et l'on m'emmenait jusqu'à la prochaine station, le tout pour lire au maître de poste l'adresse indiquant que j'allais chez M. Sabouroff. C'était vraiment curieux ! Voilà comme les gens sont utilisés en Russie. Je le note, mais je n'en sais pas moins grand gré au gouverneur de toute la peine qu'il s'était donnée pour moi.

Je suis arrivé à neuf heures du soir à une grande habitation. J'avais raison de vouloir me presser : personne pour me recevoir ! Je traversai de grandes salles et arrivai au premier. En ouvrant la porte, je me trouvai en face d'une belle jeune femme. Le mari parut bientôt. Je m'excusai de l'heure à laquelle j'arrivais. Son accueil fut très-cordial, et j'ai conservé de mon séjour chez lui un excellent souvenir. C'est de là, mon ami, que je t'écris tout ce bavardage ! Qu'il puisse te faire sourire, te prouver toute mon affection, combien je songe à toi, et mon but sera rempli.

Adieu encore ; je t'embrasse de tout mon cœur.

L. DE F.

LETTRE LXIV

A M. LEFÈVRE DE SAINTE-MARIE.

Le commerce des bœufs en Russie. — Approvisionnement de Moscou et de Pétersbourg. — La peste bovine. — Les bœufs à l'herbage.

Près Tambow, 8 octobre.

MONSIEUR LE DIRECTEUR,

J'ai pu recueillir les renseignements suivants sur le commerce des bœufs ayant pour but d'alimenter Moscou et Pétersbourg. J'en tiens la plus grande partie d'un gros marchand qui assurément était bien du métier, car il avait des boucles d'oreilles. A ce moment, il n'avait que deux cents vaches à l'herbage sur des re-gains, ou plutôt les relais d'herbes épargnés par la faux. De bonne heure, au printemps, lui et ses confrères se rendent dans le delta formé par le Don et le Volga avant leur embouchure, et là ils achètent chez les particuliers les animaux dont ils forment leurs bandes. Il y a aussi de grandes foires, mais ils préfèrent acheter à domicile. Quelques-uns de ces marchands vont même jusque sur les bords de la mer d'Azoff faire leurs achats. Les bœufs qu'ils ramènent n'ont pas moins de cinq à six ans : ils ont tous travaillé. Ils les paient de 100 à 120 fr. Lorsque les marchands achètent en foire, ils ont les mêmes ruses que ceux de France : quand ils sont peu nombreux, ils offrent un prix minime, vont prendre le thé, laissent les paysans perdre patience, puis ils reviennent conclure. Un jour mon marchand arriva pour assister à une grande foire au moment de la débâcle du Volga. Lui seul, en sautant de glaçons en glaçons, osa passer. Les vendeurs, ne voyant pas de marchands, consentirent à un rabais, et ce jour-là il gagna 16,000 fr. Il me semble qu'ils étaient bien à lui. Ces négociants forment des troupeaux de bœufs ou de vaches de deux cents têtes, les confient à trois gardiens, louent des steppes à 4 fr. l'hectare, en consacrent deux à chaque bœuf, et les laissent à l'herbage jusqu'à la fin de juin. Vers cette époque, ils mettent en route leurs animaux. Au commencement d'août, ils arrivent vers Tambow, après avoir fait huit cents kilomètres, soit vingt kilomètres par jour. Si j'en juge par les deux cents vaches que je vois en très-bon état et presque grasses, lorsque les bêtes sont soignées et bien conduites, elles font ce trajet sans fatigue et pour ainsi dire en pacageant. Les bouviers marchent la nuit et en s'éloignant du chemin frayé, pour éviter la poussière : dans ces immenses steppes, personne ne fait d'observations, et l'on trouve à louer pour un prix minime de très-bons pacages. Lorsque les animaux arrivent dans les environs de Tambow, une grande partie y séjourne deux mois dans les prairies formées sur les terres au repos. On les loue encore environ un rouble par hectare lorsqu'elles ne sont bonnes qu'à être pacagées. C'est là où les bœufs attendent leur vente. Le commerce s'est modifié depuis l'ouverture du chemin de fer de Kazeloff. Les marchands ont moins de chances de pertes ; ils peuvent choisir un moment favorable pour la vente, et sont moins forcés de l'effectuer à tous prix. Quand le froid commence et que la vente est mauvaise, ils se rendent à Kazeloff ou à Moscou, abattent tous leurs animaux, fondent le suif, louent un hangar où ils suspendent leur viande, et lorsqu'elle est gelée, ils attendent sans crainte et n'ont à redouter que l'humidité. Mon engraisseur m'assura qu'il avait abattu une fois ses animaux à Noël et ne les avait vendus qu'après Pâques. Le gibier se conserve bien dans les glacières d'une année à l'autre. Je ne crois pas que la viande y gagne en qualité ; mais les Russes ne s'en aperçoivent peut-être pas.

Les gardiens des bœufs sont à cheval et n'ont pas de chien. Deux, en général, marchent en tête du troupeau pour l'empêcher d'avancer trop vite, et le troisième reste derrière. Dans ces immenses plaines, on laisse toujours les animaux marcher doucement, mangeant çà et là, jusqu'à ce qu'on ait atteint la limite ; alors on revient vers l'eau. C'est bien la grande difficulté, et on ne doit point en trouver facilement. Le bivouac des gardiens est habituellement établi auprès, et les bêtes, qui ont mangé de la nourriture si sèche, boivent à longs traits avec plaisir, et se couchent jusqu'à ce qu'on reparte pour le repas suivant.

Dans le choix des animaux, les marchands recherchent ceux qui ont les membres les plus gros, une large croupe, et ceux qui mangent à la pâture avec avidité. De même, disait mon auteur, qu'on reconnaît le meilleur ouvrier d'une bande à l'activité avec laquelle il travaille, de même l'animal mangeant avec activité et courage indique une bonne santé et présente plus de chances de réussite.

C'est au moment de ces explications que j'ai vivement regretté de ne pas savoir le russe ; car malgré toute l'obligeance et la capacité de M. Sabouroff, qui voulait bien me servir d'interprète, je perdais beaucoup, tout en mettant tous mes soins à empêcher qu'on abrégeât trop la traduction, et que mes questions fussent bien comprises. Il faudrait tout voir ; mais c'est si long et si difficile !

Lorsqu'au lieu de bœufs ce marchand achetait des vaches, il préfère celles qui ont un veau ou sont prêtes à vêler, parce qu'alors il a tout l'été devant lui pour les engraisser tranquillement, et il les paie bien, dans ce cas, de 4 à 8 fr. de plus.

Il laisse constamment des taureaux avec les vaches, et il en fait une chose capitale.

Quand une vache vêle, on emporte le veau immédiatement, sans le laisser voir à sa mère. Si le veau tète seulement une ou deux fois, le lait passe moins vite, et c'est beaucoup plus dangereux pour elle. Quand cette précaution est remplie, il n'y a rien à faire : le lait passe naturellement ; on ne perd jamais de vaches. Le marchand affirme que dans ces conditions, quinze jours après le vêlage, les vaches sont refaites et n'ont rien perdu. Je crois que c'est un peu exagéré ; mais on n'y regarde pas d'aussi près dans ce grand commerce.

Lorsqu'elles sont prêtes à vêler en arrivant à l'abattoir, on n'y fait même pas attention ; si elles le sont depuis quelques jours, et que le veau ait tété, on attend si l'on peut, car la viande est rouge. Du reste, il n'est pas étonnant que le lait ait une faible influence, car toutes ces races sont peu laitières. Une partie des vaches que je vois venaient des bords de la mer d'Azoff ; elles étaient de robe grise uniforme, avec sourcils très-noirs, et faisaient partie de la race dite tchernaïa. Les beaux types, quoiqu'un peu blancs, n'auraient pas été déplacés à Parthenay. Les vaches, de nuance rouge pour la plupart, avaient été achetées entre le Don et le Volga ; elles étaient en majorité ; leur poil était épais, presque cotonneux ; leurs reins étaient très-larges ; l'arrière-train était râblé ; elles avaient très-peu de ventre, sans être levretées ; elles ne paraissaient point avoir été fatiguées par des gestations successives. Enfin, elles formaient d'excellentes bêtes de boucherie. Trapues et bien en chair comme elles l'étaient, elles devaient donner une viande de qualité supérieure, et auraient été fort recherchées en France.

C'est dans ces pays du Don et des rives de la mer d'Azoff que règne constamment cette affreuse maladie dite peste bovine. On n'a aucune donnée sur les causes qui la déterminent ; elle surgit çà et là, sans qu'on sache pourquoi, puis elle devient contagieuse au suprême degré. Le marchand m'a assuré qu'autrefois la maladie régnait seulement sur la race blanche dite tchernaïa, qui est élevée sur les bords de la mer d'Azoff ; c'était là où était le foyer constant, et tout troupeau où la maladie se déclarait était perdu ! Aujourd'hui cette peste a moins de gravité, et quand un troupeau est attaqué, on n'en perd pas plus de 10 p. 0/0. Maintenant l'espace où cette maladie se développe naturellement a gagné comme une tache d'huile, et comprend bientôt toute la Russie. Elle surgit tout à coup, sans qu'on puisse, pour ainsi dire, lui apporter de remède efficace. Elle se propage indéfiniment, surtout par le manque de mesures de sûreté, et anéantit complètement les troupeaux qu'elle atteint. Le marchand pense que, de même que sur les bords de la mer d'Azoff, la maladie perdra de sa force et ne sera plus un fléau aussi terrible ; que les races s'y feront, pour ainsi dire. Cette opinion me paraît au moins risquée.

Il m'a ajouté que cette maladie était contagieuse au plus haut degré, surtout par la fiente ; qu'un homme ayant foulé les excréments d'une bête atteinte de la peste, et entrant dans une étable à deux cents lieues de là, propageait la maladie d'une manière certaine. Je lui ai fait répéter deux fois. Il a ajouté que le sang, la bave, n'y faisaient rien ; qu'on pouvait en frotter d'autres animaux, sans qu'on leur communiquât la maladie. Le simple attouchement d'un vêtement contre un animal malade n'était pas non plus inquiétant. Cela me paraît demander au moins à être contrôlé. Les émanations seraient donc seules cause de tout? J'ai su depuis que lorsque la maladie se déclare dans un endroit, on laisse les paysans aller vendre leurs bestiaux dans les foires voisines ; aucune mesure ne les en empêche. J'ai compté moi-même treize carcasses de chevaux ou de bêtes à cornes, seulement entre deux relais! Tout reste à la voirie, et les peaux des bêtes crevées sont vendues sans difficulté. Le marchand, du reste, m'a avoué qu'en route, lorsqu'une bête tombe malade, elle est abattue, et on la laisse là. Il est impossible qu'avec un système pareil, les troupeaux des gens du pays, qui suivent ces routes momentanément ou pacagent sur le bord, ne soient pas attaqués constamment par cette affreuse maladie.

Quand les marchands voient cette maladie se déclarer dans leurs bandes d'une façon notable, ils forcent le pas, gagnent une ville. Partout il y a des établissements disposés pour cela ; et pour 4 fr. par tête, les animaux sont abattus, le suif fondu, et on en sale la viande. Ils perdent ; mais au moins ce n'est pas une ruine pour eux, et la différence est souvent faible.

Les engraisseurs ne redoutent pas d'acheter quand l'épizootie règne dans un pays ; car ils ont souvent pour 35 fr. ce qui en vaut 75 à quelque distance plus loin. Mais sitôt le marché conclu, ils envoient leurs animaux à quarante ou soixante kilomètres dans la steppe. On considère le changement d'air comme souverain, et la maladie se trouve souvent arrêtée.

Les principaux symptômes qu'on remarque sur un animal qui va être atteint de la peste consistent : à ce qu'on voit les mouches en plus grande quantité l'attaquer que ses voisins ; ses yeux sont ternes, et si c'est en hiver, ses dents grincent. Lorsqu'on suppose une bande sous l'influence de la peste, et qu'elle est couchée en masse, les gardiens font allumer des tas de fiente tout autour et font respirer la fumée aux animaux. Le remède m'a l'air au moins empirique, mais je cite. Aux premières bêtes malades, on fait avaler des boulettes de goudron, de miel et de farine ; elles se trouvent fortement purgées, et les rapports occasionnés par le goudron empêchent l'air de se putréfier.

Les bœufs conduits au marché de Moscou sont vendus au poids, cependant quelquefois à prix débattu. Les vendeurs ne sont point obligés de prendre un commissionnaire. Les affaires sont rarement faites au comptant. Il y a un comptoir où les ventes se déclarent ; si on craint qu'un acheteur ne soit pas sol-

27.

vable, on se fait payer par le comptoir, qui se charge de tout.

On paie d'entrée 25 cent. par 100 kilogrammes.

Les animaux de très-bonne qualité sont vendus depuis 75 à 112 fr. les 100 kilogrammes. En moyenne, par tête, ils sont vendus 200 fr. Les vaches donnent une moyenne de 245 kilogrammes de viande, et les bœufs de 278 kilogrammes.

Les bœufs, achetés 100 ou 120 fr. au printemps, donnent donc un beau bénéfice. Le marchand assure cependant qu'il a par tête de bœuf 80 fr. de frais avant la vente; et pour des vaches achetées de 72 à 80 fr., il en compte autant. Mais il n'a jamais pu me justifier clairement ces dépenses. Je crois qu'il se défiait de moi lorsqu'il s'est aperçu que je désirais des chiffres exacts.

FRAIS PAR BÊTE :

Pacage sur les bords du Don, 2 hectares......	8 fr.
Voyage jusqu'à Tambow	4
De Tambow à Moscou, 500 kilom. (les pacages sont beaucoup plus cher)................	16
Il y a la mortalité et les frais de gardiens qu'on peut supposer au plus	10
TOTAL..............	38 fr.

Après m'avoir donné, en débutant, les trois premiers chiffres, il m'a dit ensuite qu'il y avait 40 fr. de frais par tête jusqu'à Tambow, et 16 fr. jusqu'à Moscou. Il assure que ce sont des moyennes; je crois qu'il a voulu me cacher ses bénéfices. Il soutient que les bœufs leur coûtent en moyenne 200 fr., et qu'ils n'ont de gain que ce qu'ils vendent en plus.

Les 100 kilogrammes de suif fondu valent 125 fr. (en le fondant, il perd 25 p. 0/0); soit donc les 100 kilogrammes sortant de l'animal à 94 fr.

Une peau de vache vaut 24 fr.; celle d'un bœuf 32 fr. Une bonne vache donne 65 kilogrammes de suif.

Comme vous le voyez, Monsieur, la viande est extrêmement bon marché, et je parle de celle de première qualité.

De tous ces renseignements, il en est résulté pour moi une grande frayeur de l'épizootie. Si on n'y prend garde, elle nous arrivera; car à mesure que les communications ferrées vont devenir plus directes, le bas prix de la viande tentera les spéculateurs, et je ne serais nullement étonné que, tôt ou tard, nous ne vissions arriver en France, en hiver, des cargaisons de viande gelée à bon marché, et en même temps la peste bovine, ce qui, pour nous, serait la ruine de l'agriculture.

Veuillez agréer, Monsieur le directeur, l'hommage de mes sentiments les plus profondément respectueux.

L. DE F.

LETTRE LXV

A M. LE Vᵗᵉ DE FONTENAY.

Un propriétaire. — Ses querelles avec ses voisins. — L'incendie et la pompe. — Un précepteur. — Les domestiques composant une maison.

Eletz, 11 octobre.

MON CHER ANSELME,

Je continue ma traversée de la Russie centrale en charriot. Elle n'a été interrompue que par un tronçon de chemin de fer dont j'ai profité. Je suis complètement seul et me tire passablement d'affaire ; il est vrai que je commence à dire quelques mots. J'ai passé deux journées agréables chez M. Sabouroff, grand propriétaire près de Tambow. Tout en voyant et m'instruisant, j'en ai profité pour me reposer un peu. Il avait une grande habitation, construite en pierres ; mais au point de vue de l'architecture, c'est fort triste. Un très-joli lac, grande rareté, l'entourait d'un côté ; il était bordé de tilleuls. Enfin, on eût pu arranger un fort beau parc et une agréable demeure ; mais la proximité des paysans l'entourant

de tous les autres côtés a mis bon ordre à cela. Ils
peuvent facilement jeter des pierres dans son jardin ;
ils n'y manquent pas, et empoisonnent l'existence de
leur maître, lui qui est vraiment propriétaire-agricul-
teur et qui habite toujours la campagne. Il ne regrette pas l'émancipation, ni le tort pécuniaire qu'elle
a pu lui faire ; c'est une grande responsabilité de
moins, puis c'était indispensable. Mais il déplore tous
les jours la position intolérable que le gouvernement
a faite aux grands propriétaires, en les entourant, d'une
façon semblable, de voisins et d'ennemis. S'il paraissait vouloir oublier cette funeste disposition, ses paysans se chargent de la lui rappeler à toutes les heures
du jour et de la nuit, car pour eux rien n'est sacré,
et quant au vol de toutes ces petites choses dont ils
manquent, ils considèrent que tout est bien quand
on n'est pas vu et pas pris. C'est lui qui m'a raconté
ce mouvement oratoire de ce grand de l'empire au
moment où quelqu'un assurait que ce serait rendre
la vie des propriétaires impossible en laissant tant de
petits voisins indépendants les entourer :

« Comment ! que dites-vous ? Est-ce qu'à Pétersbourg
on ne demeure pas plusieurs dans la même maison ?
Est-ce qu'on est gêné ? Et vous voulez faire croire que
des voisins, à quarante mètres, rendent la vie insou-
tenable ; allons donc ! »

L'orateur eut le dessus. J'ai vu avec plaisir qu'il
n'y avait pas qu'en France qu'on manquait quelquefois de sens commun. Qu'en dis-tu, toi mon ami, toi

qui as tant désiré et as eu tant de peine à éloigner un seul petit voisin qui se trouvait à deux cents mètres de chez toi ? Si tu en avais eu trois cents, qu'aurais-tu fait ?

M. Sabouroff en était là de son désespoir, que je comprends et qu'assurément j'aurais partagé. Il revenait chez lui d'un petit voyage, rapportant une pompe à incendie, quand, une heure après, le cri : *Au feu!* se fit entendre. Le vent portait, et il était juste à la maison qui le gênait le plus ; et comme elles se tiennent toutes, encore une heure, et c'en était fait du village ! Il n'hésite pas, appelle son monde, saute à la pompe, la place, fait la part du feu, et quelques instants après il en était maître. C'est vraiment beau ! C'est sa femme qui l'a forcé de me le raconter au moment où il venait de m'énumérer tous ses motifs d'exaspération. Ah ! les femmes comprennent si bien quelquefois les sentiments délicats ! Il a fait son devoir ; mais s'il avait laissé tout brûler, quel débarras ! J'ai vu l'endroit : trois cabanes seulement avaient disparu ! C'est toujours autant de terrain de plus. Quel dommage ! car cette propriété, malgré le terrain si uniforme, était vraiment ravissante avec ses grands arbres si rares et l'eau qui l'entourait.

Une autre calamité, surtout lorsqu'on a des arbres, ce sont les corbeaux ; ils sont tellement nombreux et familiers, qu'au printemps ils dévastent littéralement les toitures en paille pour faire leurs nids, sans compter les autres dégâts.

M. Sabouroff se plaignait fortement de ses domestiques et de la nécessité où il se trouvait d'en entretenir autant ; il m'assurait que quoiqu'il vécût seul avec sa femme et ses jeunes enfants, il ne pouvait rien réduire à son train de maison, et il m'énuméra, ainsi qu'il suit, tout son personnel :

1 cuisinier.....................	40 fr. par mois.
1 premier aide..................	24 —
1 deuxième aide pour bois, commissions et eau...............	16 —
2 bonnes d'enfants (quatre enfants).	80 —
1 nourrice (prix variable)..	» —
1 femme de chambre............	20 —
1 petite fille pour les vases........	6 —
1 femme de charge.............	20 —
1 maître d'hôtel..	28 —
1 valet de chambre.............	20 —
1 gardien de nuit et commissionnaire................	28 —
12 TOTAL........	282 fr. —

De plus, dépendant de la maison et nourris à la ferme :

2 blanchisseuses.................	42 fr. par mois.
1 homme pour approvisionner les blanchisseuses et la cuisine....	16 —
1 garçon pour les chiens et trois porcs........................	10 —
3 cochers et 10 chevaux, 32 fr., 20 et 16 fr................	68 —
7 TOTAL..	136 fr. —

Pour deux personnes !

A LA FERME :

1 cuisinier................	14 fr. par mois.	
1 vachère pour le lait	12	—
1 bouvier pour quarante vaches ou veaux	28	—
3 pâtres pour les vaches, à 16 fr..	48	—
1 gardien de granges	16	—
2 gardes pour la propriété, à 20 fr.	40	—
1 garde-magasin.................	20	—
4 charretiers pour douze chevaux, à 20 fr..	80	—
1 caissier comptable	100	—
1 contre-maître	40	—
1 aide	32	—
1 menuisier...................	32	—
18	462 fr.	—

Soit trente-sept personnes dans la maison pour faire fort peu de chose, et, certes, le service n'était pas extraordinaire.

Pour les appartements, comme on couche sur des sortes de divans étroits et durs, le matin on vient chercher draps et couvertures, de sorte qu'il ne reste pas trace de couche ; et le soir on les remet, tant bien que mal. Il n'y a pas de parquet à cirer. Je ne vois donc pas quel service d'intérieur il peut y avoir.

Quelle étendue de terre ne cultiverait-on pas avec ce personnel inutile, si leur caractère y prêtait et qu'on sût les diriger ! Mais, après cela, il ne faut pas s'étonner si la main-d'œuvre manque en Russie, car je t'ai cité une maison où le maître s'occupait de ses affaires, et, ainsi que sa femme, désirait vivement faire le mieux possible.

Ce fut en quittant cette habitation que j'aperçus tout à coup, à un ou deux kilomètres de moi, une grande fumée ; puis un tourbillon de flammes se dessina, puis un autre plus haut que le premier ; c'était un village en feu ! Je vis un indigène courant dans la plaine de ce côté ; c'était sans doute un habitant. D'autres, comme mon postillon, passaient tranquillement leur chemin. J'hésitai à me faire conduire au lieu de l'incendie ; mais, ne pouvant dire un mot, qu'aurais-je fait ? De plus, quel parti prendre ? le feu avait gagné les cours à grain. Arrivé sur une éminence, je fis arrêter et regardai brûler. C'était lugubre ! La flamme gagnait, gagnait toujours ; par moments, elle semblait s'affaisser ; puis de nouveau pétillante, au milieu d'un nuage de fumée qu'elle perce, elle s'élève vers le ciel. Au bout d'une demi-heure, tout me parut terminé. Les incendies sont si fréquents, que j'aurais eu une mauvaise chance de n'en point voir. Je ne crois pas avoir voyagé une seule journée sans avoir rencontré les cendres d'un village venant d'être brûlé, ou reconstruit depuis peu.

Je suis arrivé à une station : j'ai fait connaissance d'un Français qui se rend chez un prince ou un général en qualité de précepteur ; il a été quelque temps commis-voyageur en vins. Tenté par les mets appétissants découpés avec grâce par un chef en tablier blanc, je me réconforte avidement, lorsque l'am¡ des muses passe à côté de moi et me crie : « Il faut bien soigner son *pauvre cadavre.* » Puis dans le train, s'enquérant auprès de moi des habitudes du pays : « Pour peu qu'on me donne de la *viande* pour soutenir mon *pauvre cadavre,* c'est tout ce que je veux. » Cette expression de *cadavre* revenant sans cesse, et qui allait se trouver mélangée aux fleurs de rhétorique qu'on allait enseigner à un fils de prince, me produisit un curieux effet. A n'en pas douter, ce monsieur *aimait la viande.*

Lui et quelques institutrices que j'ai aperçues m'ont appris que la Russie était un grand débouché pour nos savants et nos savantes, qui ne possèdent qu'une littérature douteuse. On a beau avoir des brevets ; cela ne suffit pas pour faire une éducation.

Dans quelques jours, j'espère gagner Orel.

Adieu ! je t'aime et t'embrasse de tout mon cœur, ainsi que tes filles.

L. DE F.

LETTRE LXVI

A M. PÉPION.

Le chiendent devenu prairie artificielle. — Détails de culture.

Eletz, 12 octobre.

MON CHER PÉPION,

Je te donne en vingt, toi qui es agriculteur, pour deviner quelle est la plante par excellence composant toutes les prairies artificielles en Russie, et en cent pourquoi, dans un bail, on empêche les paysans de semer du blé noir.

Allons, mon ami, pas de présomption ; tu ne peux pas tout savoir, malgré ta science reconnue.

Voici l'article du bail :

« La troisième année de culture, il est interdit spécialement au preneur de semer du blé noir, et il ne devra semer que de l'avoine, afin de protéger, autant que possible, la multiplication du chiendent. »

Ainsi, voilà bien et dûment le chiendent élevé au rang de plante fourragère, et remplaçant les prairies artificielles. Qu'en penses-tu? Cela prouve qu'il ne faut jamais douter de rien. Nous qui le considérons, avec juste raison, comme un des plus grands ennemis de nos récoltes! Mais en Russie, il vient avec une si merveilleuse abondance et si naturellement, qu'on l'a élevé au rang de plante fourragère très-enviable; assurément, ce qui a contribué à lui mériter cet éloge, peut-être usurpé, c'est que les Russes aiment à dormir sur leur four et à prendre ce qui vient sans peine. Mais alors, il ne faut pas s'étonner, lorsque l'année a été favorable et que le chiendent a merveilleusement réussi, si les grains descendent à des rendements de quatre à cinq pour un. Ne serait-ce point là également le secret de l'épuisement des terres de steppes, qui demandent six ou sept ans de repos avant de pouvoir produire une bonne récolte? Il faut attendre que le chiendent se soit un peu détruit lui-même, et c'est vers la deuxième, troisième et quatrième année que le véritable *triticum repens* est dans toute sa splendeur. C'est assez indiquer la richesse de ces terres, car il n'a pas l'habitude de se développer dans celles d'une médiocre fertilité. Depuis Tambow, la richesse du sol a encore augmenté.

On peut classer le terrain dans la première catégorie.

Une partie de la propriété que je visite et qui a 2,500 hectares, est cultivée avec l'assolement de trois ans : 1º seigle et essai de blé d'hiver ; celui-ci est magnifique et est fort en octobre comme du seigle semé en août ; 2º avoine et blé noir ; 3º jachère. On emploie un peu le fumier, et on essaie de profonds labours, qui semblent donner les meilleurs résultats. L'assolement des paysans est toujours : 1º seigle ; 2º avoine, lin, millet, froment de printemps, blé noir ; 3º jachère. Le reste des terres de cette propriété est cultivé pendant cinq ans, et les cinq autres années, elles sont en chiendent.

On loue très-facilement à des industriels, pour les trois premières années qui suivent le défrichement, pour une somme de 160 fr., soit 53 fr. l'hectare. Ils font labourer et sèment : 1º du millet ; 2º un blé de printemps ; 3º un lin qu'on fauche pour avoir seulement sa graine. Les deux années qui succèdent, on loue au détail aux paysans, à la condition qu'ils mettront de l'avoine la dernière année, et surtout pas de blé noir, comme je te l'ai expliqué. Dans ce cas, on ne loue que 24 fr. par an.

Les terres vierges, ou en prairies depuis vingt ans, se louent pour deux ans 180 fr., à cause de la possibilité de faire des melons d'eau. Le bénéfice est encore beau, puisqu'on en obtient jusqu'à 800 fr. de l'hectare.

M. Sabouroff échangeait la main-d'œuvre nécessaire au fauchage de 260 hectares de pré en chiendent pour le droit de parcours dans ses champs qu'il laissait aux paysans. Il fait récolter le reste pour l'abandon de 10 hectares de pré. Il vend son foin sur place aux marchands de bestiaux, et leur loue ses prairies fauchées 4 fr. l'hectare. On vend toujours nette la récolte d'un hectare de chiendent 24 fr., et souvent de 40 à 60 fr. Le foin est bleu, dur comme des baguettes, mais on dit que la qualité en est excellente. Il faut le croire.

L'an passé, le foin valait à Tambow 3 fr. 75 les 100 kilogrammes, et cette année il est, dit-on, à 7 fr. 50. C'est excessif. La sécheresse en est cause, si c'est vrai. Ces prairies donnent très-peu de foin. Les andains, en moyenne, accusaient que le faucheur avait pris une largeur de 2^m 50 ; il fallait une faux légère, peu d'herbe, et un coup énergique. Il restait un fort talon ; mais le propriétaire en était satisfait, parce que, comme on ne fane pas, c'est une bonne chose que le foin se trouve suspendu à quelques centimètres de terre. C'est un procédé qui me paraîtrait peu économique en France.

La terre, ici où la population est plus dense et le sol riche, vaut 400 fr. l'hectare ; il s'agit de vieilles terres à assolement de trois ans ; les sols en friche sont plus chers. Au printemps, pour effectuer chaque semaille dans de bonnes conditions, le temps est très-court ; on indique même trois jours, mais la chose est exagérée. Les cultivateurs sèment d'abord l'avoine, et continuent par le froment, le lin, le millet et le blé noir, qui est semé le dernier. Lorsque le dégel est arrivé, il n'y a plus d'interruption ; on peut toujours travailler les terres, qui continuent, dans cette contrée, à être noires, friables et de première qualité.

La récolte de seigle à l'hectare, en 1867, s'est élevée à 32 hectolitres ; en 1868, 16 hectolitres ; en 1869, 6 hectolitres. La dose de semence à l'hectare est de 2 hectolitres de froment, 2 de blé noir, 5 d'avoine et 1 de lin. On récolte de 12 à 14 hectolitres de blé de printemps, qui se vend de 11 à 16 fr. l'hectolitre ; cette année, il est à 14 fr. L'avoine donne de 20 à 24 hectolitres ; elle a donné jusqu'à 44 hectolitres. Cela dépend des pluies. Elle vaut cette année 5 fr., et depuis longtemps elle n'a pas été au-dessous de 4 fr.; on l'a vue à 6 fr. Une récolte moyenne de graine de lin est de 12 hectolitres, et de 24 sur les terres vierges. Cette graine vaut de 16 à 20 fr. l'hectolitre. On ne trouve pas que le lin soit une plante épuisante, surtout lorsqu'on le fauche. Le blé noir donne 20 hectolitres dans la réserve, et souvent 32 hectolitres. Tous les labours se font avec des chevaux. Pour lever une vieille terre en friche depuis longtemps, la charrue est attelée de six chevaux, et ils retournent un hectare par jour. C'est beaucoup. La profondeur du labour est de 0m 177, et la largeur de 40 centimètres. La herse est passée au moins huit fois, et il faut la journée de trois chevaux pour herser un hectare. Les paysans sèment directement au printemps l'avoine sur le chaume de seigle, et l'enterrent d'un coup de sacca. Quand le grain est bien germé, trois jours après, ils repassent la sacca à demi-profondeur et hersent.

Ce travail me paraît surprenant; je ne puis m'en expliquer l'avantage.

Le deuxième labour sur une terre vierge se donne encore à la charrue.

Un labour à la sacca vaut 5 fr. On fait également 55 ares, comme dans toute la Russie.

Il faut huit journées de femmes pour récolter un hectare de seigle; elles lient en même temps. Cela se paie 20 fr. et plus.

On fauche maintenant l'avoine et le sarrasin, et il faut deux faucheurs et quatre femmes par hectare.

Une femme se paie, en été, de 1 fr. à 1 fr. 20; un homme, jusqu'à la récolte, 1 fr. 60; pendant la récolte, 4 fr., et on n'en trouve pas. Le battage coûte 80 cent. l'hectolitre, quelquefois 60; en hiver, seulement 40 cent. En été, on bat au charriot, et en hiver au fléau. Un homme, deux chevaux et un charriot peuvent battre 14 hectolitres de millet par jour.

Là aussi, toutes les cours à grain étaient entourées de talus en fumier, et les cabanes en étaient également entourées, de crainte du froid, jusqu'à la fenêtre. Si on l'ôtait seulement en été! Et toujours, sur tous ces fumiers et autour, pas la moindre végétation! La paille est brûlée, surtout celle de sarrasin, qu'on considère comme donnant des maladies aux animaux. M. Sabouroff l'emploie à cuire des briques. Les paysans brûlent aussi, pour le chauffage, la fiente des bestiaux, mais sans préparation aucune. Ils ne fument guère que les chenevières qui entourent leurs maisons.

Pour toute la rotation de trois ans, ils ne donnent que quatre coups de sacca et peu de hersages.

Une maison de paysan, de 8ᵐ 50 sur 8ᵐ 50, coûte 800 fr. à construire; lorsque la cabane n'a que 5 mètres sur 6ᵐ 40, ce qui est la majorité, c'est moins cher.

M. Sabouroff, comme spéculation animale, n'a que ses quarante vaches; il a fait venir quelques bêtes du Don et de quelques autres endroits. Il tâtonne plusieurs améliorations, mais c'est bien superficiel. Ses vaches sont nourries à la pâture tant qu'on le peut; elles sont rentrées dans des boxes autrefois occupées par des chevaux. Les jeunes bêtes sont, hiver comme été, dans une cour attenant à un grand hangar clos. On leur donne en hiver du foin et de la paille hachée. Le hache-paille est mu à bras, ce qu'ayant considéré, et ayant réfléchi à la paresse des Russes, j'en ai conclu que les vaches n'en mangeaient guère.

La viande, dans le pays, vaut 1 fr. le kilogramme de première qualité.

Dans un verger, se trouvaient plus de deux cents ruches, qu'on rentrait en hiver. Un homme s'en occupait spécialement.

Je rencontrai dans les champs, près de la route, une bande de porcs, de quatre-vingts à cent têtes, qui pacageaient. Ils étaient blancs et noirs, en très-bon état; ils pouvaient passer pour des croisés berkshires. Ils se seraient très-vien vendus pour des croisés anglais dans le centre de la France : ils étaient très-larges du derrière, avaient une très-bonne poitrine et l'abdomen bien descendu ; le museau était un peu long. Ils auraient été tout prêts à finir d'engraisser. Je suis persuadé qu'ils n'ont que le pacage et de l'eau à boire ; mais c'est le grain, qu'ils glanent avec soin, qui a dû les mettre en cet état. En France, où il n'y a pas de moutons, nous tenons décidément trop nos cochons en charte privée.

Adieu, mon ami ; crois à ma sincère affection.

L. DE F.

LETTRE LXVII

A M. PÉPION.

Une ferme russe.

Litespsck, 14 octobre.

MON CHER PÉPION,

J'ai trouvé, enfin, une véritable exploitation qui m'a rappelé l'Écosse. Si la Russie était cultivée de même, à quelles productions immenses n'arriverait-on pas!

Son étendue est de 400 hectares : 200 sont en culture et 200 en jachères et pâturages naturels.

M. B... a une spécialité : il s'occupe de l'élevage des chevaux de luxe, qui lui donnent un grand profit ; mais ses cultures ne sont point pour cela négligées.

Cette fois, dans la sole d'hiver, le froment entre

d'une manière régulière; sur ma route, j'ai commencé à en voir notablement.

1º Sole d'hiver. Froment, 40 hectares; seigle, 60 hect............................	100 hect.
2º Avoine, 40 hect.; millet, 30 hect.; blé noir, 20 hect.; lin, 6 hect.; pomme de terre, 2 hect.; chanvre, 1 hect.......	100
3º Jachère	100
4º Prairies naturelles ou pacages permanents............................	100
TOTAL............	400 hect.

M. B... entretient quarante juments poulinières et leurs produits jusqu'à trois ans.

Il a quinze vaches à lait et une dizaine de mauvais veaux. Il a perdu toute son étable de la peste bovine, moins trois vaches, il y a deux ans.

On m'a montré une belle bande de trente à quarante porcs, qui vivaient sur les chaumes et ne recevaient rien à la maison.

M. B... employait vingt hommes et vingt saccas pour ses cultures; et le soir, toutes rangées dans la cour, de peur des voleurs, elles produisaient un curieux effet. Je pense qu'elles étaient conduites en grande partie par des journaliers, car au train où l'on marche, il ne faut pas beaucoup de journées pour cultiver toute la propriété. Cependant, comme le fermier affirme donner trois façons avant chaque culture, c'est plus long.

Le chemin de fer passe auprès de cette propriété.

Il y a cinq ou six ans, l'hectare valait 200 fr. d'a-
chat; maintenant il se vend 600 fr. La moyenne de
dix ans de produit net par hectare a été de 60 fr.
Dans le pays on loue à ce prix, mais seulement pour
les deux années à ensemencer. La terre est de première qualité. M. B... fume autant qu'il le peut tous
les six ans. On paie 100 fr. pour faire transporter
sur un hectare, à deux ou trois kilomètres, une fumure de 50,000 kilogrammes. Avant le chemin de
fer, ce travail coûtait 30 fr. On obtient dans ses
terres jusqu'à 30 hectolitres de seigle, et en 1868,
24 de froment. Le seigle valait 8 fr. 50 l'hectolitre
et le froment 15 fr. En 1868, l'avoine a donné 46 hectolitres, et cette année 20 ou 24. On sème 2 hectolitres de seigle, 4 hectolitres d'avoine. On récolte
souvent 35 hectolitres de millet à l'hectare.

Avant le chemin de fer, on louait un homme et un
cheval pour 1 fr. 20, un homme seul pour 80 cent.
Maintenant, un homme seul vaut de 2 fr. 40 à 2 fr. 80,
et avec un cheval, 4 fr. On fait encore labourer un
hectare pour 6 fr. 80. Une femme se paie 48 cent.,
et pendant la récolte de 80 cent. à 1 fr. Les domestiques sont tous nourris, et ils ont de la viande trois
fois par semaine.

Le matin, lard et gruau; à midi, choux et bœuf;
le soir, gruau. On leur donne en plus, en argent, de
180 à 200 fr.

Une sacca perfectionnée, avec le harnachement
complet du cheval (collier, sellette, brides), coûte

28.

18 fr. 80. La sacca déchaume bien ; elle arrache encore mieux les pommes de terre ; c'est l'instrument auquel j'ai vu faire ce travail le moins imparfaitement.

Les tiges de pommes de terre avaient 85 centimètres de hauteur ; elles étaient droites et fournies presque comme un champ de trèfle. Les tubercules étaient blancs, ronds, petits, mais abondants ; il y en avait quinze à dix-huit par pied, qui étaient distants de 30 sur 41 centimètres.

La sacca déterrait un sillon de 80 mètres par minute et plus. Une bande de vingt femmes en ramassait le produit avec des seaux et des paniers. En sept minutes, elles passaient deux fois comme le cheval, qui perdait beaucoup de temps. La récolte allait souvent à 280 hectolitres à l'hectare.

M. B... commençait à semer ses grains en lignes ; c'est une amélioration notable qui ne tardera pas à envahir toute la Russie, car le sol se prête merveilleusement à l'emploi du semoir, et le Russe est si négligent, que les semailles à la volée sont souvent déplorablement faites.

Ce propriétaire, avec ses quarante juments, n'élevait pas annuellement plus de douze poulains ; et à trois ou quatre ans il les vendait 1,200 fr. Ses chevaux m'ont paru grands et décousus ; ils ne me semblaient pas très-remarquables. Les poulains étaient fort maigres.

Les animaux sont dans des cours avec hangars

attenants, clos en hiver. Le clayonnage fait toujours les frais des murailles principales. On abrite de même les vaches laitières.

Les juments poulinières reçoivent : avoine, 6 kilogrammes 500; farine seigle, 2 kilogrammes ; foin, 8 kilogrammes. On mélange avec la farine de la paille hachée, et on mouille un peu le tout.

Il n'y avait point de litière sous tous ces animaux. Les jeunes bêtes étaient au pâturage.

Les vaches étaient fort maigres ; elles n'allaient pacager que sur les chaumes de seigle. Les veaux d'un an souffraient extrêmement; ils reçoivent du lait pur jusqu'à six semaines, puis on le remplace successivement par du lait écrémé et de l'eau tiède, si bien qu'à trois mois, l'animal est complètement sevré, et il ne reçoit qu'un peu d'avoine, de foin et le pacage.

Les vaches, en hiver, reçoivent en une fois 4 kilogrammes de foin, puis des balles de blé et d'avoine, de la paille et quelques résidus de distillerie. M. B... fait beaucoup de beurre fondu en été, parce qu'on ne peut conserver le beurre frais. Une vache donne annuellement 24 kilogrammes de beurre par an; elles sont si mal nourries, que ce faible produit n'est pas surprenant.

Les porcs sont bons, quoiqu'ayant la tête grosse; ils sont rentrés en hiver dans une étable close. A un an, ils pèsent de 80 à 100 kilogrammes de viande, quelquefois 130. Le kilogramme se vend 87 cent.

La viande de bœuf, avant le chemin de fer, était à 40 cent. le kilogramme; maintenant elle est à 80 cent. et même 1 fr.

En traversant toutes ces immenses plaines, où on ne voit pas trace d'habitation, on est dans l'étonnement que tout cela soit labouré, comme par enchantement, quatre fois en trois ans. Quand les semailles arrivent, pendant quelques jours, ces plaines se peuplent d'hommes et de chevaux, attelés à des saccas. D'où tout cela vient-il? Nul ne peut l'imaginer. On marche vite, vite, et bientôt tout rentre dans la solitude.

Tous ces produits récoltés dans les plaines sont expédiés vers Moscou et Pétersbourg. Aucuns ne prennent la route d'Odessa et du Midi.

Adieu, mon cher ami; que feras-tu de tous mes glanages? Enfin, je souhaite qu'ils te soient utiles à toi et à tes élèves.

Crois à ma sincère affection.

L. DE F.

LETTRE LXVIII

A M. LE Vte O. DE L'ÉTOILE.

Un enterrement aux flambeaux. — Mes embarras à une gare. — La belle
chevelure. — L'hospitalité des grands.

Litespsck, 15 octobre.

Mon cher Olivier,

Je suis dans la plus jolie petite ville que j'aie rencontrée en Russie ; elle est au fond d'une vallée, sur
le bord d'une rivière formant un lac, bien entourée
d'arbres, toujours des tilleuls, des sycomores, et les
coteaux dominants sont assez fertiles.

Les villages qui l'environnent et en forment en
quelque sorte les faubourgs avec leurs toits de chaume,
abrités par de grands saules, donnent un curieux
aspect à tout cela. En arrivant, à la nuit tombante,
j'allai chez l'isprawnik ou chef de police. En m'y
rendant, je vis la route jonchée de fleurs et de feuil-
lages disposés avec symétrie. Intrigué, je supposais
une fête publique, quand je vis que tout se terminait
à une grande maison flanquée de deux pavillons com-

plètement illuminés. Une assez grande foule station-
nait devant. Je passai. Ma voiture me ramena bientôt
à cet endroit, où, me dit-on, devait se trouver l'isprawnik. Lui ayant remis ma lettre, et nos affaires
étant réglées, je n'osai lui demander de quoi il s'a-
gissait. Bientôt le remords me prit ; je tournai bride
et revins attendre comme tout le monde, sans trop
me douter de ce que j'allais voir. Enfin des jeunes
gens portant des torches sortirent, et au milieu d'eux
parut un cercueil porté à bras, couvert d'une ten-
ture blanche et de fleurs. Le convoi se mit en route
en silence ; je suivis quelques instants, et bientôt je
m'en fus. Tu as dû remarquer à Pétersbourg les cer-
cueils couverts d'un drap blanc et parés de fleurs,
comme s'il s'agissait d'une fête. C'était la même
chose. J'aime mieux les signes de deuil dans ces occasions, et même les pleurs ; c'est plus naturel et
plus en rapport avec ce que doit ressentir le cœur
humain lorsqu'on perd un bon ami ou un frère.

Essayons maintenant de te narrer quelque chose
de plus gai, pour te détourner l'esprit de ces tristes
tableaux. En arrivant à une station près de laquelle
je devais aller voir une ferme, il y avait une foule
énorme à attendre sur les trottoirs, comme c'est l'u-
sage en Russie, surtout lorsqu'il n'y a qu'un train
par jour. Cette fois, c'était plus fort que selon l'u-
sage : la circulation était presque impossible. J'étais
un peu comme une âme en peine : j'avise le chef de
gare ; il était âgé, parlait mal français, mais il était

très-vif et très-obligeant. Je lui montre l'adresse du lieu où je voulais aller ; je lui disais blanc ; il me répondait noir ! J'avais déjà fait plus de vingt tours : pas moyen de nous comprendre ! Nous étions au bout de nos ressources. Tout à coup il avise un groupe féminin, élégant ; une belle jeune fille était au milieu. Elle avait une chevelure épaisse comme je n'en ai jamais vu : blonde, onduleuse, flottante et lui tombant jusqu'au milieu du dos ; c'était superbe enfin.

Le chef de gare va droit à elle et me la présente en disant : « Le fils de M. B... » Elle de rire, et moi aussi ; la société s'en mêle ; cela devient fort gai ; mais il fallait m'expliquer. J'expose ce que je désirais, et on me propose une place dans une voiture. Je vais à mes bagages, et, au retour, je vois avec la jeune fille un gros monsieur ; c'était le père ! Je lui donne lettre et carte ; je veux de plus lui développer ce que je désire, et on m'interrompt en riant, me disant qu'il ne parlait pas français. Sa fille et ses amis de rire ; on faisait cercle autour de nous. Le père ne savait trop à quoi se décider, quand la jeune fille, prenant un peu la chose sous sa responsabilité, me dit : « Monsieur, mon père vous invite. » Je remerciai ; puis, voyant la mine piteuse de l'auteur des jours de la belle, je me ravise, et lui fais comprendre que, puisqu'il ne parlait pas, que j'allais partir. A ces mots, la fille à la belle chevelure fit une moue si prononcée, parut si désappointée, que j'ajoutai : « C'est seulement, Monsieur, par la crainte que j'ai de vous déranger. » Et avant que le père se fût fait traduire la fin de la phrase, les yeux agaçants des amies m'intimèrent si bien l'ordre de ne pas partir, que cela les priverait d'une honnête distraction, que je me décidai aussitôt à suivre ces dames jusqu'à l'équipage. Là on m'engagea à monter sur le siége ; il n'y avait pas de place à l'intérieur, ce que je voyais bien, à moins de m'asseoir en troisième, un peu serré. Nous arrivâmes à la ferme sans le père. Les amies se séparèrent, et on me présenta à la mère. La propriétaire des beaux cheveux, d'abord enthousiaste d'être mon interprète, trouva bientôt que c'était trop ennuyeux. En faisant la visite des étables, nous fûmes cependant fort gais le soir ; mais ayant maculé ses bottines dans les cours pour mon service, son zèle était tout refroidi le matin. Enfin je m'en consolai, et je finis par m'entendre passablement avec le père. Tu vois que je me range !

De cette ferme, je gagnai la propriété d'un grand prince : il doit avoir sept pieds, bâille agréablement, dort à midi, mange vite, ne reforce pas ses hôtes et a encore d'autres talents de société que j'ai su apprécier.

J'arrivai à un cottage ; je me présentai ; accueil assez froid. Après tout, comme j'étais recommandé par un gouverneur, il était difficile de me renvoyer.

Parti à cinq heures (il en était onze), je mourais de faim ! On sert dans un plat quatre petites côtelettes de poulet, mais petites à désespérer ! Je n'ose

en prendre qu'une ; le maître en prend une autre et
renvoie le reste. On apporte des œufs : il en prend
un sans m'en offrir ; je m'enhardis, la faim aidant,
et je l'imitai. Voyant que ce n'était pas plus difficile
que cela, je m'en offris un second, et l'on desservit.
Décidément, je préfère les coutumes bourgeoises à
être forcé de me supposer à une table d'hôte. Je me
promenai cependant avec lui, et le soir, mon grand
seigneur fut assez aimable. Le lendemain, il partit
sans chercher à me voir ; cependant j'étais debout.
Il m'avait prévenu de son absence ; je ne le trouve
pas mauvais ; comme regret, j'en eus peu ; comme
procédé, je trouvai cela encore cosaque. Mais,
dans ce pays, les grands ne font pas toujours exception. Oh ! j'ai le caractère très-susceptible et très-
mal fait, je ne m'en défends pas, mais au moins je sens
tout aussi bien les bons procédés, même les tiens,
que les petits coups d'épingle qu'on me distribue.

A sept heures, le domestique m'offrit du café noir
et me montra onze heures à l'horloge ; je fis signe
que *oui*, comprenant qu'il me proposait, d'après
l'ordre de son maître, de déjeûner à cette heure-là :
je partais à midi. Je pris donc seulement mon café,
et fus même sobre de biscuits. A onze heures, après
une longue course, je rentre faire ma malle, et je ne
doute pas qu'on ne s'occupe de moi. J'entends le
maître d'hôtel aller, venir sans cesse, enfin presser
tellement qu'il a l'air de se fâcher. Ne voyant personne m'avertir, je sors enfin et me rends dans la

29

salle à manger ; elle était dans l'ordre le plus parfait et la table couverte de son tapis. On emporte mes bagages, et l'on regarde si la voiture vient. La lumière se fait ; à n'en pas douter, on compte m'expédier à jeun. Je devais avoir cinq heures de voiture sans m'arrêter, soit de sept heures du matin à quatre ou cinq heures du soir sans rien prendre, et l'exercice ne manquait pas ; encore il fallait supposer que je trouverais à manger en arrivant. On le savait bien que je ne devais arriver qu'à cinq heures !

Le maître aura bâillé et n'aura rien dit ; le domestique se moque de la réputation de son maître. La voiture est là, et l'intendant aussi. Je lui demande du pain ; en France, c'eût été sanglant. Et, sans me faire d'excuses, on sert une petite tartine que l'on coupe en quatre, du caviar et du snapp. On m'offre un deuxième quart de tartine ; je refusai et partis gaîment, en songeant à l'hospitalité des grands ; mais je diminuai les bénéfices de leur livrée.

Je te préviens, toi grand seigneur ; voilà comment les choses se passent quand on n'y veille pas.

Après t'avoir fait cette leçon de morale, qui te servira, j'espère, quoique l'égoïsme ne soit pas ton défaut, je t'embrasse de tout mon cœur et te répète que je garde à ta disposition une bonne dose d'affection.

L. DE F.

LETTRE LXIX

A M. PÉPION.

Une sucrerie. — Un perfectionnement dans les silos. — Le bœuf du Don au travail.

15 octobre.

MON CHER PÉPION,

Voici encore un exemple de grande exploitation. Cette fois, il y a une sucrerie, et on cultive régulièrement 450 hectares en betteraves ; en froment d'hiver et seigle, 225 ; en grains de printemps, la même étendue. Il y a une sole de jachère et de prairie artificielle. L'assolement est :

1º blé et seigle ; 2º betteraves ; 3º jachère non fumée, car on considère que le fumier appliqué directement à la betterave est très-nuisible à la fabrication du sucre ; 4º betteraves ; 5º froment de printemps et avoine ; 6º timothé, qu'on laisse plusieurs années. M. R... ne fait plus betteraves sur betteraves, parce que la terre se trouvait trop mal préparée. Il donne trois labours à la sole de jachère, mais ne laboure pas au printemps. Le froment d'hiver donne jusqu'à 28 hectolitres, celui de printemps de 16 à 20; mais les paysans n'obtiennent que 10 à 12 hectolitres.

La terre n'est remuée qu'avec des charrues à quatre bœufs pour les labours profonds, et à deux chevaux pour ceux ordinaires. La charrue a le versoir très-court et se rapproche des modèles usités en Prusse. Son travail est bon. Pour les labours profonds, une fouilleuse anglaise marche derrière elle, et atteint à une profondeur de terre remuée de 37 centimètres.

La ferme n'entretient une grande partie de l'année que quatre-vingt dix bœufs de trait et cent vingt chevaux. J'ai vu marcher à la fois quinze charrues traînées chacune par dix bœufs! On vend les pulpes de betteraves à des industriels qui viennent achever d'engraisser quelques bandes de bœufs. L'an passé, la peste s'est chargée de terminer l'engraissement. Le propriétaire donne une étendue fixée de prairie artificielle et de paille aux paysans, à la condition qu'ils conduiront et épandront sur le terrain que l'on indique telle quantité de fumier qu'ils prennent chez eux, et qui ne serait pas utilisé autrement. La terre est toujours noire et de très-bonne qualité. Tout ce que le propriétaire ne peut cultiver, il le loue annuellement aux paysans de 32 à 48 fr. l'hectare. On ne compte pas l'année de jachère. L'assolement des paysans est : 1° seigle; 2° froment de printemps, avoine, millet, blé noir; 3° jachère. Le millet et le blé de printemps paraissent dominer. Mais dans toute cette partie de la Russie, on ne doit faire de froment de printemps que pour la consommation locale. Ils ne fument pas leurs terres, et mettent le fumier aux ravins. Le lin est quelquefois cultivé, mais c'est toujours sur un défrichement. Les paysans ont reçu 3 hectares 30 de terre par âme.

Les betteraves cultivées sont la blanche de Silésie ; elles sont en lignes et à une distance de 45 centimètres sur 25. La récolte était assez médiocre. C'est, paraît-il, dans cette exploitation que l'on a eu l'idée de la razette, agissant dans les deux sens. J'en rapporte une.

Un hectare de betteraves, en comprenant les labours, la semaille, les binages, l'arrachage et la conduite à la sucrerie, coûte 180 fr. Je n'ai pas eu les rendements ; mais je ne pense pas qu'ils dépassent 50,000 kilogrammes, et ils sont bien plus souvent entre 18,000 à 20,000 kilogrammes au plus.

Les racines donnent 6,66 p. 0|0 de sucre, soit 26 livres russes par 10 pounds.

Lorsque les paysans en cultivent, on les leur paie 22 fr. 70 les 1,000 kilogrammes (4 fr. les 11 pounds) ; dans une autre exploitation, on payait 16 fr. M. R... sème de 28 à 32 kilogrammes de graine par hectare ; il emploie autant de graine à cause des pucerons qui ravagent la plante.

Au moment de la récolte, les betteraves sont mises en silos, qui sont larges de 2 mètres et ont au moins

80 centimètres de profondeur. Ils ont une disposition que j'ai considérée comme excellente et parfaitement pratique. Il n'y a pas de cheminées d'appel : elles sont considérées comme très-nuisibles ; mais on creuse une petite rigole dans le fond du silo, de façon à ce qu'elle puisse contenir trois ou quatre bûches qui sont placées dans toute la longueur comme un cordon, puis les betteraves sont entassées par dessus. Le cordon de bois fait saillie aux deux extrémités. L'air circule librement et empêche la fermentation. Il faut seulement boucher avec soin ces deux ouvertures lorsque le froid commence. Juge donc par là de l'efficacité des silos bien faits, puisqu'on peut protéger les racines contre 30 degrés de froid. On couvre seulement fortement de paille, en ajoutant une bonne couche de terre, en l'abritant surtout du côté du nord.

Le terrain continue d'être ingrat pour les graminées ; partout, sur les pâtis constamment fumés, au lieu d'herbe épaisse, tout est dénudé, ou seulement couvert de renouée. On commence à voir quelques taillis bien clairs ; le bouleau paraît cependant venir parfaitement dans la plaine : là où il s'est trouvé quelques buissons de saule marsault ou autre, on a tourné tout autour en labourant, pour ne pas se donner le travail de les arracher. Quelle incurie !

La terre vaut 320 fr. l'hectare.

Le propriétaire m'assure que sa terre lui rapporte plus de 12 p. 0/0 net, en comptant tous les capitaux engagés.

Il ajoute qu'il peut faire faire une culture d'avoine par les paysans, en donnant trois labours, deux hersages, et les chargeant de la récolte et de la mise en grange, pour 18 ou 20 fr. l'hectare. J'ai fait répéter. L'avoine, qui autrefois ne valait pas 2 fr. l'hectolitre, vaut maintenant 6 fr. On obtient, avec cette culture des paysans, de 18 à 20 hectolitres, soit de 160 à 180 fr. à l'hectare, d'où il faut déduire à leur compte moins de 40 fr. Et les propriétaires se plaignent encore!

Le froment d'été vaut cette année 20 fr. l'hectolitre, le seigle 11 fr.

J'ai horreur des gens me donnant des renseignements faux sans sourciller; mais qu'y faire? Comment vérifier, même quand j'ai des doutes? Je ne parle pas russe, et ne puis choisir ceux auxquels je m'adresse.

Les hommes employés à la sucrerie, même pour les travaux de nuit, ne sont payés par mois que 32 fr., et ils ne sont pas nourris. Ils mangent du pain de seigle, du gruau et du lard.

Un charretier se paie 300 fr., mais il se nourrit.

Les quatre-vingt-dix bœufs que j'ai vus au travail, ce qui était une rareté pour la contrée, où l'on n'emploie que des chevaux, venaient des bords du Don, ainsi que leurs conducteurs. Ces hommes bivouaquent tous dans les champs et y font leur cuisine. Ils n'ont pas d'autres abris que deux longues claies garnies de paille et juxtaposées. Les bœufs pacagent toute la nuit et reçoivent un peu de foin avant d'être attelés.

Ces bœufs ressemblent pour une moitié, quant à la

nuance, à la race limousine : ils ont le poil rude et long. Quelques-uns, cependant, l'ont assez cotonneux ; le reste des robes est très-bigarré. Il y a quelques bêtes presque blanches. J'en trouve ressemblant complètement aux westhiglands, sauf les cornes, qui sont projetées en l'air comme celles des cerfs. La tête est d'un aspect sauvage ; elle est décharnée, souvent busquée ; le mufle est très-étroit : c'est caractéristique ; la poitrine est étroite, mais souvent très-haute et en forme de dos de carpe ; les membres sont très-gros ; le frontal est rétréci, et la disposition des cornes, la plupart du temps verdâtres, donne à ces animaux un aspect tout particulier.

Ces bœufs sont attelés par le garrot ; on les conduit avec une corde placée aux cornes, et dont le toucheur tient les extrémités dans sa main. Ils marchent très-vite, comme tous les animaux en Russie, et paraissent bien résister à la fatigue. Leur prix moyen d'achat est de 160 fr. C'est beaucoup plus cher que les prix indiqués par les marchands.

Je ne sais trop quand je finirai ma lettre : je dois courir la poste dans le pur charriot tous ces temps-ci, car je veux aller d'une seule traite à Orel. Je suis un peu inquiet ; les secousses des voitures m'ont mis l'estomac en mauvais état ; enfin, il me faut bien marcher : je ne puis rester ici.

Adieu, mon cher Pépion ; crois, je te prie, à ma bien vive et sincère affection.

L. DE F.

LETTRE LXX

A M. LEFÈVRE DE SAINTE-MARIE.

DIRECTEUR GÉNÉRAL DE L'AGRICULTURE.

Mon retour en France.

Berlin, 21 octobre.

MONSIEUR LE DIRECTEUR,

A mon grand regret, j'ai été obligé d'abréger la mission que vous avez bien voulu me faire confier. Tombé fort malade à Orel, et seul dans un appartement, sans lit, sans secours, sans pouvoir me faire comprendre, j'ai dû renoncer à tout, et ne songer qu'à regagner la France.

Mon intention était de visiter les gouvernements du midi, et après être descendu jusqu'à Karkoff, revenir par Kiew, Balta et l'Autriche.

Si une chose a contribué à me faire prendre mon parti de tout ceci, c'est en pensant que vous possédiez déjà, au ministère, une étude aussi étendue que cons-

29.

ciencieuse, faite en 1859 par M. Jagerschmidt, consul de France à Odessa. J'ai à peu près cessé d'étudier la Russie au point où M. Jagerschmidt est remonté. Son travail est assurément beaucoup plus complet que le mien ; mais tout mon but sera rempli si, après avoir étudié ce travail si remarquable, les notes que j'ai pu vous envoyer aident les personnes compétentes du ministère, et qui s'occupent des graves questions du commerce extérieur, à se former une idée de ce qu'est en ce moment l'agriculture de la Russie, et quelle sera sa part d'influence dans le grand commerce des grains, et même les apports en bêtes de boucherie.

Veuillez agréer, je vous prie, Monsieur le directeur, l'hommage de mes sentiments les plus profondément respectueux.

L. DE F.

A M. POUYER-QUERTIER

MINISTRE DES FINANCES.

MONSIEUR LE MINISTRE,

J'avais fort admiré les discours prononcés par vous, il y a quelques années, sur les questions de commerce, car ils étaient d'un vrai Français, connaissant parfaitement notre situation. J'eus l'honneur en ce temps-là de vous en exprimer mon sentiment.

Dans un voyage agricole que j'ai fait en Russie, j'ai recueilli quelques renseignements qui me semblent utiles et que je me permets de vous dédier.

Puissent-ils, par leur exactitude, servir la cause que vous défendez, le jour où, dans un nouvel exposé de notre situation commerciale et agricole, vous serez appelé à provoquer une décision de la France sur ses plus chers intérêts.

La Russie ne produit point de céréales en abondance sur toute l'étendue de son territoire. Sur un tiers de l'empire, la production est insuffisante aux besoins de la population. Sur le second tiers, elle subvient largement, en aidant même le premier. Et le troisième enfin comprend ces steppes immenses, si fertiles lorsque les conditions atmosphériques sont favorables, qu'il achève de combler les déficits des provinces de la Russie, et peut inonder les marchés européens de telles quantités d'hectolitres, qu'il est parfaitement impossible de les déterminer. Avec une production semblable, on peut en conclure que la population russe n'a pas de limites dans son accroissement.

J'ai la plus grande obligation à M. le baron de Talleyrand, ambassadeur alors en Russie, ainsi qu'à M. de Wesniakoff, directeur de l'agriculture au ministère de Saint-Pétersbourg; c'est grâce aux lettres qu'ils m'ont remises que j'ai eu autant de facilité pour obtenir les renseignements qui vont suivre.

La partie de la Russie qui ne suffit pas à nourrir les habitants ou qui suffit à peine peut être limitée par une ligne partant de Perm, passant par Nijni-Novgorod, Moscou, Minsk et Varsovie. Nous n'avons aucune concurrence à attendre des produits obtenus au nord de cette ligne. Le lin peut être excepté.

L'assolement général est : 1° seigle; 2° avoine, orge, lin, et 3° jachère.

Le pain de seigle est le seul consommé dans la campagne et par une grande partie des habitants des villes. Le froment ne mûrit pas au nord de cette ligne, ou n'est cultivé que très-exceptionnellement.

Mais, presque immédiatement au-dessous de cette limite, commencent les terres noires, dont la fertilité est universellement connue. Le froment y croît admirablement, d'abord celui de printemps seul, puis, à mesure qu'on se rapproche du midi, le blé de printemps et d'hiver.

On ne trouve guère le froment d'hiver qu'au sud d'une ligne tirée de Saratoff, Voronége, Koursk et Kiew; au nord de cette limite, le froment de printemps est seul cultivé, et au-dessous il continue à l'être collectivement avec le froment d'hiver. Je ne puis, Monsieur le Ministre, vous renseigner comme je l'aurais désiré sur la fertilité du terrain, la culture, les produits de toute nature, obtenus au-dessous de cette dernière ligne, car ayant entrepris seul en charriot la traversée de Saratoff à Orel, pour bien juger des ressources du centre de la Russie, les forces m'ont trahi. J'ai cru un instant, en arrivant à Orel, que je ne reverrais plus la France, et à ma grande contrariété, j'ai dû renoncer à revenir par Koursk, Kharkow, Kiew et Odessa.

Si une chose a contribué à diminuer mes regrets, c'est la lecture et l'étude du rapport si remarquable de M. Jagerschmidt, consul de France à Odessa, qui a étudié et poussé ses explorations dans la Russie méridionale jusqu'au point où je suis moi-même descendu, de sorte qu'en réunissant les deux rapports, on peut avoir des données sur toute la Russie.

M. Lefèvre de Sainte Marie, directeur général de l'agriculture, avait bien voulu à mon départ m'indiquer ce qui lui paraissait le plns important à étudier.

Le premier paragraphe de la note contenait ceci :

« Je vous recommanderai particulièrement de por-
« ter vos recherches sur la culture des céréales dans
« les provinces de la Baltique, ainsi que dans celles qui

« touchent à la mer Noire; sur leurs rendements, les
« prix de revient dans les lieux de production et les
« frais de transport aux ports d'embarquement; pour
« les grains destinés à l'exportation, l'importance de la
« production, etc., etc. »

Dans tout le pays qu'on parcourt en passant par
Vilna, Pétersbourg, Nowgorod, Twer et Nijni-Nowgorod, on n'aperçoit pas autre chose que des forêts,
le plus souvent rabougries, ne contenant que des
pins, des bouleaux et des trembles. Je ne me rappelle pas avoir vu une seule forêt remarquable par
sa végétation vigoureuse ou les dimensions de ses
arbres, excepté peut-être du côté de Vitebsk. Le reste
du terrain est occupé par un sol marécageux, des
plaines de broussailles, où l'on fauche une herbe
maigre entre les buissons; et enfin quelques parties
de terres arables, le plus souvent sans formes régulières, et qui ne sont cultivées qu'à l'aide d'un instrument traîné librement par un cheval et appelé
sacca: c'est une sorte de pic à deux dents, qui donne
encore un travail passable dans ces terres légères;
en y ajoutant une herse en bois, faite le plus souvent avec des branches de sapin fendues et réunies,
un charriot grossier servant aux transports et toujours traîné par un seul cheval, vous avez une idée,
Monsieur le Ministre, de tout le matériel agricole servant à cultiver le sol de la Russie. La rapidité avec
laquelle marche la sacca, car un homme et un cheval ne font pas moins de 60 ares de labour par jour,

explique comment, dans certaines parties de la Russie, on voit encore d'aussi immenses étendues cultivées.

Tout ce matériel coûte :

1° Une sacca et le harnachement de cheval...   18 fr.
2° Un charriot avec roues ferrées..........   60
3° Un cheval.....................   100 à 120

TOTAL des dépenses nécessaires pour organiser
une charrue attelée en Russie..........   198 fr.

La herse n'a aucune valeur.

La terre est si friable, qu'on remue encore une largeur de terre de 30 centimètres sur une profondeur de 7 à 8 centimètres, et dans beaucoup de parties de la France on ne fait guère mieux.

Le prix de 6 fr. pour le premier labour d'un hectare, et même de 4 fr. pour le deuxième, sont les prix usités sur une grande étendue de la Russie.

Mais toutes ces terres épuisées par l'assolement triennal, qui ne reçoivent jamais de fumiers ni aucune autre matière fertilisante, et rarement des façons culturales convenables, donnent d'assez faibles rendements en seigle et en avoine.

Je ne crois pas, d'après les récoltes que j'ai pu voir sur pied, que la moyenne dépasse 10 à 12 hectolitres pour le seigle, et 14 ou 16 pour l'avoine ; peut-être même ces chiffres ne sont-ils pas atteints tous les ans. Du reste, je joins ci-contre un tableau des différents rendements qui m'ont été cités dans les exploitations que j'ai visitées, avec les doses de semences employées, les prix des grains, etc.

TABLEAU DE RENDEMENT

	PRIX de l'hectare.	FERMAGE	CULTURE par domestique ou à l'entreprise. Produit net par hectare.	RENDEMENTS A L'HECTARE.			
				Seigle.	Avoine.	Blé.	Blé noir
	fr.	fr.	fr.	hectol.	hectol.	hectol.	hectol.
M. G., à 100 k. sud de Pétersbourg (partie inculte)	52	»	»	25	30	»	»
M. Kam., près de Toula	»	»	32	16 à 20	30 à 36	»	8 à 10
M. de Krukoff, près de Toula	200 à 360	»	25 fr.; autre exempl.: 44 fr.	Moyenne de 7 ans: 15 h. 31	Moyenne: 18h, 50lit	Moyenne: 8 à 10	10 h. 6
Cte Bobrinsky, pr. de Toula	»	»	»	12 h.	»	»	»
Krow, près Nijni.	128	»	40	14	24	12 à 22	»
Jadowski, pr. Kazan.	160	»	»	15 h. 12	»	»	»
Tartarie	»	»	»	26 h.	»	»	24 h.
M., près Kazan..	160	24	»	Moyenne de 10 ans: 13 h.	»	»	»
Samara	160	Steppe long bail: 6 f.	»	»	»	36 h., exception: 50 h. 80	»
Chanverlik	»	»	10	»	»	10 h. 60	»
Tambow	400	»	40 à 50	19	20 à 24	10 h. 71 12 à 14 h.	20 h.
Gresy	600	»	60	30	24 à 46	En 1868: 24 hect.	»
Dans la steppe, à 25 kilom. des bords du Volga.	100 à 8	»	»	»	»	»	»
Kazan	120 à 160	12	»	26 à 17	»	»	»
Samara	»	»	»	»	»	Moyenne: 10 h.	»

PRIX DIVERS.

	PRIX DE L'HECTOLITRE.			DOSES DE SEMENCE A L'HECTARE.				FRAIS d'expédition des grains à Pétersbourg.
le.	Avoine.	Blé.	Blé noir.	Seigle.	Avoine.	Blé.	Blé noir.	
	fr.	fr.	fr.	hectol.	hectol.	hectol.	hectol.	fr.
	8 à 10	»	»	»	»	»	»	»
	6	»	12 à 14	1 h. 30	4 h. 50	»	»	»
nne: 64	Moyenne: 4 fr.	15	7 fr. 33	2 h. 25	4 50	2 h.	»	l'hect.: 4 fr.
	»	»	»	»	»	»	»	»
	7	16	»	2 h. 34	3 12	2 h. 20	»	de Sara-tof : 8 fr. les 100k.
fr.	»	»	»	2 34	»	»	»	»
	»	»	»	1 50	3 35	»	2 h.	»
fr.	»	»	»	1 52	»	»	1 h. 60	de Ka-zan : les 100 kil., 7 fr. 50
00k: r.	les 100k: 11 fr.	les 100k: 16 à 20 f.	»	»	»	80 litres.	»	»
	»	Blé d'Égypte 17 fr. Blé de Russie 12 fr.	»	»	»	1h à 1h25	»	»
	5	11 à 16 f.	»	»	5 h.	2 h.	»	»
50	»	15 fr.	»	2 h.	4 h.	2 h.	»	»
50	6 fr. 25	15	»	»	»	»	»	»
	»	»	»	»	»	»	»	»
	»	Exception : 22f les 100k.	»	»	»	»	»	»

Voici comment, dans le nord et le centre de la Russie, on établit le compte d'une culture de seigle et d'avoine, ou le résultat financier de trois années :

RÉCOLTE DE SEIGLE.

1º Deux labours et hersages à 6 fr...	12 fr.
2º Récolte et battage	20
TOTAL des frais de première année	32 fr. ci. 32 fr. »

RÉCOLTE D'AVOINE.

1º Labour et hersage.............	6 fr.
2º Récolte et battage	14
TOTAL des frais de deuxième année.....................	20 fr. ci. 20 fr. »
L'impôt à 1 fr. 20 par an.......	2 40
TOTAL............	54 fr. 40

Un hectare de terre ne vaut pas d'achat plus de 80 à 100 fr. dans tout le nord.

On a donc 10 hectolitres de seigle à 10 fr..	100 fr.
14 — d'avoine à 5 fr...	70
TOTAL............	170 fr.

J'ai défalqué les semences de ce produit, et ôtant encore les 54 fr. 40, il reste un produit net annuel, en comprenant l'année de jachère, de 38 fr. 10. Aussi les propriétaires, trouvant un intérêt très-beau de leur argent et ayant tant de facilités pour faire de la culture, font-ils presque tous valoir directement. J'entends ceux qui habitent la campagne. Pour les autres, quand ils ne trouvent pas à louer leurs terres, et là où les paysans préfèrent payer la rente ou se racheter plutôt que de conserver la corvée, ils se servent de régisseurs.

En ajoutant pour trois ans l'intérêt du prix d'achat des terres à 5 p. 0/0 et 15 p. 0/0 de frais généraux, soit 30 fr. de plus aux dépenses, les 24 hectolitres de tous grains obtenus ne coûtent guère aux Russes, dans la partie nord, que 3 fr. 57 par hectolitre.

Il est bien impossible qu'en France nous puissions lutter contre des prix semblables ; mais, heureusement, tout ce qui est produit dans ces contrées est consommé dans le pays même, ou trouve son débouché naturel à Moscou ou à Pétersbourg.

Les défrichements n'augmentent pas par une raison majeure ; d'abord les Russes sont insouciants et paresseux ; riches comme pauvres, ils aiment à dormir sur leur four et à boire ; puis les meilleures terres coûtent 200 fr. ; encore faut-il aller près de Toula, où le terrain est très-fertile, et, pour défricher un hectare de forêt, on compte plus de 300 fr. Si on voulait revendre, on se trouverait en perte de 100 fr. au moins ; c'est ce qui arrête l'élan.

Du reste, je n'ai vu nulle part trace de défrichements, de plantations et d'améliorations agricoles. Là où de terribles incendies ont détruit les forêts sur des étendues si vastes et si répétées, on n'a même rien fait pour achever de débarrasser le terrain et prendre si aisément plusieurs récoltes abondantes. Cependant il est à croire, à mesure que la plus grande consommation des grains en élèvera le prix à Moscou et à Pétersbourg, que les paysans seront devenus tout à fait propriétaires et indépendants, qu'alors les terres seront traitées avec plus de soin et qu'elles se défricheront. Mais d'ici à de longues années, cette augmentation de production ne pourra être ni une inquiétude pour les agriculteurs français, ni une ressource dans les cas de disette.

L'amélioration de ces pays n'est pas certaine par ce seul motif, car l'établissement des voies ferrées permettant l'apport des grains des contrées fertiles et empêchant les prix de s'élever, les améliorations agricoles ne se feront pas, d'autant plus qu'en Russie, comme ailleurs, la population ouvrière se raréfie et devient beaucoup plus exigeante.

Ainsi donc, Monsieur le Ministre, la France ne doit avoir aucune inquiétude sur la concurrence qui peut lui être faite par les productions du nord de la Russie sur le grand marché européen. Je ne doute point cependant qu'en changeant l'assolement et ajoutant deux années de prairies artificielles ensemencées de timothé, de trèfle commun et de trèfle blanc, on ne vînt à obtenir des avoines en abondance ; mais ce n'est point encore menaçant.

Quant à la partie de la Russie se trouvant comprise entre Kazan et Saratoff, sur la rive gauche du Volga, elle fournit immensément de froments de printemps et de millet rouge. C'est, à n'en pas douter, une mine inépuisable dont les produits ne sont limités que par là rareté de la main-d'œuvre et les frais de transport, qui vont toujours en augmentant à mesure qu'on s'enfonce vers l'Oural.

Ces steppes infinies où le sol est une terre noire si fertile, ne produisent cependant pas autre chose que des froments magnifiques et une herbe courte et dure qui pourrait faire croire ce sol presque frappé de stérilité. On ne trouve pas le moindre bouquet de bois, et l'eau y est très-rare, ce qui empêche souvent le créer des établissements agricoles.

Jusqu'ici les grains qui en proviennent se rendent .ous dans la direction de Saint-Pétorsbourg et des ;ouvernements du nord. Ceux produits entre Saratoff :t Kazan, sur la rive droite, et entre Moscou et Koursk, suivent encore la même route.

Les frais de transport par chemins de fer de Toula ı Pétersbourg, c'est-à-dire où commencent des ter-·ains productifs, sont de 4 fr. par hectolitre. En pre-ıant la voie par bateau de Saratoff à Pétersbourg, et .omptant les frais de transbordement sur des bateaux ılus petits appropriés aux canaux, quand on arrive à Ribinsk, les frais au maximum sont de 7 à 8 fr. les 00 kilogrammes.

Quant à la quantité de grains qu'on peut tirer de es contrées, elle n'est limitée que par les variations atmosphériques, qui tantôt permettent une récolte d'une abondance extrême, tantôt frappent de stérilité toutes les terres cultivées, en même temps découragent les industriels qui labourent ces steppes et restreignent pour les années suivantes les terrains ensemencés, jusqu'à ce qu'une nouvelle récolte abondante fournisse et les moyens et la hardiesse de tenter de nouveau la fortune.

Le mode de culture consistant à ne donner qu'un seul labour à une terre en friche favorise aussi singulièrement les pernicieux effets de la sécheresse. Si les terrains venaient à se trouver beaucoup plus ameublis par des labours répétés, des roulages et des hersages, l'effet de la sécheresse serait sans doute atténué; mais d'ici longtemps on aimera mieux risquer le tout pour le tout, ensemencer une étendue double que consacrer son temps à en préparer une partie avec soin.

Indiquer la quantité de grains produits et exportés de ces pays m'est impossible, même approximativement; mais c'est énorme, car pour la seule ligne du Volga il y a 500 remorqueurs à vapeur occupés sur son parcours, et plus des deux tiers ne sont certes utilisés qu'au transport des froments. Ce blé s'arrête-t-il tout à Pétersbourg ou sur la route? Je ne sais, mais les exportations sont faciles à vérifier en consultant nos agents consulaires de Russie. Ce qu'il y a de certain, c'est que tous les grains qui ne sont pas consommés dans le pays vont à Pétersbourg ou à Arkhangel.

Toute la partie de la Russie du midi, comprenant le bassin du Don et ses affluents, et limitée par une ligne partant de Voronége, Koursk, Kiew, et se prolongeant en ligne droite, vers l'Autriche, est composée également de terres noires de première fertilité, et, d'après le rapport de M. Jagersmith et les renseignements que j'ai pu me procurer, elles sont en tout semblables aux steppes fertiles de la rive gauche du Volga ; elles envoient tous leurs produits aux ports de la mer Noire ou de la mer d'Azoff, et ce sont ces immenses quantités de blé, obtenues à un prix très-inférieur, qui sont appelées à jeter la perturbation dans notre agriculture française.

L'étendue de terrain d'où l'on peut exporter à l'étranger, quoiqu'elle ne comporte pas plus du quart de la Russie, est immense ; un seul gouvernement, avant qu'il ne fût divisé, celui de Saratoff, était plus grand que la France, et l'étendue qui exporte ou peut exporter lui équivaut bien quatre ou cinq fois. Une seule chose jusqu'ici a limité les apports aux villes de commerce : ce sont les frais énormes nécessités par les charrois, car ne conduire que 400 à 500 kilogrammes par cheval pour porter du blé à deux cents lieues, ce n'est guère pratique. C'était, comme le dit fort bien M. Jagersmith, la seule borne qu'il y avait à l'encombrement des ports : à mesure que les prix s'élevaient, on amenait le blé de plus loin. Mais les chemins de fer établis si facilement dans ces steppes, venant à les sillonner dans toutes les principales directions, enlèveront cette sorte de protection, empêchant de livrer les blés à aussi bas prix, et il n'y aura bientôt plus de limite au bon marché, pour les grains fournis par ces pays perdus, que les exigences de la main-d'œuvre, qui ne seront que secondaires, car on pourra payer des prix fort élevés, en conservant encore un immense avantage sur la France.

Ces pays ne supportent presque pas d'impôt, 1 fr. 20 par hectare, pas même. On peut nourrir les animaux de travail au pacage naturel, presque pour rien. Les prix des terres, sauf dans les conditions exceptionnelles, ne dépassent pas 200 fr. l'hectare, et sont souvent beaucoup au-dessous. Ainsi, pas d'impôts, ou insignifiants ; un intérêt de capital à peine de 10 fr. par hectare, voici la situation. Le matériel de culture et les frais généraux sont infiniment réduits.

Le plus habituellement, voici ce qui se pratique dans les steppes que j'ai parcourues :

Lorsqu'un industriel hardi possède quelques capitaux, il s'enfonce dans l'immensité ; et pour trouver des terres vierges où les récoltes sont sûres, il ne redoute pas d'aller fort loin.

Il loue les terres pour deux ans, de 20 à 60 fr., dans les meilleures conditions possibles, et à moins de vingt-cinq kilomètres du Volga. A mesure qu'on s'éloigne, les prix tombent, puisqu'on peut acheter un hectare de terre, à cent vingt ou cent cinquante kilomètres dans la steppe, sur la rive gauche du Volga, pour 10 à 12 fr.

Ce nomade cultivateur établit un abri grossier,

achète des bœufs, des charrues, des semences, fabrique des herses aussi primitives que possible, et, louant deux hommes par charrue de dix bœufs sitôt les gelées passées, il laboure autant qu'il le peut jusqu'aux gelées suivantes, en faisant vivre au pacage ses animaux. Rien n'arrête ces travaux. Il hiverne ses bœufs sans abri, en pleine steppe, les nourrissant avec l'herbe qu'il a fait faucher çà et là, et au printemps il sème, et ensuite continue à labourer jusqu'à la récolte. Alors il transporte au Volga les produits. Lorsque les mêmes terres ont donné deux récoltes successives, il les abandonne et en loue d'autres.

Comme j'ai eu l'honneur de vous le dire, Monsieur le Ministre, tout dépend des circonstances atmosphériques. Avec ce seul labour et des hersages, on m'a cité des terres, dans les steppes de Samara, qui ont donné 50 hectol. 80 à l'hectare en 1868. Il est vrai que les pluies au moment de la moisson, et le manque de bras, quoique les bateaux à vapeur en amenassent beaucoup du nord de la Russie, ont fait perdre une partie des fruits de cette récolte, si abondante qu'elle n'avait pas de précédents. Mais quelle force ne faut-il pas à la terre pour donner, même exceptionnellement, un semblable résultat ! Du reste, dans les terres vierges, des rendements de 36 hectolitres l'hectare ne sont que fort ordinaires. Mais il y a le revers. En 1869, la sécheresse a été tellement grande, que ces terres, si favorisées l'an passé, n'ont pas donné la semence pour la plupart. Je n'avais pas l'idée de récoltes manquées pareillement. Quoi qu'il en soit, et quoique ces calamités diminuent les bénéfices de ces industriels, voici à peu près à quel prix l'hectolitre de froment leur revient après le battage.

On considère presque partout, dans ces steppes, qu'il faut une avance de 120 fr., se décomposant ainsi pour ensemencer un hectare. Les frais diminuent lorsque l'entreprise est sur une grande échelle. Ainsi j'ai vu un colon de la steppe travaillant à cent cinquante kilomètres dans les terres, qui l'an passé a ensemencé 2,500 hectares en froment. Il avait eu jusqu'à dix-sept cents moissonneurs ; et certes, ses avances, en moyenne, ne devaient point atteindre les prix que je vais vous indiquer.

On peut faire labourer la steppe à huit bœufs par les paysans, quand on en trouve à proximité, aux prix suivants :

Labourage.	28 fr.	l'hectare.
Hersages répétés.	8	—
Récolte	32	—
Battage.	28	—
Semence	24	—
TOTAL.	120 fr.	l'hectare.

Fermage variable de 20 à 50 fr.

Mais ce sont ces avances, relativement élevées, qui arrêtent l'élan : les gens riches ne se soucient pas de se lancer dans des entreprises pareilles et de s'isoler ; ceux qui manquent de capitaux, s'ils tombent sur une année désastreuse, perdent presque toutes leurs

avances, ce qui les met dans la misère pour longtemps. On ne peut, pour ces dépenses, compter
comme récolte moyenne, même en faisant la part des
mauvaises années, moins de 16 hectolitres, dont le
prix de revient, au maximum, est de 10 fr. l'hectolitre avec le fermage excessif, et de 7 fr. 50 en ne
calculant que le prix de revient des travaux de culture.

Les blés se sont vendus, depuis plusieurs années,
en moyenne 14 fr. l'hectolitre, soit un produit brut
de 224 fr. Il reste donc à l'industriel un bénéfice de
64 fr. par hectare, et souvent beaucoup plus. Un propriétaire faisant valoir ses terres lui-même ne compte
guère une moyenne nette de plus de 48 à 52 fr., à
cause des frais de toutes sortes dont il est chargé ;
aussi, quand on trouve à louer, le préfère-t-on.

La position des propriétaires capitalistes est très-
bonne. Une terre qui leur a coûté 160 fr. d'achat
leur rapportera, sans embarras, pour deux années
de culture :

On trouve à louer facilement pour deux ans..	96 fr.
Les six autres au moins..................	48
TOTAL............	144 fr.

Soit 18 fr. de produit certain par an et pour un
capital de 160 fr., ou 11 fr. 20 p. 0/0, ce qui est
assurément la vérité, car tous les propriétaires m'ont
assuré, en Russie, que sans la moindre spéculation,
leurs capitaux étaient placés au taux de 12 à 15 p. 0/0,
ce qui fait une grande différence avec la France, où

on trouve si difficilement à 3 p. 0/0, avec peu d'espoir d'augmentation.

Leur situation est donc parfaite : ils ont l'avenir devant eux et une excellente position actuelle. J'ai entendu dire à différentes reprises, par des propriétaires, qu'à 12 fr. les 100 kilogrammes, au bord du Volga, ils pouvaient parfaitement fournir des blés, et je le crois sans peine, car les prix que j'ai cités comme main-d'œuvre étaient excessifs.

Voici un autre compte :

A 150 kilomètres dans les terres, 110 hectares ont été labourés par huit bœufs, à 15 fr. l'hectare. J'en ai beaucoup d'autres exemples. Le hersage, quoiqu'on passe jusqu'à huit fois, coûte 6 fr. 80. On semait 88 kilogrammes de blé à 20 fr. 60 les 100 kilogrammes.

Labours	15 fr.	»
Hersage	6	80
Récolte	16	»
Battage	15	80
Semence	18	12
TOTAL des frais	71 fr.	72

La récolte n'a été que de 624 kil., revenant à 11 fr. 50 les 100 kilogrammes ; mais il faut ajouter les frais de transport, soit 14 fr. par produit d'un hectare rendu au Volga. Et quoique l'industriel vendît le produit de l'hectare rendu au bord de l'eau 120 fr., et qu'il fût propriétaire, il était peu satisfait du résultat, qui lui laissait net environ 34 fr. 15 par hectare ; cependant, pour des terres qu'il n'habitait pas et qui valaient peut-être 15 ou 20 fr. d'achat par hectare, c'était raisonnable.

Ce qui lui enlevait une partie du bénéfice, c'est l'intérêt exhorbitant que l'on paie en Russie : il n'est guère moins de 10 p. 0/0, et grève énormément les industriels forcés de faire des avances avant d'avoir recueilli des récoltes d'un résultat aléatoire.

Il est vrai que le blé, dans ces conditions, valait 20 fr. 49 les 100 kilogrammes, et qu'il ne pouvait guère livrer à moins ; qu'une plus mauvaise récolte pouvait arriver ; mais aussi il pouvait en avoir une triple. Ses frais eussent été peu augmentés, et ce propriétaire eût pu livrer à bénéfice, à des conditions exceptionnelles de bon marché ; et ce sont ces effets, se généralisant dans tout une contrée qui, à un moment donné, peuvent jeter le trouble sur nos marchés à un point qu'on ne peut définir.

Dans les environs de Tambow, dans les vieilles terres un peu soignées, d'après les chiffres qu'on m'a cités, l'avoine ne revient pas à plus de 1 fr. par hectolitre pour tous les frais de culture. Enfin on marchande labour, semaille, battage, pour 5 roubles la dessiatine (20 fr. pour 1 hectare 09). C'est au moins le prix qu'un agriculteur réputé m'a affirmé.

Les terres valent 320 fr. Le produit brut, à 6 fr. l'hectolitre d'avoine, est de 120 fr.; il y a 20 fr. de frais. Et les propriétaires se plaignent encore !

Un peu plus loin, on me cite des récoltes en froment atteignant jusqu'à 34 hectolitres à l'hectare, comme en 1868; et dans cet endroit, où les prix sont fort élevés à cause du chemin de fer, on peut faire donner trois labours et les hersages nécessaires pour 20 fr. La récolte coûte de 16 à 32 fr., suivant les années, et le battage à peu près autant; soit donc, comme frais pour un hectare de blé, 64 à 70 fr. Les terres valent 600 fr., à 5 p. 0/0, soit 30 fr. d'intérêt. Total, 100 fr. Plus l'intérêt de l'année de jachère, 30 fr., soit 130 fr.; même en exagérant tout. Si on suppose une dépense de 150 fr., c'est le prix de revient de 20 hectolitres de blé, soit 7 fr. 05 l'hectolitre.

Dans les endroits où les terres sont les plus favorablement placées et sujettes à la concurrence, voilà donc le prix auquel on peut livrer le blé sur place, dans les années ordinaires, sans perte. Et il valait 14 fr.! Qu'on juge quel bénéfice, surtout dans les années d'abondance, et quelle marge les producteurs ont dans les pays voisins du centre de la Russie, pour envoyer chez nous des grains, qu'ils livreront avec grands bénéfices, rendus en France, au-dessous de 20 fr. l'hectolitre, et tout en étant dans les plus mauvaises conditions d'exportation (1).

Malgré les exigences de la main-d'œuvre, les frais n'augmenteront guère. La Russie, si plane, si unie, ne contenant pas de pierres, et partagée en grandes ex-

(1) Voir au tableau ci-dessus, p. 520 et 521.

ploitations industrielles, est le pays par excellence des
instruments perfectionnés : charrues à vapeur, mois-
sonneuses, batteuses. Les immenses étendues que l'on
a à sa disposition, sans jamais être arrêté, compor-
tent tout cela ; et maintenant que les chemins de fer
sillonneront de toute part, que les débouchés s'assu-
reront, à tout prix, dans les années d'abondance, les
récoltes s'écouleront. Et alors, que deviendront les
cultivateurs français?

Dans certaines années, les prix auxquels les Russes
fourniront sans perte pour eux ne pourront nous être
nuisibles ; mais il y aura toujours les grains de réserve. Et de plus, l'Amérique et l'Australie ne seront-
elles pas là pour nous inonder? Et ce n'est pas dans
l'intérêt de la France qu'on nous inondera de tout ce
blé : c'est parce que notre population est plus dense,
que le débouché est considérable, et notre marché sûr.

Je ne veux pas me permettre par là, Monsieur le
Ministre, d'attaquer le libre échange dans sa base,
mais appeler l'attention sur le sort qui tôt ou tard est
réservé aux agriculteurs français. De tous côtés on dit
qu'autre part on peut livrer le grain à bon marché ;
que nous devons être aussi intelligents, aussi coura-
geux que les autres peuples, et que si nous ne vou-
lons pas le faire de bonne volonté, il faut nous y forcer
par la concurrence.

Quand on mettra les agriculteurs français dans les
mêmes conditions que les autres peuples, et qu'il ne
leur restera à lutter que contre les difficultés et sou-

vent même le peu de fertilité de leur sol, qu'il suffira de montrer de la patience, du courage et de l'intelligence, nous pourrons lutter hardiment ; et nous
serons dans notre tort si nous ne soutenons pas la
concurrence, même avec ces pays d'une fertilité ma
gique, où il suffit de gratter le sol, de semer, pour
récolter sur des étendues infinies. Les frais de transport, si réduits qu'ils pourront être, nous protége-
ront suffisamment. Mais nous avons contre nous maintenant une rente du sol énorme, que les propriétaires,
comparativement aux capitaux employés pour se le
procurer, ne peuvent pourtant que trouver faible.
Qu'est-ce qui en est la cause ? C'est la confiance qui
manque dans les entreprises industrielles et commer-
ciales, et qui force de se contenter de 2 et 3 p. 0/0,
afin de se réserver quelque chose de sûr. Ce taux d'intérêt ne pourra toujours aller en baissant. Si on dé-
falque encore les frais de réparations aux fermes, on
arrive à un intérêt insignifiant. Les propriétaires sont
donc à la dernière limite de concession. Ils n'auront
pas toujours, pour les dédommager, ces plus-values
énormes des fonds de terre qui, depuis vingt ans surtout, ont tellement augmenté les fortunes dans l'ouest
de la France, et dus tout à fait à des choses exceptionn-
nelles, savoir : les chaulages, et le succès merveilleux du noir animal et des phosphates dans les landes
incultes. Mais tout ceci tend à la limite ; ces terres
ne peuvent guère atteindre qu'une moyenne de 20 hectolitres de blé à l'hectare, revenant tous les trois

ou tous les quatre ans, ce qui est exactement cé que l'on obtient dans les steppes de la Russie, cultivées deux ans de suite en froment presque sans frais, et laissées ensuite six ans au repos. Dans beaucoup de cultures faites par les familles de cultivateurs elles-mêmes et avec la plus grande parcimonie, on compte que la vente du froment doit payer la ferme, et que tout le reste des produits est indispensable pour couvrir tous les autres frais. Si on accepte cette donnée, qui ne laisse pas une large part de bénéfice au fermier avec l'assolement : froment, plantes fourragères, orge ou avoine et trèfle, on trouvera que les 20 hectolitres, réduits à 18 en défalquant la semence et supposant le blé à 20 fr., équivalent à 360 fr., ou juste le fermage, en le comptant à 80 fr. l'hectare, qui est à peu près le prix qu'on peut obtenir pour des terres de 2,800 à 3,000 fr. l'hectare, et permettant de compter un produit moyen en blé aussi élevé. *Si on tend à faire baisser les froments encore au-dessous de ces cours,* où en arrivera-t-on? A une baisse forcée dans la valeur des fonds de terre, comme cela a lieu déjà depuis quelque temps dans le nord et l'est de la France. Et si toute l'étendue du territoire français en était arrivée là, quelle perturbation dans la fortune publique! Les travailleurs ne diminueront pas leurs salaires; ils sont indispensables; ils commandent; les bras manquent. Les fermages diminueront. Et qu'arrivera-t-il? Car est-ce trop de tirer 2 ou 3 p. 0/0 de ses capitaux? Il n'y a pas à penser à une autre porte échappatoire. Les théoriciens disent qu'on ne peut jamais donner à une terre son maximum de fertilité ; mais chacun sait que c'est illusoire, surtout avec les moyens dont on dispose ; et puis cette même fertilité est limitée par le couchage des grains. Et, certes, il faut déjà de bonnes terres, et bien soignées, pour arriver à 20 hectolitres à l'hectare en moyenne. Il n'y a pas à songer au grand secours qu'on retirera d'un emploi général des instruments perfectionnés. Les fermes, tendant toujours à se diviser, en rendront l'emploi presque impossible, et l'avantage qu'on en retirera suffira à peine, en mettant les choses au mieux, à compenser les exigences de la main-d'œuvre. Les fermiers, eux, ont leur rente élevée à payer, les impôts de toute nature si lourds, l'augmentation de la main-d'œuvre. Que l'étranger, donc, partage nos charges générales, s'il veut partager notre argent.

Ce n'est point une échelle mobile qu'il nous faut ; c'est un droit suffisant et équivalent aux charges que chaque propriétaire ou cultivateur paie lui-même à l'État. Si on veut partager les avantages, qu'on partage les charges, et que notre agriculture en soit allégée d'autant. Les sommes qu'on en retirera pourront aider aussi à venir en aide aux populations les plus nécessiteuses, au moment des hausses exagérées. Nous n'en sommes plus où nous en étions il y a cinquante ans ; le pain, tout en étant la plus grosse dépense dans les campagnes, ne l'est plus pour les ouvriers des villes, qui sont pourtant les premiers à jeter les hauts cris, quand ils trouvent de l'argent pour aller régulièrement au café ou pour acheter une foule dé choses qui peuvent être considérées comme presque de luxe. Ce n'est point une taxe modérée, maintenant une élévation de quelques centimes par kilogramme sur les grains importés, qui pourrait causer une grande perturbation, et ce serait assurément une garantie et une grande justice, si les fonds provenant de cette taxe étaient employés à décharger d'impôts l'agriculture si grevée. Les commerçants, comptant sur ce droit fixe, ne courraient pas le risque de se voir ruinés comme pendant l'échelle mobile. Si on veut quand même le libre échange, qu'il soit donc général et accepté par tous. Comment se fait-il que pour entrer en Russie, une bouteille de vin de Champagne paie 4 fr. 40 de droits? Si on trouvait le moyen d'en faire profiter la France pour un quart, où serait le mal?

Nous prenons aux Russes leur blé, leur suif, leur laine, et qu'est-ce qu'ils nous prennent sans les charges de droits?

Je vous demande pardon, Monsieur le Ministre, de cette digression, point appelée assurément par les questions qu'on m'a recommandé d'étudier; mais c'est en le faisant qu'elles m'ont été suggérées et que, bon citoyen français, j'ai pris la liberté de vous les soumettre. Si je me suis mal expliqué, et que vous m'indiquiez votre volonté de développer ma pensée complètement, je chercherai à réunir les faits qui

m'ont aidé à me former cette opinion, et à prouver
que l'agriculture française souffre et qu'il est temps
de tenter quelque chose en sa faveur.

« J'appellerai encore votre attention sur l'élevage
« des bestiaux, les races d'animaux domestiques, leurs
« qualités, les prix de revient de la viande de bouche-
« rie; l'emploi des abats, peaux, laines, etc., ainsi
« que les prix de revient, les modes de conservation
« des viandes, ceux de préparation des abats, les prix
« ainsi que les frais de transport aux ports d'embar-
« quement pour les viandes ou les abats exportés,
« l'importance de la production, etc. »

J'ai eu l'honneur, Monsieur le Ministre, d'adresser
à M. le directeur de l'agriculture des lettres rela-
tant en détail tout ce que j'ai observé sur la production animale en Russie. Je me contenterai donc de
répondre sommairement à ces questions.

L'élevage des animaux domestiques en Russie est
aussi négligé qu'il est possible de l'être; presque
nulle part on ne voit trace d'amélioration suivie : on
laisse tout aux soins de la nature.

A proprement parler, la Russie ne contient point
de races de bêtes à cornes très-caractérisées. Tous
les maigres troupeaux qu'on rencontre çà et là, errant dans les guérets, les vagues, les chaumes du
centre et du nord de la Russie, n'appartiennent à
aucune race distincte; les sujets sont petits, de toutes
nuances, et on peut en voir de semblables dans tous
les pays maigres. On ne voit ni dans le centre, ni

dans le nord, les propriétaires élever de grands troupeaux en rapport avec leurs immenses propriétés. Une bande de quarante à soixante-dix vaches étiques, destinées le plus souvent à suffire aux besoins de la maison, sont à peu près tout ce que l'on rencontre. Ceci est rationnel, comme je l'explique dans ma lettre à Monsieur le directeur.

L'élevage ne présente aucun bénéfice. Une mortalité effrayante arrête tout élan ; puis comme les animaux vivent surtout de la vaine pâture, il faut que le propriétaire laisse presque tout au paysan qui cultive son sol.

Les grands troupeaux qu'on voit mélangés de moutons, vaches, porcs, appartiennent aux communes et sont la réunion de tous les animaux possédés par chaque paysan dans un village. Il n'y a point de paysan si pauvre qui n'ait au moins deux ou trois vaches et deux chevaux.

Les seules races un peu meilleures, et qui sont le but d'une spéculation assez notable, sont celles de Homalgore, qui s'est formée dans une vallée fertile, près d'Arkhangel, et les races du Don et de Tchernaïa, qui viennent du midi.

La race Homalgore s'est formée par l'importation du sang hollandais. La race est laitière et donne jusqu'à vingt litres de lait ; elle a pris de la taille et se nourrit assez bien. Il faut croire qu'elle a été plus soignée qu'on ne le fait pour les bêtes à cornes généralement en Russie, car elle a gardé une bonne

conformation laitière et doit donner également un
bon résultat comme viande de boucherie. Ces bêtes,
qui sont presque exclusivement utilisées à fournir le
lait nécessaire à Pétersbourg, coûtent de 3 à 400 fr.
nouvellement vêlées. On fait des efforts pour propa-
ger cette race.

La race du Don est le plus souvent de nuance
rouge ; elle est bien râblée, bien musclée de partout,
ce qui contraste avec les petites races communes de
Russie. Elle a, ainsi que la race dite Tchernaïa, qui
est grisâtre et vient des bords de la mer d'Azoff,
toutes les apparences et les qualités des bonnes bêtes
de boucherie. Ces animaux sont ceux qui donnent à
Pétersbourg et à Moscou la viande de première qualité.

Les Russes ne font rien pour améliorer ces races :
on les engraisse en leur faisant pacager l'herbe des
steppes pendant quelques mois, et c'est tout. Je n'ai
pas vu, sauf dans les sucreries, trace d'un engraissement régulier ni suivi ; tout est primitif.

Il est incalculable de prévoir de combien la production animale pourrait être augmentée en Russie.
La terre est bien assez riche pour permettre d'engraisser sans trop de frais, mais il y a quatre choses
qui s'y opposent et feront que tout restera, jusqu'à
une époque qu'on ne peut préciser, dans l'état actuel:

1° La négligence des Russes et leur insouciance ;

2° Le bas prix de la viande, qui ne laisse de rétribution à aucune dépense;

3° La peste bovine;

4º L'inutilité du fumier. On cherche à en restreindre la production ; on le considère comme une charge.

Pour engraisser les animaux, améliorer les races, il faut des qualités qui doivent se rencontrer rarement avec le caractère russe ; mais aussi ils sont vraiment excusables. Jusqu'ici le bas prix auquel on a payé la viande a arrêté toute spéculation animale, et de plus, ce qui arrêterait les plus zélés, c'est ce fléau terrible appelé peste bovine. Il est maintenant pour ainsi dire naturalisé dans presque toute la Russie, et surgit tout à coup çà et là, le plus souvent ne laissant pas un être vivant dans les troupeaux qu'il frappe. C'est à décourager les plus entreprenants : penser qu'après bien des années de soin, tout doit être détruit en quelques jours, sans qu'il y ait de remède ! J'ai eu l'honneur de relater dans mes lettres à Monsieur le directeur de l'agriculture tout ce que j'ai appris sur cette terrible maladie, dont le foyer tend toujours à s'étendre, lui donnant en même temps des détails sur la manière dont les marchés de Pétersbourg et de Moscou sont approvisionnés.

La viande consommée habituellement dans le pays provient d'animaux extrêmement maigres et est de très-médiocre qualité. Le prix le plus élevé en Russie est de 1 fr. 12 le kilogramme pour le bœuf ou la vache (Moscou), et le moindre 29 cent. à Perm (Sibérie). Les prix du mouton descendent à 17 cent. et ne dépassent pas 44 cent. On n'en consomme presque pas en Russie. L'odeur, du reste, pour tout ce qui tient du croisement kirghiz ou mouton à grosse queue, est repoussante.

En considérant le bas prix des terres en Russie, si l'on aidait un peu la nature, les animaux pourraient être augmentés d'une façon incalculable. Leur prix de revient est peu élevé. Il suffit de compter le foin consommé en hiver, car le reste de l'année ils vivent sur des jachères et des chaumes, dont l'herbe serait complètement perdue si elle n'était pas utilisée ainsi. Le foin est rarement à 20 fr. les 1,000 kilogrammes ; il ne faut pas compter plus de 8 kilogrammes par bête et par jour pendant six mois, soit environ 1,500 kilogrammes ou 30 fr. Lorsqu'une bête atteint sa quatrième année, elle n'a donc coûté au plus de dépense réelle que 100 ou 120 fr., en supposant qu'il s'agisse de vache n'ayant pas porté ou d'un jeune bœuf ; on obtient donc environ pour ce prix en moyenne 250 kilogrammes de viande, soit environ 44 cent. le kilogramme. En comptant les risques, les soins, les dépenses générales, et admettant un chiffre de 60 cent. le kilogramme, assurément on est dans le vrai. Rien ne peut empêcher ces peuples, à mesure que les communications se perfectionneront, de songer à exporter ces viandes, dont les frais de production d'ici à longtemps n'augmenteront pas. Malgré ces bas prix, je ne crois pas que la France ait à redouter une importation sérieuse, à cause de la basse qualité de la viande. Cependant, rien ne m'étonnerait de voir des industries se monter et ayant pour but l'expédition en France de viande abattue en hiver, gelée et amenée dans des wagons disposés exprès. J'ai vu faire de tels tours de forces en s'aidant de la glace pour la conservation du lait, que rien ne me surprendrait; je crois même la chose très-faisable. Si on ne l'importe point ainsi, on pourra le faire sous forme de viande salée. C'est contre l'importation des animaux, des viandes, des abats frais, que je vais, Monsieur le Ministre, appeler votre attention toute spéciale, et même vous conjurer, dans l'intérêt de l'agriculture française, de prendre les mesures les plus sévères pour prohiber en France l'entrée des animaux vivants, et des viandes fraîches ou salées provenant de la Russie et de tout le midi de l'Europe. Il faut avoir vu le désastre causé par ce fléau appelé peste bovine, et les déplorables effets qui en résultent, pour le comprendre; et courir le risque d'importer cette maladie en France, pour obtenir un rabais insignifiant sur le prix de nos viandes, serait de l'imprudence la plus notoire.

Sous aucun prétexte, l'importation des bêtes à cornes venant de Russie ne doit être toléré, ni comme animaux reproducteurs, ni pour motif d'exposition. C'est assez qu'à celle de Paris nous ayons eu la bonne fortune d'échapper à ce danger.

Toutes les nations ont applaudi les mesures sévères prises par le gouvernement français, sitôt que la maladie a paru dans le nord de la France, il y a quelques années, et certainement c'est ce qui nous a sauvés (1).

En Russie, où cette peste sévit, les pertes qu'elle occasionne sont immenses ; mais enfin elle ne ruinent personne, car le bétail a peu de valeur, sauf les vaches laitières près des villes, et l'élevage et l'entretien des animaux n'est qu'accessoire. De plus, on peut acheter un veau d'un an pour 18 à 20 fr. La nourriture ne coûte presque rien, et si la peste ne revient pas, le désastre est bientôt réparé, tant bien que mal.

Mais en France, où l'élevage des bestiaux tient une si large place qui ne tend qu'à s'accroître, si malheureusement la peste venait à se déclarer, ce serait la ruine complète du pays. Ce serait pire qu'en Angleterre, où la propriété étant moins divisée, ce sont des fermiers riches en général qui ont été atteints ; beaucoup ont été ruinés, mais quelques-uns ont pu se relever. Ce ne serait pas de même en France : la ruine serait complète et la perte incalculable. Que l'on prenne, par exemple, la Dordogne, où la fortune de chaque famille de paysan repose toute sur la tête de quatre ou six bœufs, valant de 350 à 500 fr. au moins ; que dans quelques jours ils viennent tous à être anéantis, et on verra quelle ruine, quel désespoir. Et avec quoi labourer la terre ?

(1) Ceci était écrit en 1869. — Les ravages que la peste bovine a faits depuis un an en France ne m'ont donné que trop raison.

Avec quoi faire des fumiers? Avec quoi acheter de nouveaux animaux? Puis, qui est-ce qui peut certifier qu'une fois éteinte, cette maladie ne surgira pas de nouveau? En Russie, un cheval seul fera les labours; le fumier n'est pas utilisé; puis la perte totale est beaucoup moins grande. Considérant ces motifs, Monsieur le Ministre, j'ose insister pour que l'interdiction la plus absolue soit établie sur tous les produits animaux provenant de la Russie. J'entends seulement parler de ceux pouvant nous importer la peste.

Une peau de bœuf vaut 32 fr. Une peau de vache vaut 24 fr. Le cuir tanné vaut 400 fr. les 100 kilogrammes; une peau de veau 10 fr. Pour abattre, saler et fondre le suif d'un bœuf, on paie 4 fr.

Les bouchers doivent faire encore un large bénéfice ; on m'a assuré qu'en abattant la viande pour la consommation de chaque maison, elle ne revenait pas à plus de 43 centimes le kilogramme.

En Russie, une chose choque : c'est la différence entre les prix réels des matières premières et celui auquel elles sont livrées à la sonsommation ; on veut faire des bénéfices exagérés, et je n'ai jamais traversé un pays où tout fût aussi cher qu'en Russie. Les grands seigneurs, voyageant à peu près seuls en Russie et payant le plus souvent sans compter, sont un peu cause de cette exagération de prix. Ainsi une gélinotte, achetée 25 ou 30 centimes par un maître de restaurant, sera revendue 2 fr. 40, et tout est dans ces proportions. Et comme ce goût est passé

des grands aux petits, on ne trouve que rarement
les grains assez chers ; le bénéfice paraît trop faible
pour se lancer dans des défrichements ou se livrer
en masse à sa production. Mais ce qu'il nous importe
de constater, c'est le prix réel que leur coûtent les
grains et leurs autres produits, pour savoir quelle
énorme concurrence nous pouvons attendre d'eux.

Les grands troupeaux de moutons ne donnent un
succès complet que dans le midi de la Russie ; en remontant vers le nord, l'hiver est trop long, et la
quantité de nourriture sèche qu'il faut réunir pour
soutenir les animaux finit par enlever tout bénéfice.
A la hauteur de Samara, il faut encore compter de
160 à 200 kilogrammes de foin par bête pour l'hi-
vernage ; en le comptant à 20 fr., on arrive déjà à
3 fr. 20 ou 4 fr. de dépenses. Les moutons que l'on
trouve sont : 1° le mouton commun russe, le plus
souvent noir ou grisâtre, d'assez forte taille et à os-
sature grossière ; 2° le mouton kirghiz, dont la grosse
queue donne souvent 9 kilogrammes 200 grammes de
suif ; la laine est remplacée par une sorte de poil long
et rougeâtre semblable un peu à celui d'un chien ;
3° enfin, le mouton mérinos, successivement importé.
Il est assez rare de trouver ces races complètement
pures ; elles sont mélangées, et le croisement kirghiz,
sauf pour le goût de la viande, donne des résultats
très-satisfaisants.

Les moutons russes et croisés kirghiz sont tondus
deux fois par an ; ils donnent 2 kilogrammes

514 grammes de laine lavée dans les deux tontes ; on la laisse repousser deux mois avant de les abattre, et la peau, très-estimée, vaut 4 fr. et plus. Elle est employée pour les pelisses, qui sont d'un usage général. Les peaux des moutons mérinos ou croisés sont un peu moins chères. Les laines ont subi également une grande baisse sur les endroits de production ; ce qui se vendait 2 fr. 93 le kilog. il y a un an ne vaut plus que 1 fr. 71. Il faut défalquer 3 fr. 20 à 4 fr. de foin par hiver, ce qui diminue beaucoup les bénéfices. Lorsqu'on abat les moutons après les avoir engraissés, on peut, dit-on, compter sur 10 fr. de viande, sur 12 à 18 kilog. de suif fondu à 93 centimes le kilog. Le prix de la viande me paraît cher, si on le compare à celui très-réel payé pour les moutons kirghiz ou russes, de 7 à 8 fr. les 32 kilogrammes 500 grammes.

Le mouton kirghiz, importé en France, pourrait rendre quelques services comme croisement, en fortifiant l'arrière-train et donnant de la disposition à l'engraissement ; mais la liqueur si odorante sécrétée par les vésicules graisseuses rend la viande immangeable, et je pense que les croisements s'en ressentiraient ; cependant ce serait un essai à tenter. Comme amélioration dans la conformation, je crois aux avantages. Les grands troupeaux kirghiz et croisés sont surtout engraissés pour le suif à en retirer.

31.

TABLEAU DES PRIX DE LA MAIN-D'ŒUVRE

	DOMESTIQUES.		OUVRIERS.	
	Argent.	Nourriture.	Moissonneurs non nourris.	Moissonneurs nourris.
M. G., près Pétersbourg.....	240 fr.	Nourri.	2 fr. 80	2 fr.
Kan, près Toula.............	200	144 fr.	»	»
Kruckoff, près Toula	200	420	»	»
— — une femme.	100	Nourri.	»	»
Bagarhoï..................	380	Non nourri.	»	»
Nijni-Nowgorod	440	—	»	»
— une femme.	230	—	»	»
Près Kazan................	300	—	»	3 fr. 20
— une femme......	240	—	»	»
Chez les Tartares	120	Nourri.	»	»
M. Molostoff, près Kazan	200	160 fr.	»	»
Samara	240	150	»	»
Chanwerlik................	244	Nourri.	»	»
Grézy.....................	180	—	»	»
Tambow	»	»	4 fr.	»
Perm......................	»	»	»	»
Mouton kirghiz.............	»	»	»	»
Chanwerlik. — Mouton......	»	»	»	»
Simbirsk..................	»	»	»	»
Moscou	»	»	»	»
Tambow	»	»	»	»
—	»	»	»	»

Au point de vue de la conservation des viandes, je n'ai rien appris de très-particulier. En hiver seule-

RUSSIE. — PRIX DE LA VIANDE.

l'année, non urris.	du labour d'un hectare.	PRIX			
		de l'ensemencement d'un hectare ; récolte, battage, etc.	du fauchage de prairie et mise en tas.	du foin (les 1,000 kil.).	de la viande (le kilog.).
r. 20	8 fr.	»	16 fr.	66 fr.	»
r. 40	6	24 fr.	»	»	68 à 80 cent.
»	6	24	»	»	»
fr.	»	»	»	»	»
»	6	36	12	»	48 à 60 cent.
»	»	»	12	»	»
à 2f 40	6	26	»	17	à Kazan, 97 c.
»	»	»	24	»	Id., 39 à 42 c.
r. 88	»	28	»	»	39 cent.
»	4	36	11	Marais, 7 fr. Blle qualité, 22f.	Porc, 58 cent. Vache, 58 à 77c.
»	à 8 bœufs : 16f, 18f, 28f.	Labour à 8 bœufs : 72 fr.	13	»	65 cent.
.40	»	»	»	20 fr.	60 cent.
.40	6 fr. 80	»	»	»	80 cent. à 1 fr.
.60	5 fr.	»	10	37 à 75 fr.	»
»	»	»	»	»	29 cent.
»	»	»	»	»	17 cent.
»	»	»	»	»	44 cent.
»	»	»	»	»	68 cent.
»	»	»	»	»	75 cent. à 1 f. 12
»	»	»	»	»	1 fr.
»	»	»	»	»	87 cent.

ment, la viande restant gelée, on peut abattre deux
ou trois mois d'avance les animaux avant de les man-

ger. Je n'ai point entendu dire que lorsqu'on fait de
grandes salaisons, qui sont assez rares, on employât
des moyens particuliers. Les frais pour le transport
du suif doivent être les mêmes que pour le blé, c'est-
à-dire de 7 à 8 fr. les 100 kilogrammes pour transporter à Pétersbourg. Les immenses troupeaux élevés
en Tauride n'ont point à supporter ces frais énormes
de transport et peuvent être certainement livrés à
Odessa à de bien meilleures conditions. Je ne puis
fixer de chiffre pour les suifs; mais la production en
est énorme, et je ne doute pas, du moment que les
prix se maintiendront où ils sont, que cette production
aille toujours en augmentant. On compte qu'un hectare
suffit à fournir toute la nourriture à deux moutons ;
qu'on juge comme c'est peu soigné ; avec la moindre
petite amélioration, on arriverait au double et au triple.

« Il serait également intéressant d'étudier les di-
« vers produits agricoles utilisés par l'industrie, les
« plantes textiles, les plantes tinctoriales ; de recher-
« cher tout ce qui pourrait faire connaître l'importance
« de la production, les quantités que la Russie peut
« livrer au commerce étranger, la qualité de ces pro-
« duits, leur prix de revient, et les frais jusqu'au lieu
« d'embarquement pour ceux exportés.

« Enfin, ne pas négliger l'examen des industries
« annexes de l'agriculture, telles que meuneries, su-
« creries, distilleries, etc.

« Faire connaître leur situation comparée à celle
« qu'elles ont acquise en France. »

Les terres de Russie conviennent presque toutes à la production du lin. On en trouve, et en grande quantité, de forts beaux dans le nord et également dans les terres noires; mais là, souvent, on ne le cultive que pour la graine. On a une variété spéciale : on sème beaucoup plus clair, et l'on fauche. La graine vaut, en moyenne, 4 fr. les 16 kilog., et on récolte communément 480 kilog. à l'hectare, et autant de filasse. Le lin est de bonne qualité. Chaque paysan en cultive dans l'enclos qui le touche; il est assez rare d'en voir dans la plaine. On le fait revenir sur lui-même, et c'est à peu près, avec le chanvre, la seule plante que les Russes fument. Lorsque le lin est arraché et égrené, on ne le porte point au rouissage, mais on l'étend sur les vagues, près des villages, et on le laisse depuis la récolte jusqu'aux premières neiges. On traite le chanvre exactement de même, et on ne le cultive guère non plus que dans les enclos des paysans, même autour d'Orel, qu'on cite partout comme l'endroit de la plus grande production. Le chanvre revient constamment sur lui-même; on fume à outrance. Il est extrêmement rare qu'on en sème. Dans la plaine, je n'en ai vu qu'accidentellement : il était médiocre. Celui des enclos des paysans atteint le plus souvent 1^m 66. La qualité du produit est très-grossière; puis la filasse est broyée et préparée sans le moindre soin. Enfin, les chanvres qui viennent de Russie ne peuvent guère être employés que pour cordages, et doivent passer en deuxième et troisième catégorie. Mais il est sûr que si les Russes étaient moins insouciants, ils arriveraient à des produits énormes et de qualité bien supérieure.

Le tournesol est cultivé pour l'huile qu'on retire de sa graine, et il réussit très-bien dans les terrains très-secs. Le tourteau est employé à la nourriture des animaux. C'est surtout vers Saratoff qu'on trouve cette culture en grand.

Dans les colonies allemandes, on cultive le tabac; mais cela ne se fait que sur une très-petite échelle.

Les moulins que j'ai vu employer dans le centre de la Russie m'ont paru extrêmement primitifs.

Je n'ai pas vu trace de minoteries installées dans le but de fabriquer des farines pour l'exportation.

J'ai vu deux sucreries montées dans de fortes proportions : elles avaient été établies d'après des modèles allemands. La plupart de ces grands établissements sont très-prospères; ils ont la main-d'œuvre à bon marché et vendent fort cher leurs produits. Ils peuvent se procurer une certaine quantité de betteraves cultivées par des paysans, à 16 fr. les 1,000 kilogr. rendus à la sucrerie, et ils vendent leur cassonnade blanche 1 fr. 50 le kilogramme et plus.

Cette année, toutes les betteraves que j'ai vues étaient fort petites; mais l'année a été mauvaise, et je suis persuadé que dans les années ordinaires on doit obtenir de très-bonnes récoltes. Du reste, les cultivateurs l'avouent : la terre est bonne, très-facile à travailler. On obtient, dans des terres qui coûtent

400 fr. d'achat, les mêmes produits que dans des terres du nord de la France, valant de 3,000 à 4,000 fr. l'hectare au moins. En avançant du côté de Kiew, les terres deviennent encore plus favorables à la culture de la betterave, et on pourrait faire une grande concurrence aux sucres français.

De ce côté, nous pourrions avoir des craintes sérieuses; mais la différence du capital d'achat des terres, de la main-d'œuvre, etc., est un peu compensé par les frais de transport, et surtout par ceux occasionnés pour le montage de l'usine dans ces pays perdus, et la difficulté de se procurer des ouvriers pour réparer les pièces de rechange. A mesure que les chemins de fer se multiplieront, ces motifs, qui entravent la production, disparaîtront.

En résumé, je crois ces terres très-propres à la culture de la betterave à sucre; mais comme l'intelligence, le bon outillage, etc., jouent un grand rôle dans cette production, je pense que nous devons lutter avec avantage.

Dans ce moment, le sucre est plus cher qu'en France. Ainsi, il n'y a rien d'inquiétant de ce côté; du moins je le crois. Une justice à rendre, c'est que le sucre de Russie est très-supérieur comme qualité; je n'en ai jamais trouvé sucrant avec autant de force : il est dense, transparent, et la différence est trop notable avec les qualités employées usuellement en France. D'où cela dépend-il? De la fabrication, ou de la qualité acquise dans ces sols par la betterave?

car quant à la variété, c'est comme partout, la blanche de Silésie.

En Russie, on ne distille guère que les grains, surtout le seigle; mais on le fait sur une vaste échelle. Le produit s'appelle snapp, et c'est ce qui est bu si avidement dans toute la Russie, et qui sert à griser exclusivement cette multitude de gens qu'on rencontre çà et là.

Pour résumer en quelques mots, Monsieur le Ministre, ce qui m'a le plus frappé en Russie, c'est le bas prix auquel les Russes peuvent fournir une quantité de grains incalculable, et, à mesure que les chemins de fer se multiplieront, ils pourront nous accabler de leurs produits. Dans certaines années d'abondance, on ne calcule pas le prix de revient; à tout prix ils vendent; et nous, comment lutter? Les laines mérinos et les suifs doivent nous interdire toute concurrence, car les frais d'élevage, d'entretien et d'engraissement dans le sud de la Russie sont peu importants; ils peuvent livrer à bénéfice à des prix que nous ne pouvons atteindre.

Comme accessoires, nous avons à redouter les envois considérables de lin, de chanvre et de sucre; mais je considère ces choses comme peu inquiétantes. Les Russes sont bien relevés du bouleversement que l'affranchissement avait occasionné.

Il y a encore cependant une question importante: c'est lorsque les communes ne seront plus responsables et lorsque les terres seront divisées entre les paysans, qu'alors ils seront complètement libres et jouiront de tous leurs droits. Mais comme il est probable que cela se fera successivement dans les différentes parties de l'empire, on y arrivera sans secousses.

La noblesse est très-endettée.

Les institutions de crédit se forment, mais sont encore dans l'enfance ; on ne peut guère trouver de capitaux sur hypothèque à moins de 10 0/0 au minimum.

La situation des propriétaires fonciers est excellente, s'ils y mettaient un peu d'ordre ; partout ils peuvent compter de 10 à 15 0/0 du prix d'achat des terres.

Ainsi, excellent intérêt d'argent, espoir certain d'augmentation, voilà leur situation. Il est vrai que la plupart des propriétaires sont endettés et indignement trompés par leurs hommes d'affaires. Mais à qui la faute ? A l'insouciance des maîtres et à leur paresse.

Il est triste d'habiter seul au milieu de ces pays perdus et si éloignés de toute civilisation, mais c'est une nécessité.

Comme bonne institution et méritant d'attirer l'attention du gouvernement français, j'ai trouvé celle des juges de paix qui, sous bien des rapports, me paraît infiniment supérieure à ce qui est établi en France. (J'ai consacré tout un chapitre du volume joint au rapport aux renseignements que j'ai pris à ce sujet.)

Par sa fertilité, le peu de valeur actuelle de ses terres, la Russie a un grand avantage sur la France ; mais elle a contre elle le climat, ses immenses distances, les épizooties, les incendies spontanés passés à l'état de fléau, l'ivrognerie, l'insouciance et la paresse de ses habitants. J'évite même de dire toute ma pensée sur le caractère russe, car les étudier n'était pas le but que j'avais à me proposer.

J'ai l'honneur d'être, avec un profond respect,

Monsieur le Ministre,

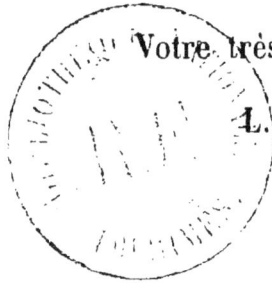

Votre très-obéissant serviteur.

L. DE FONTENAY.

TABLE DES MATIÈRES.

INTRODUCTION . . . . **VII**

LETTRE I.

A M. R. DE FONTENAY, LIEUTENANT AU 6ᵉ DRAGONS.

Les cuirassiers prussiens. — Une caserne à Cologne. — Le triomphe aux flambeaux des francs-tireurs allemands **11**

LETTRE II.

A Mᵐᵉ LA COMTESSE DE L***.

Le chocolat à Hanovre. — Le pain d'épice prussien. — Berlin.   **17**

LETTRE III.

A M. LE Vᵗᵉ ANSELME DE FONTENAY.

Berlin. — Postdam. — Le dîner à l'hôtel **21**

LETTRE IV.

A M. PÉPION, RÉPÉTITEUR D'AGRICULTURE A L'ÉCOLE IMPÉRIALE DE GRAND-JOUAN.

Une ferme en Prusse. — Les lupins. — Conservation du lait. — Culture des pommes de terre par la méthode Julin **25**

LETTRE V.

A M. PÉPION.

Une autre ferme en Prusse. — L'effet de l'argile mélangé aux

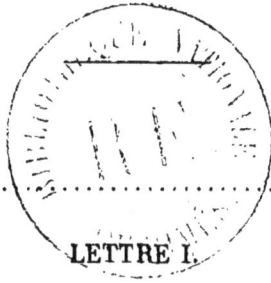

sols siliceux. — Les charrues qui marchent seules. — Un inspecteur agricole 32

LETTRE VI.

A M. LEFÈVRE DE SAINTE-MARIE.

Les plantes dominantes en Prusse. — Situation de ce pays comparé à la France. — Les engrais chimiques en pratique. — Les eaux d'égouts précipitées 39

LETTRE VII

A M. PÉPION.

Les cultures entre Hanovre et Kœnisberg. — Une récolte de seigle. — La charrette à colza 47

LETTRE VIII.

A Mme LA COMTESSE DE L***.

Le soleil de Pétersbourg. — La gare. — La carpe à la bière. — L'entrée en wagon. — Les insectes à l'hôtel. — Le pieux remouleur 50

LETTRE IX.

A M. LE Vte DE FONTENAY.

En Russie. — Juifs. — Conducteurs de train. — Wagons. — Voitures à Pétersbourg. — Pavage des rues 57

LETTRE X.

A M. R. DE FONTENAY, LIEUTENANT AU 6e DRAGONS.

Les officiers russes, leur sabre et leur manteau. — Le coupable mené au poste. — Un détail d'hôtel : le lavement des mains. — L'homme qui se plaît dans son sépulcre. — Les harnais des chevaux 64

LETTRE XI.

A Mme X***.

Les chapelles. — Isaac. — Les gardiens de nuit 69

LETTRE XII.

A M. PÉPION.

Avant Pétersbourg. — Aspect du pays. — Cultures. — Ressources. — Les meules de foin............................ 76

LETTRE XIII.

A M. LEFÈVRE DE SAINTE-MARIE,
DIRECTEUR GÉNÉRAL DE L'AGRICULTURE.

Ma réception à Pétersbourg. — L'atlas. — Le musée agricole. 82

LETTRE XIV.

A M. PÉPION.

Ma profession de foi aux Russes. — Le jardin botanique. — Les
maraîchers de Pétersbourg.............................. 88

LETTRE XV.

A M. DE FONTENAY, LIEUTENANT DE VAISSEAU.

Cronstadt. — Accueil de l'amiral. — La soupe aux concombres.
— Une mésaventure de savant. — Les ouvrages sur la Russie. 95

LETTRE XVI.

A M. PÉPION.

Une culture de marais près de Pétersbourg. — Le général de
Loddé 100

LETTRE XVII.

A Mme LA COMTESSE DE L***.

Tsarskoé-Selo, Pawlovsk Strauss. — Le marché au foin. — La
marmite populaire...................................... 107

LETTRE XVIII.

A Mme X***.

Une réception à la campagne. — Le village. — La cabane. —
Les bains russes....................................... 112

LETTRE XIX.

A M. PÉPION.

Un défrichement. — Une vacherie. — Envoi de lait à Saint-Pétersbourg. — Sa conservation 122

LETTRE XX.

A M. PÉPION.

Les étables. — Les animaux des paysans russes. — Les instruments agricoles. — Une justice rendue aux Russes. — Une culture à moitié et divers détails agricoles 132

LETTRE XXI.

A Mme LA COMTESSE DE L***.

Les Russes en chemin de fer. — Un hôtel de campagne. — Les vases imitant le laque 138

LETTRE XXII.

A M. ROBERT DE FONTENAY, OFFICIER AU 6e DRAGONS.

Le charriot de poste russe. — Les fous. — La sellette de course. — Le viaduc de Verebia 144

LETTRE XXIII.

A M. LEFÈVRE DE SAINTE-MARIE,
DIRECTEUR GÉNÉRAL DE L'AGRICULTURE.

Aspect général du nord de la Russie jusqu'à Moscou. — Cultures. — Forêts. — Les incendies. — Les défrichements. — Leur avenir. — Les villages russes 150

LETTRE XXIV.

A Mme X***.

Moscou et le Kremlin. — Les trésors. — Le palais. — L'église Wassili-Blagenoï. — Ce qu'on y voit. — Le prince Wiaselmsky. — L'académie agricole. — Le restaurant religieux 157

LETTRE XXV.

A M. LE VICOMTE OLIVIER DE L'ESTOILE.

Les hôtels à Moscou. — Leur nombreux personnel. — Encore

un Cosaque ! — Quelques détails religieux. — La camomille
de Perse.. 166

LETTRE XXVI.

A Mme LA COMTESSE DE L***.

Le carême en Russie ; manières diverses de l'interpréter. —
Le talent de l'Evangile. — Les corbeaux, les pigeons et les
concombres... 172

LETTRE XXVII.

A M. PÉPION.

Aspect général du pays jusqu'à Toula. — L'académie d'agriculture à Moscou.. 177

LETTRE XXVIII.

A Mme LA COMTESSE DE L***.

L'hôtel de Toula. — Son Kremlin et la ville. — Les cabanes
sans cheminées. — Le quass........................... 182

LETTRE XXIX.

A Mme X***.

M. et Mme de K'''. — Ma réception. — Un intérieur de maison.
— Les nobles qui ramassent des pommes. — Une cuisine et
un chef russe.. 188

LETTRE XXX.

A M. PÉPION.

La flore des terres noires. — Les vaches du pays. — La sacca
en travail. — Un vrai propriétaire et ses lamentations. — Les
paysans et la rossade. — Organisation de la propriété et sa
culture 196

LETTRE XXXI.

A M. PÉPION.

Du rendement moyen d'une propriété par hectare. — Du mode
d'exploitation et du peu d'embarras qu'il nécessite. — Motifs
qui arrêtent la culture intensive. — Le cheptel d'une ferme
de 250 hectares. — Son alimentation. — Détails de culture. 206

LETTRE XXXII.

A M. PÉPION.

Encore le produit d'un hectare. — Les jours fériés. — Le charriot des paysans. — Prix divers. — Budget d'une famille. —
Encore une cabane. — Manière de connaître la moyenne de
la récolte 217

LETTRE XXXIII.

A M. PÉPION.

Les juges de paix et un jugement en Russie 226

LETTRE XXXIV.

A M. LEFÈVRE DE SAINTE-MARIE.

Situation des serfs en Russie avant l'émancipation 233

LETTRE XXXV.

A M. LEFÈVRE DE SAINTE-MARIE.

L'émancipation et ses conditions 241

LETTRE XXXVI.

A M. LEFÈVRE DE SAINTE-MARIE.

Effets de l'émancipation 248

LETTRE XXXVII.

A Mme LA COMTESSE DE L***.

Une grande habitation. — Quelques médisances 254

LETTRE XXXVIII.

A M. PÉPION.

L'exploitation du comte Bobrinsky 259

LETTRE XXXIX.

A Mme LA COMTESSE DE L***.

La foire de Nijni-Nowgorod 269

LETTRE XL.

A M. LEFÈVRE DE SAINTE-MARIE.

La navigation commerciale sur le Volga. — Droits d'entrée pour
une bouteille de champagne. — Organisation politique et
administrative des provinces russes. — Organisation des paysans. — Les élections. — Les juges de paix............... 275

LETTRE XLI.

A M. PÉPION.

Les troupeaux dans la plaine. — Le blé noir. — Aspect d'une
gare et du pays aux environs de Nijni................... 282

LETTRE XLII.

A M. PÉPION.

Conditions de culture et mode d'exploitation d'une propriété
près de Nijni. — Renseignements agricoles et prix divers. —
Une vacherie. — Les calamités qui accablent les propriétaires russes... 289

LETTRE XLIII.

A Mme X***.

Les bords du Volga. — Les œufs à la coque. — Un jour de naissance : le menu. — Des costumes. — La pêche aux écrevisses.
— Le sterlet. — Le diner à bord. — La prière du vrai croyant. 297

LETTRE XLIV.

A M. PÉPION.

Encore une exploitation. — Prix divers. — Conditions de prêt
du Crédit foncier russe. — Une ferme-école. — Un grand
rucher. — Renseignements............................... 303

LETTRE XLV.

A M. LE Vte OLIVIER DE L'ESTOILE.

Le Volga le soir. — Les usages des passagers. — Les chevaux
du Don et de Sibérie. — Le pavage en bois debout. — La
tarentas perfectionnée. — Une surprise.................. 313

LETTRE XLVI.

A Mᵐᵉ LA COMTESSE DE L***.

Kazan. — La Sibérie et les condamnés ; comment on les traite.
— L'admiration d'un père. — La soupe aux orties.......... 318

LETTRE XLVII.

A M. PÉPION.

Chez les Tartares. — Renseignements agricoles. — Costumes
et mœurs. — Une dent de herse consolidée. — Un grenier
russe. — Le menu d'un dîner à la campagne.............. 326

LETTRE XLVIII.

A Mᵐᵉ X***.

L'attente au clair de lune. — Le départ des conscrits. — Les
vieux soldats... 333

LETTRE XLIX.

A M. LE Vᵗᵉ OLIVIER DE L'ESTOILE.

Élevage des chevaux russes. — Un haras. — Un croisement
russe-percheron. — Une meute de lévriers écossais........ 340

LETTRE L.

A M. LEFÈVRE DE SAINTE-MARIE.

L'élevage des bêtes à cornes en Russie, leur nourriture, les
soins. — Une vacherie dans une île. — Les obstacles qui
s'opposent à l'accroissement et à l'amélioration de la race
bovine. — Produits qu'on tire des bestiaux. — Le fumier jeté
au Volga. — L'épizootie. — La pauvreté de la race........ 347

LETTRE LI.

A M. DE FONTENAY, LIEUTENANT DE VAISSEAU.

Une avenue étrange. — Les paysans : leur accueil, leur genre
de vie, leur appétit de Gargantua, leurs rapports avec le propriétaire 354

LETTRE LII.

A M. PÉPION.

Rendements en grain et prix divers. — Les clôtures en clayonnage. — L'élevage des porcs en liberté.................... 362

LETTRE LIII.

A Mme LA COMTESSE DE L***.

Le bateau manqué. — Le bouillon Chevet à l'eau du Volga. —
Les Arméniens et leurs coutumes. — L'hôtel de Samara. —
Les chambres à coucher des domestiques russes. — La quê-
teuse 367

LETTRE LIV.

A M. LE Vte DE FONTENAY.

Le thé russe ; manière de le prendre à la tartare. — Le Benedicite du vrai orthodoxe. — Encore un Cosaque. — Les charriots
de la steppe. — Les boutiques en plein vent. — Détails culinaires 374

LETTRE LV.

A Mme LA VICOMTESSE DE CUMONT.

Les habitations russes. — Les glacières. — La crème et sa
conservation. — Les jardins potagers. — Utilité de la sciure
de bois. — Les abris économiques........................ 383

LETTRE LVI.

A M. LEFÈVRE DE SAINTE-MARIE.

La steppe ; sa flore, son défrichement. — Le mode de culture. 394

LETTRE LVII.

A M. LEFÈVRE DE SAINTE-MARIE.

Les bœufs de travail dans la steppe. — L'étable par 30 degrés
de froid convertie en été en champ de choux. — Le chameau
au travail. — Une chaudière qui fond le suif de mille moutons.
— Le commerce des moutons. — Prix des laines......... 408

LETTRE LVIII.

A Mme X***.

La steppe. — Le diner maigre. — Les sansonnets et les sauterelles. — Le dépiquage. — Un bivouac étrange. — Les
princesses dans la steppe................................ 418

LETTRE LIX.

A M. PÉPION.

Les cultures de la steppe. — Prix des terres. — Les convois de
charriots. — Culture des pastèques et du tournesol. — Nourriture des domestiques. — Les paysans et l'impôt.......... 426

LETTRE LX.

A M. PÉPION.

La rente payée par les paysans. — Une fonderie d'anguilles. —
Les étables du roi Augias. — Exploitations de paysans. — Les
colonies allemandes.................................... 437

LETTRE LXI.

A Mme LA COMTESSE DE L***.

Saratoff. — Ses environs. — Une véritable hospitalité. — Enfin
une émotion... 445

LETTRE LXII.

A M. PÉPION.

Aspect du pays de Saratoff à Tambow. — Une ferme-école. —
Le battage des grains au charriot. — Le fumier employé
comme clôture. — Les couvertures de chaume............. 455

LETTRE LXIII.

A M. LE VICOMTE OLIVIER DE L'ESTOILE.

Un ami compromettant. — Ses judicieux conseils. — L'officier
de police et ses aides.................................. 462

LETTRE LXIV.

A M. LEFÈVRE DE SAINTE-MARIE.

Le commerce des bœufs en Russie. — Approvisionnement de Moscou et de Pétersbourg. — La peste bovine. — Les bœufs à l'herbage.. 470

LETTRE LXV.

A M. LE VICOMTE DE FONTENAY.

Un propriétaire. — Ses querelles avec ses voisins. — L'incendie et la pompe. — Un précepteur. — Les domestiques composant une maison.. 480

LETTRE LXVI.

A M. PÉPION.

Le chiendent devenu prairie artificielle. — Détails de culture. 487

LETTRE LXVII.

A M. PÉPION.

Une ferme russe.. 495

LETTRE LXVIII.

A M. LE VICOMTE OLIVIER DE L'ESTOILE.

Un enterrement aux flambeaux. — Mes embarras à une gare. — La belle chevelure. — L'hospitalité des grands.......... 501

LETTRE LXIX.

A M. PÉPION.

Une sucrerie. — Un perfectionnement dans les silos. — Le bœuf du Don au travail.................................. 507

LETTRE LXX.

A M. LEFÈVRE DE SAINTE-MARIE,
DIRECTEUR GÉNÉRAL DE L'AGRICULTURE.

Mon retour en France....................................... 517

A M. POUYER-QUERTIER, ministre des finances........... 515

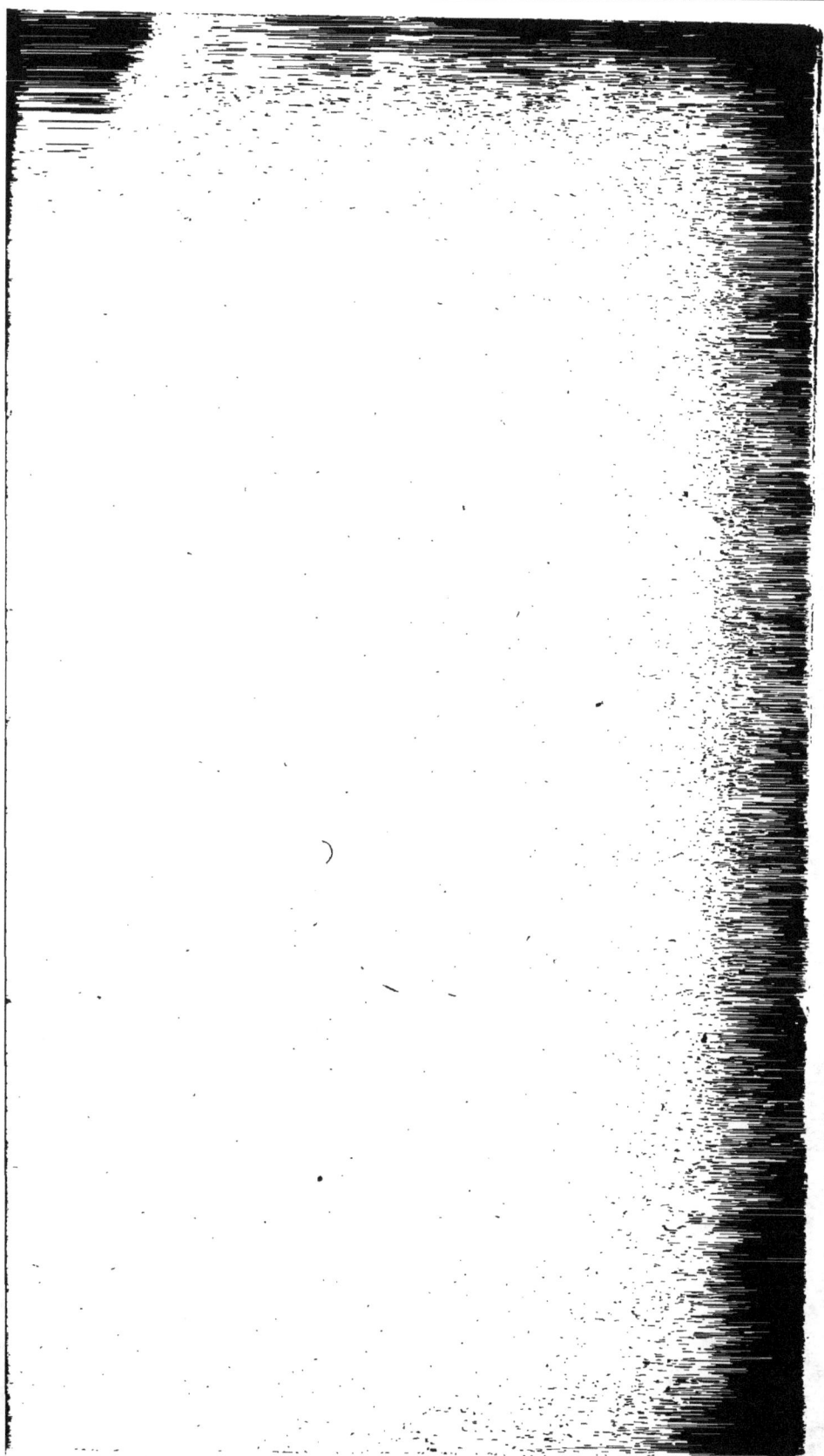

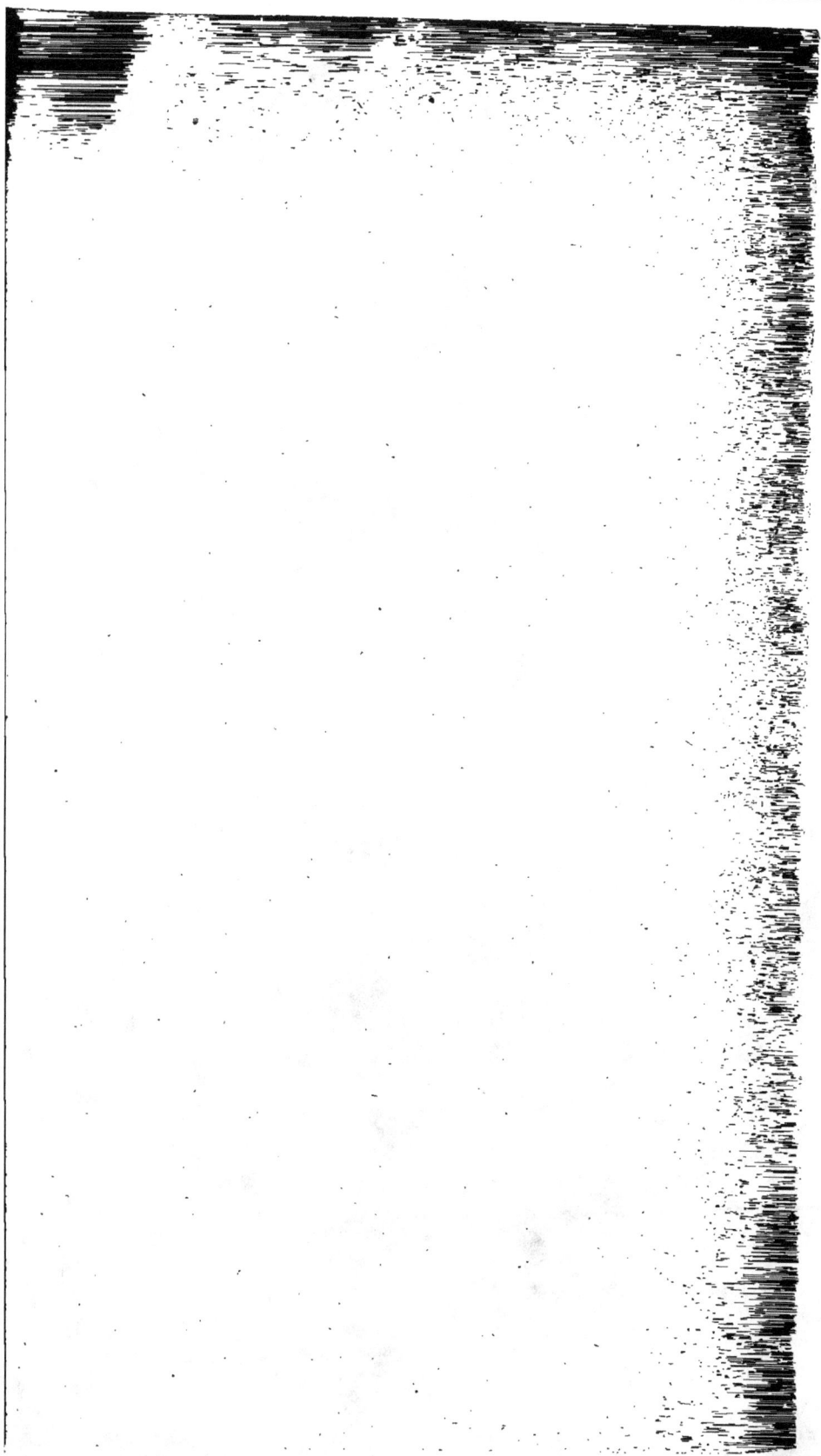

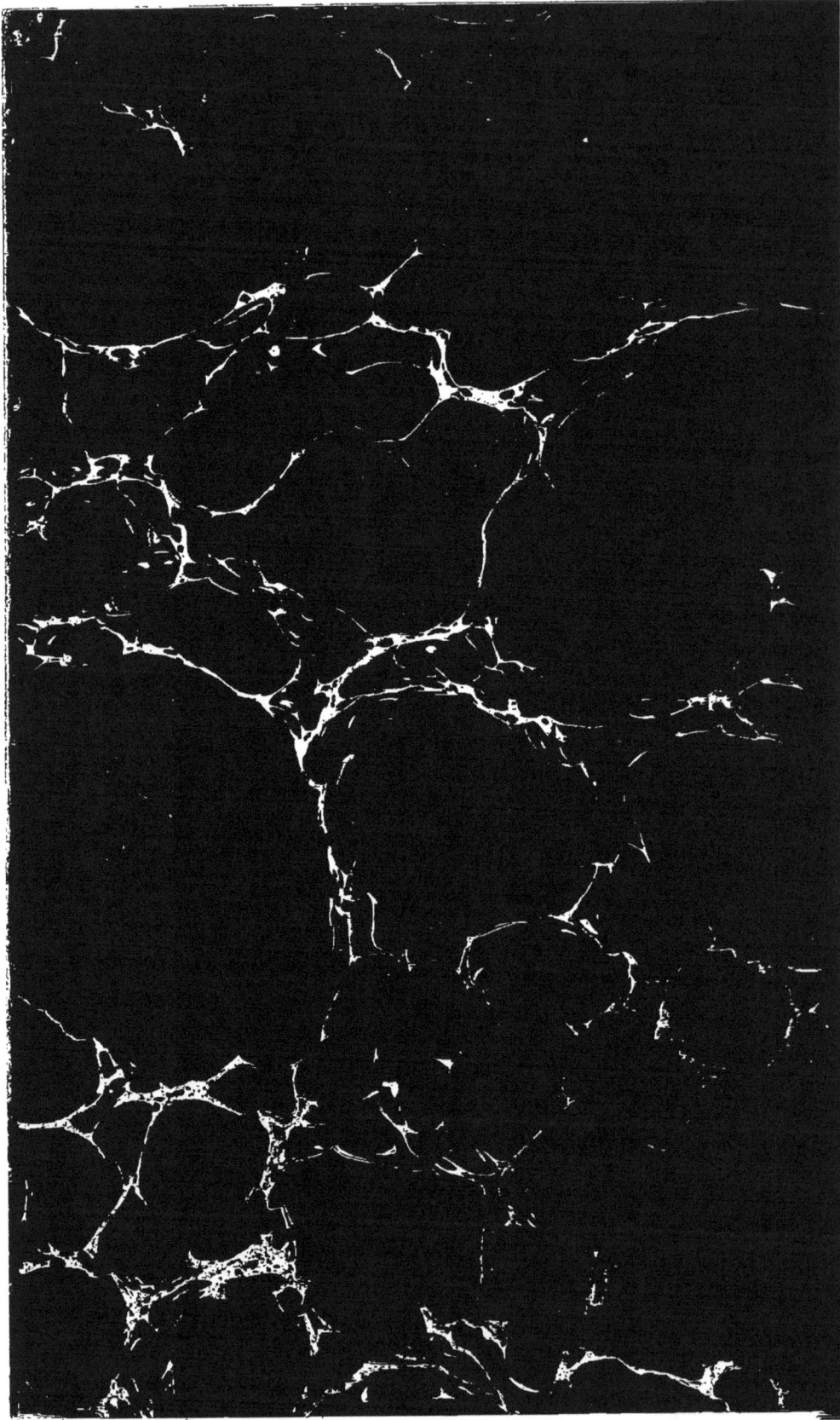